新自动化——从信息化到智能化

流体传动与控制

主　编　姚成玉　陈东宁　魏立新
参　编　蔡　伟　刘福才　王洪斌　吕世君
刘梅桢　呼忠权　马丙祥　李建雄

机 械 工 业 出 版 社

本书内容包括工程流体力学、液压与气压传动、比例伺服控制，包含常用电-机械转换器（电磁铁、比例电磁铁、线性力马达、力矩马达等）、控制器、传感器、低压电器。本书将液压、气动融合讲述，将泵、马达融合讲述，将比例控制阀、伺服阀融合讲述，针对流体动力源讲述附件，将系统回路、动作顺序表、电气任务书与电气控制融合讲述，针对流体传动图形符号（GB/T 786.1—2021）解读其基本要素和应用规则；并精选液压气动电调制连续控制阀（比例控制阀、伺服阀）的位置、速度和力控制实际工程案例，涵盖以点对点和现场总线为连接通信方式、以 PLC 和工控机为控制器的定值控制与随动控制，包括系统回路、控制原理、控制电路及增量式 PID 算法等控制程序。

本书为新形态教材，采用双色印刷，将课程思政与课程知识有机融合，以二维码的形式嵌入习题详解及课程思政，以及图片（包括实物照片、教学图片等）和视频（包括课程知识、阀的操纵、图形符号绘制、实验与项目式教学视频等）。

本书适于作自动化类、机械类专业“流体传动与控制”“液压与气压传动”课程的教材，也可供有关科技人员参考。

图书在版编目（CIP）数据

流体传动与控制/姚成玉，陈东宁，魏立新主编. —北京：机械工业出版社，2023.7

（新自动化：从信息化到智能化）

ISBN 978-7-111-73353-9

Ⅰ.①流… Ⅱ.①姚… ②陈… ③魏… Ⅲ.①液压传动 ②气压传动 Ⅳ.①TH13

中国国家版本馆 CIP 数据核字（2023）第 107384 号

机械工业出版社（北京市百万庄大街 22 号 邮政编码 100037）

策划编辑：罗 莉 责任编辑：罗 莉

责任校对：韩佳欣 王 延 封面设计：鞠 杨

责任印制：刘 媛

涿州市般润文化传播有限公司印刷

2023 年 10 月第 1 版第 1 次印刷

184mm×260mm · 12.75 印张 · 314 千字

标准书号：ISBN 978-7-111-73353-9

定价：58.00 元

电话服务

客服电话：010-88361066

010-88379833

010-68326294

网络服务

机 工 官 网：www.cmpbook.com

机 工 官 博：weibo.com/cmp1952

金 书 网：www.golden-book.com

机工教育服务网：www.cmpedu.com

前　言

为贯彻“全面贯彻党的教育方针，落实立德树人根本任务”“深化教育领域综合改革，加强教材建设和管理”党的二十大会议精神，面向新工科背景下本科教育的工程能力和创新思维培养要求及新形态教材要求，使学生能够掌握流体传动与控制基本原理，能够识别工程中的系统回路图并对系统进行分析、控制及测试，提高学生的多学科分析问题与解决问题能力，本书进行了以下尝试与创新：

1）按立德树人根本任务与工程能力和创新思维培养要求确定本书内容。流体传动与控制是用受压流体作为介质传递、控制、分配信号和能量的方式或方法，已发展成为包括传动、控制和检测在内的一门完整的自动化技术。本书内容包括工程流体力学、液压传动与控制、气压传动与控制，包含液压和气动的电调制连续控制阀（比例控制阀、伺服阀）及比例伺服控制，并包罗常用电-机械转换器、控制器、传感器、低压电器以及新技术应用的元件和要素，涉及自动控制理论、计算机控制技术、电气控制与 PLC、检测与转换技术、电机及拖动、工业控制网络技术等知识内容。

2）将液压、气动融合讲述，将泵、马达融合讲述，将比例控制阀、伺服阀融合讲述，有助于辨析它们的共性与差异；结合元件拆解剖切照片和结构示意图解读原理功用，针对流体动力源讲述附件，有助于面向工程问题；将传动与控制交叉融合，将系统回路、动作顺序表、电气任务书与电气控制融合讲述，有助于培养多学科分析解决问题的能力。

3）图形符号、词汇术语、量和单位是科技人员的工程语言，本书按 GB/T 786.1—2021《流体传动系统及元件　图形符号和回路图　第 1 部分：图形符号》制作图形符号并解读图形符号基本要素和应用规则，词汇术语、量和单位采用 GB/T 17446—2012、ISO 5598：2020、GB 3100～3102 等标准，并在附录中给出了与本书内容相关的标准目录，有助于识图绘图、培养标准化规范化的意识和能力。

4）精选液压气动比例伺服控制的位置、速度和力控制实际工程案例，涵盖以流体传动各种开关和传感器为输入，以继电器、电磁铁、比例电磁铁、力矩马达、步进电动机、伺服电动机及其放大器、驱动器为输出，以 PLC、工控机为控制器的定值控制与随动控制，包括系统回路、控制原理、控制电路及增量式 PID 算法等控制程序。

5）将课程思政与课程知识有机融合，以二维码的形式引入“精神的追寻”“党史学习教育”“功勋科学家”“科普之窗”等课程思政视频模块，树立学生的科技自立自强意识，熏陶科学家精神，助力培养德才兼备的高素质人才；通过流体传动与控制技术的机电液气多学科结合、工程应用及历史行程，厚植家国情怀与协作创新精神；通过图形符号、词汇术语、量和单位等内容的标准化规范化，以及问题分析法、融合创新与迭代创新等教学内容，培养严谨治学与创新精神，提高分析解决复杂工程问题的能力。

6）本书以二维码的形式嵌入习题详解、图片(包括实物照片、教学图片等)和视频(包括课程知识、阀的操纵、图形符号绘制、实验与项目式教学视频等)。

7）本书采用双色印刷，精确标记彩色，像我们自己用彩笔标记一样，起到层次清晰、有助学习的效果。

本书由燕山大学姚成玉、陈东宁、魏立新担任主编，参与本书编写工作的有蔡伟、刘福才、王洪斌、吕世君、刘梅桢、呼忠权、李建雄，马丙祥提供了电调制连续控制阀拆解照片。燕山大学张齐生教授、高殿荣教授、刘志新教授、李丽教授，以及兰州理工大学冀宏教授、东北林业大学常同立教授、东北大学郭戈教授、中国科学院数学与系统科学研究院黄一研究员对本书给予了支持和帮助，燕山大学“重型机械流体动力传输与控制”“工业计算机控制工程”河北省重点实验室提供了教学元件及系统回路平台，本书得到了燕山大学教学研究与改革项目(新工科背景下基于工程能力和创新思维培养的《流体传动与控制》特色教材建设，2020JCJS01)的支持，在此一并表示衷心的感谢。

本书难免有漏误和不足，敬请读者交流指正。

编　者

目　录

第 1 章

绪　　论

1.1 流体传动基本原理与基本特征

一台机器离不开动力源、传动系统、工作机构。动力源有的在机器内如内燃机、涡轮机、电池等，有的在机器外如人力、电力等。机器的工作机构（如挖掘机的大臂、小臂和铲斗）对外做功执行工作任务时，其输出量（力/转矩、位移/角位移、速度/角速度、加速度/角加速度等）通常要满足一定的规律与特性。传动系统（或传动装置）的功能是将动力源的输出进行转换，对动力进行传递与控制，使工作机构的性能满足要求。功能（function）即用途或作用。

科普之窗
轨道上的交通

传动分为机械传动、电气传动、流体传动。机械传动（mechanical drive）用可动机械零部件（如传动轴、杆、带、链条、齿轮、滚珠丝杠、蜗轮蜗杆等）进行传动，将机械能转换成机械能。电气传动（electric drive，又称电力拖动）用电磁场进行传动，用电动机将电能转换成机械能。流体传动即流体传动与控制（fluid power and cotrol），是用受压流体作为介质传递、控制、分配信号和能量的方式或方法，它将机械能转换成机械能，按传动介质不同可分为：

科普之窗
风力发电

1）液压传动与控制（hydraulic fluid power and cotrol），简称液压，其传动介质为液体。

2）气压传动与控制（pneumatic fluid power and cotrol），简称气动，其传动介质为气体。

机械传动可单独使用，也可与电气传动、流体传动组成复合传动使用。示例：①在汽车的发动机与驱动轮之间有传动轴、手动变速器等（机械传动）；②在电力与电动风扇的摇头机构之间有电动马达（电动机）、蜗轮蜗杆减速器等（电气-机械复合传动）；③在电动螺丝刀的电池与批头连接头之间有电动机、行星减速器等（电气-机械复合传动）；④在挖掘机的发动机与驱动轮之间有液压泵、液压马达、行星减速器等（液压-机械复合传动）；⑤在发动机与气扳机的套筒或气镐的破碎钎杆之间有空气压缩机、气动马达或气缸等（气动-机械复合传动）；⑥在电力与三梁四柱液压机（如万吨水压机）的压头之间有电动机、液压泵、液压缸和动梁等（电气-液压-机械复合传动）。

红色财经·信物百年
新中国最早的万吨水压机

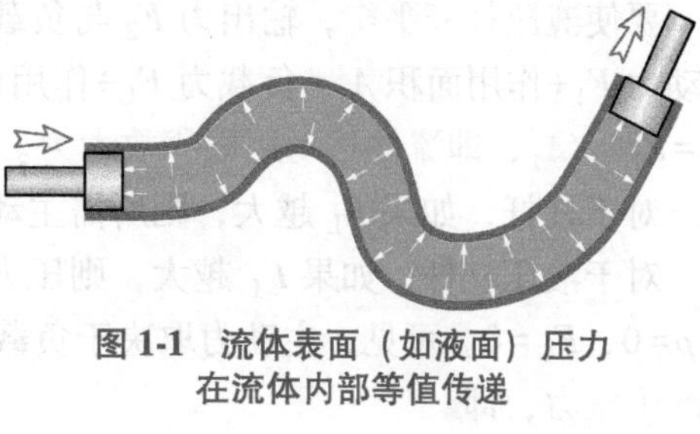

图 1-1　流体表面（如液面）压力在流体内部等值传递

发源于 17 世纪中叶的帕斯卡原理（施加在密闭管路流体表面上的压力在流体内部等值传递，见图 1-1）奠定了流体传动的基础。压力、压强是 GB 3102.3—1993《力学的量和单位》对压力强度给出的两种称谓，在流体传动和工程界均称压力，物理领域通常称作压强。

液压与气动的基本工作原理相同。下面以图 1-2 所示的液压千斤顶为例，讲述流体传动基本工作原理。

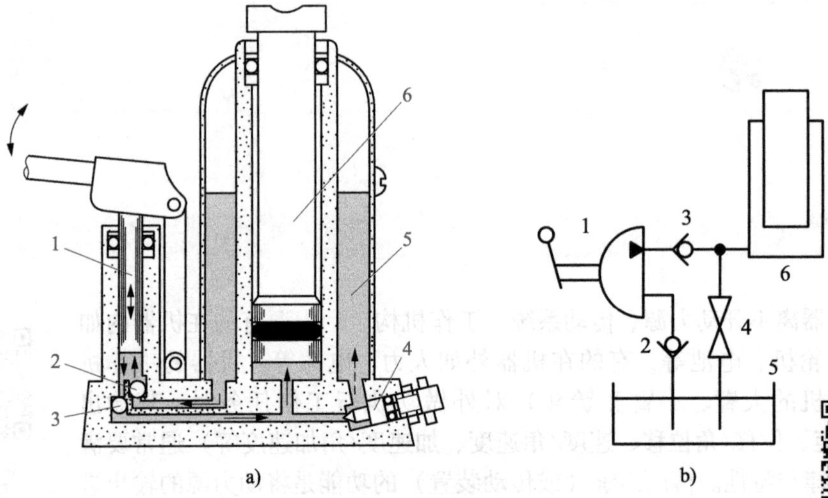

千斤顶图片

图 1-2　液压千斤顶

a）结构原理　b）图形符号

1—手动泵　2、3—单向阀　4—截止阀　5—油箱　6—液压缸

千斤顶操作视频

液压千斤顶是利用液压力驱动液压缸顶升的便携轻小起重设备。当举升重物时，先关闭截止阀 4，再压动手动泵 1 杠杆手柄而顶升重物；工作完毕后，打开截止阀 4，液压油在液压缸柱塞及外力作用下流回油箱 5，液压缸 6 复位。液压千斤顶的工作过程可分解为如下两个动作：

（1）上提吸油　上提手动泵 1 杠杆手柄时，手动泵 1 的油腔容积变大而有真空趋势，使单向阀 3 关闭（液压缸底部油腔压力大于手动泵油腔压力）、单向阀 2 打开（油箱压力大于手动泵油腔压力），液压缸 6 静止，手动泵 1 从油箱 5 吸油。

（2）下压举升　下压手动泵 1 杠杆手柄时，手动泵 1 的油腔容积变小，液压油被挤压，使单向阀 2 关闭、单向阀 3 打开，受压液压油进入液压缸 6 底部而使其柱塞向外伸出。

液压千斤顶在举升时，等效于如图 1-3 所示的液压杠杆。

要使杠杆平衡，输出力 F_2 与负载力 F_L 相等，作用在杠杆上的两个力矩（力与力臂的乘积）大小必须相等，主动力 F_1×主动力臂 L_1 = 负载力 F_L×负载力臂 L_2。可见，主动力 F_1 通过杠杆被放大为 $F_2=F_1L_1/L_2$，即机械传动用力臂放大力。

要使液压杠杆平衡，输出力 F_2 与负载力 F_L 相等，作用在液压杠杆上的压力必须相等，主动力 F_1÷作用面积 A_1 = 负载力 F_L÷作用面积 A_2。可见，主动力 F_1 通过液压杠杆被放大为 $F_2=F_1A_2/A_1$，即流体传动用面积放大力。

对于杠杆，如果 F_L 越大，则所需主动力 F_1 越大；如果 $F_L=0$，则 $F_1=0$。

对于液压杠杆，如果 F_L 越大，则压力 p 越大，所需主动力 F_1 越大；如果 $F_L=0$，则压力 $p=0$、$F_1=0$。可见，主动力取决于负载力，负载力（广义负载力）使流体被压缩、挤压而产生压力，即

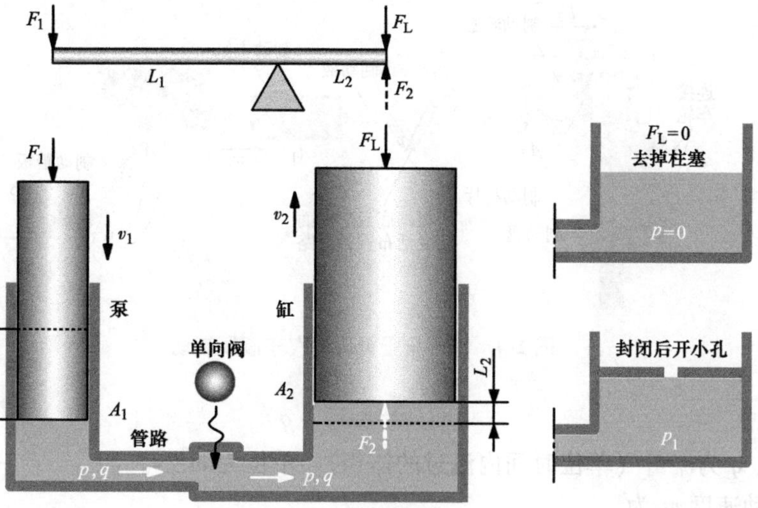

图 1-3 液压杠杆

$$p=\frac{F_L}{A_2} \tag{1-1}$$

广义负载力包括质量力（重力、惯性力）、摩擦力、弹性力，以及其他外力和阻力。千斤顶举升重物时，若不计摩擦力、弹性力及其他外力和阻力，负载力就只有质量力；若计及摩擦力，负载力则包括质量力和摩擦力。

如果液压杠杆不平衡，例如 $F_1<A_1p$，则不能推动缸运动（流体传动有防止流体逆流措施，如图 1-2 的单向阀 3，避免缸反推泵运动，此时缸底部流体压力仍为 p）；事实上，F_1 无法大于 A_1p，因缸可运动而使流体不再受到更大的压缩。可见，不管 F_1 有多大，压力始终仅取决于负载力。图 1-3 中，将缸的柱塞撤除就没有负载（无法施加负载力），则不能建立压力；将缸的柱塞撤除并将缸封闭、封闭后开足够小的小孔，都可以建立压力，因为流动受阻，阻力使流体受到压缩而产生压力。

由式（1-1），得

$$F_2=F_L=A_2p \tag{1-2}$$

可见，流体传动的输出力 F_2 与作用面积 A_2、压力 p 成比例。

改变力的大小和方向的方法有很多，如轴、链条、齿轮、流体传动等，这其中，流体传动是最能方便灵活地改变力的大小和方向的。例如，管路布置灵活的汽车液压制动（见图 1-4），人力促动制动踏板，推动制动主缸运动，压力 p 通过传动介质（制动液）传递到制动轮缸，制动轮缸推动制动衬片使其与制动盘摩擦而制动。

下面继续研究图 1-3，由质量守恒定律可知，泵底部减少的流体体积等于缸底部增加的流体体积，即

$$A_1L_1=A_2L_2$$

两边分别求导，得

$$A_1\frac{dL_1}{dt}=A_1v_1,\quad A_2\frac{dL_2}{dt}=A_2v_2$$

v_1、v_2 分别为泵和缸的运动速度，有

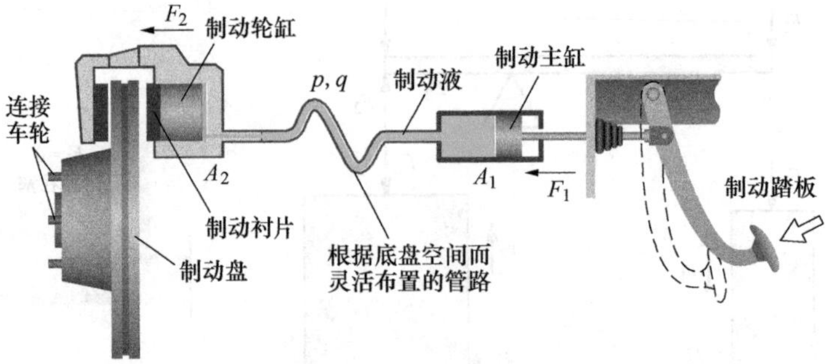

图 1-4 管路布置灵活的汽车液压制动

$$A_1v_1 = A_2v_2 = q \tag{1-3}$$

即流量相等。q 为流量（单位时间内流过的体积），单位为 m^3/s。

缸的运动速度 v_2 为

$$v_2 = \frac{q}{A_2} \tag{1-4}$$

可见，流体传动的运动速度 v_2 与流量 q 成正比，与作用面积 A_2 成反比。

综上，流体传动依靠压力 p 和流量 q 来传递动力（压力 p 和流量 q 是流体传动的两个基本参量，两者之积 pq 即为功率），其动力传递特征是：

（1）用压力 p 传递输出力　当流体传动装备制造完成后，作用面积 A_2 通常固定不变。当作用面积 A_2 不变时，输出力 F_2 仅取决于压力 p（而与流量 q 无关）。

（2）用流量 q 传递运动速度　作用面积 A_2 不变时，运动速度 v_2 仅取决于流量 q（而与压力 p 无关）。

1.2 流体传动系统的组成及能量转换

一个完整的流体传动系统通常包含以下五部分。

（1）传动介质　传动介质起传递信号和能量的作用，它相当于机械传动中的可动机械零部件和电气传动中的电磁场。

气动系统最常用的传动介质是空气，根据工作条件与环境要求，传动介质还有惰性气体。

工业液压系统传动介质属于石油产品中的 L 类（润滑剂、工业用油和相关产品）H 组（液压系统），有：①液压油（普通液压油 L-HL、抗磨液压油 L-HM、低温液压油 L-HV、超低温液压油 L-HS、液压导轨油 L-HG），液压油最为常用；②合成液（水-乙二醇液 L-HFC、磷酸酯液 L-HFDR）；③乳化液（水包油乳化液 L-HFAE、油包水乳化液 L-HFB）。此外，传动介质还有航空液压油（如 10 号、15 号航空液压油等）、涡轮机油（如调速作用的汽轮机油）、炮用液压油、水（海水、淡水）等。

（2）动力元件　为供能元件，主要是指泵，其功能是将人力、原动机的机械能（表现为转矩/力、转速/速度）转换成液压能或气压能（表现为压力和流量），提供受压流体供系统使用。在流体传动系统中，原动机（prime mover）是驱动泵或压缩机的机械动力源装置，示例：电动机、内燃机。

（3）执行元件　为用能元件，是将液压能或气压能转换成机械能的能量转换元件，由传动介质驱动而运动，包括作直线往复运动的缸、作回转运动的马达。

（4）控制元件　即阀，是用来控制流体的流向（流动方向）、压力和流量以使执行元件完成预定运动的元件。

（5）附件　上述三种元件之外的其他元件，包括油箱、储气罐、管路、密封、流体处理装置等。

流体传动系统的能量转换如图 1-5 所示，它先利用泵将人力、原动机的机械能转换成液压能或气压能，进而通过各种控制元件对液压能或气压能进行调节与控制，然后借助执行元件将液压能或气压能转换成机械能对外做功，从而实现预定的工作任务。附件则用于保证液压能或气压能在上述元件间能正常传递。

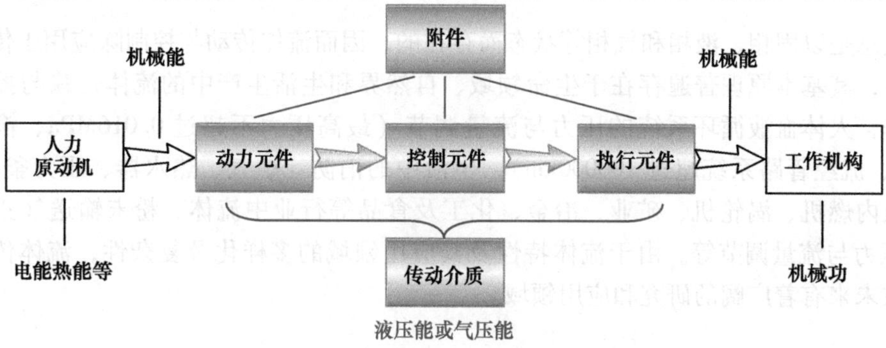

图 1-5　流体传动系统的能量转换

1.3 流体传动的特点及液压与气动的差异

流体传动与控制技术已发展成为包括传动、控制和检测在内的一门完整的自动化技术，其应用和影响已遍及国民经济各个领域。现代工程装备的运行，离不开机械本体、流体传动、电气控制（类比于人之骨骼、肌肉与神经系统），这需要我们具备一定的多学科空间感乃至大工程观，优化自身的知识结构。

布局灵活，能方便地实现直线与旋转运动，易于实现多点动作的协调，能有级调压和无级调压，能无级调速且调速范围广，便于实现频繁换向，工作平稳且冲击小，输出力或转矩易于监测（通过压力表等），易于实现过载保护且过载时仍保持有输出力或转矩，精度高而响应快（比例伺服控制）。这是液压和气动的共性特点。

液压与气动虽基本原理相同，但因传动介质不同而呈现出不同技术特点，见表 1-1。

表 1-1　液压与气动的主要特点对比

项目	液压传动与控制	气压传动与控制
介质使用	介质为液压油（或合成液、乳化液等），系统工作时从油箱吸油，用后要返回油箱 介质泄漏污染环境	介质为空气（或惰性气体），取自大气，用后可直接排入大气 介质无污染，可用于食品、医药、电子产品等行业
介质黏性	液压油密度大，黏度大（动作不如气动迅速，压力损失大，不能远距离传动）	空气密度小，黏度小（动作迅速，压力损失小，可远距离传动，可用于信号远传与控制如 0.02～0.10MPa）

（续）

项目	液压传动与控制	气压传动与控制
介质压缩性	液压油压缩率非常小［刚度大，压力大（示例：21MPa），出力大，功率密度大，适于大功率传动，不能储能］	空气压缩率大［刚度小，压力小（示例：0.5MPa），出力小，适于小功率传动，便于储能、集中供气］
安全性和适应性	恶劣环境下的安全性和适应性不如气压传动	能在易燃、易爆、强磁、辐射和振动等恶劣环境下工作，适应温度范围广，安全性和适应性优于液压传动（和电气传动）
介质温度控制	既有加热器，又有冷却器	仅需在气源装置中冷却

物质总是以固相、液相和气相等状态而存在的，因而流体传动与控制除应用于传递与控制领域外，其基本原理普遍存在于生命领域、自然界和生活生产中的流体传输与控制等领域，例如，人体血液循环系统的压力与流量调节（最高压力不超过 0.016MPa、输出流量 10L/min、流经管路系统超过 100000km），生活中的消防、燃气、热水器、压力釜、喷涂、雾化以及内燃机、涡轮机、矿业、冶金、化工及食品等行业中流体、粉末输送（正压和负压）的压力与流量调节等。由于流体特性及其应用领域的多样化及复杂性，流体传动与控制技术在未来有着广阔的研究和应用领域。

1.4 图形符号及 GB/T 786

图形符号（graphical symbol）是以图形为主要特征，用于信息传递的视觉符号。图形符号分为标志用图形符号、设备用图形符号和技术文件用图形符号，见表 1-2。

表 1-2 图形符号的分类

分 类		说 明	示 例
标志用	公共信息	向公众传递信息，无需专业培训即可理解	 卫生间（GB/T 10001.1）
	安全标志	与安全色及安全形状共同形成安全标志，以传递安全信息	 当心触电（GB/T 29481）

（续）

分类		说明	示例
标志用	交通标志	与颜色及几何形状共同形成交通标志，以传递交通安全及管理信息	 环岛行驶（GB 5768.2）
设备用	显示符号	呈现设备的功能（如连接端子、加注点等）或工作状态（如开、关，通、断，告警等）	 轮胎胎压异常，故障告警信号（GB 4094）
	控制符号	操作指示	 前风窗玻璃刮水器及洗涤器组合操纵（GB 4094）
技术文件用	简图用	在简图中表示系统或设备各组成部分之间的相互关系	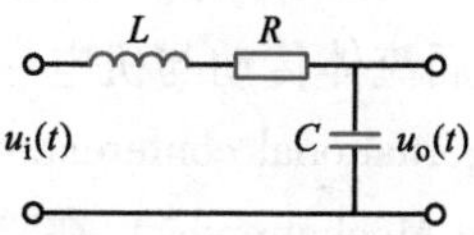 *RLC* 电路（GB/T 4728.4） 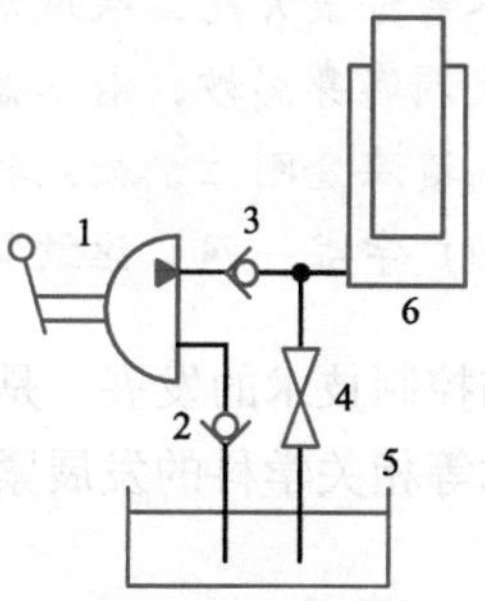 流体传动（GB/T 786.1）
	标注用	表示在产品设计、制造、测量和质量保证等全过程中涉及的几何特征和制造工艺等	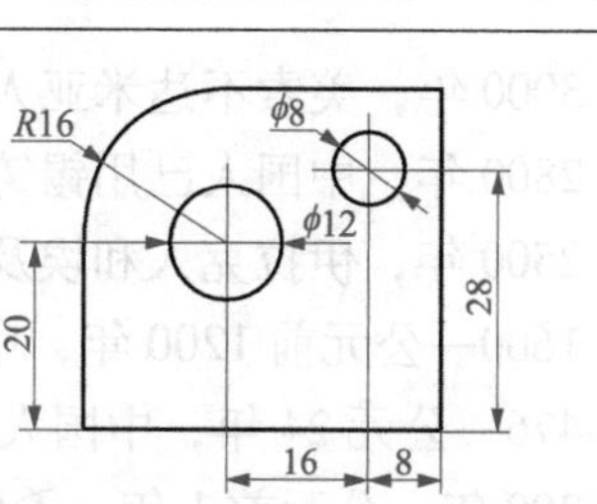 尺寸注法（单位为 mm）（GB/T 4458.4）

图 1-2a 是结构原理图，非常繁琐。ISO（International Organization for Standardization，国际标准化组织）和国家市场监督管理总局（国家标准化管理委员会）分别发布了流体传动系统及元件的简图用图形符号标准：ISO 1219 *Fluid power systems and components—Graphical symbols and circuit diagrams*、GB/T 786《流体传动系统及元件　图形符号和回路图》。最新的 GB/T 786 如下：

1）GB/T 786.1—2021《流体传动系统及元件　图形符号和回路图　第 1 部分：图形符号》（ISO 1219-1：2012，IDT）。

2）GB/T 786.2—2018《流体传动系统及元件　图形符号和回路图　第 2 部分：回路图》（ISO 1219-2：2012，MOD）。

3）GB/T 786.3—2021《流体传动系统及元件　图形符号和回路图　第 3 部分：回路图中的符号模块和连接符号》（ISO 1219—3：2016，IDT）。

图 1-2a 按上述标准绘制的图形符号如图 1-2b 所示，可见，采用图形符号简单且高效。

1.5 历史的行程

流体传动与控制技术已成为现代工程装备的基本要素和工程控制的关键技术之一，其应用、国内学科专业的发展可分别用燕山大学赵静一教授所作的两首诗（2015 年 8 月）来简要概括。

七律·流控技术赞

贺第七届流体传动与机电一体化国际会议（7th International conference on Fluid Power and Mechatronics）在哈尔滨召开

善水蓄势集大能，疾风荡涤星辰轻。
飞天调姿身影妙，潜水擒蛟动作灵。
移山填海金刚泣，救死扶伤鬼神惊。
浩瀚广宇成一网，谁敢与我论输赢。

浣溪沙

贺中国流体专业 60 年华诞

水机立业逢花甲，
铭记苏联导师佳。
锦绣衣钵传万家。
华夏液压源工大，
火种已成遍地花。
飞天入地行无涯。

流体传动与控制技术的发展，是与流体力学、材料学、机构学、机械制造、控制理论与技术、电子技术等相关学科的发展紧密相关的。

1.5.1 技术萌芽

公元前 3000 年，美索不达米亚人和埃及人开始使用青铜器。

公元前 2800 年，中国人已用锡铸成青铜的铜刀。

公元前 2500 年，伊拉克人和埃及人已用失蜡法铸造金属饰物。

公元前 1600—公元前 1200 年，中国人用天然磨料研磨铜器、玉器和铜镜。

公元前 476—公元 24 年，中国人已用青铜制成棘齿轮（直径 25mm，40 齿）。

公元前 300 年—公元前 1 年，希腊人和阿拉伯人发明了水钟的浮球调节装置（一般被认为是最早的控制系统）。图 1-6 为水钟的浮球调节装置示意图，水从漏壶中以恒定的流量注入受水壶，浮在受水壶水面上的指针随水面上升指示时间。为了获得恒定的流量，必须使漏壶的水位保持恒定。当漏壶水位下降时，浮球随之下降，水自动注入漏壶，漏壶水位上升到设定高度时，浮球自动堵住入水口，漏壶水位保持在设定高度。现在通常把反馈控制系统分为传感器、控制器、执行机构、被控对象等几个基本组成部分，在浮球调节装置这个设计巧妙的控制系统中，传感器、控制器、执行机构是一体的。浮球调节装置现在仍被广泛使用，如抽水马桶。

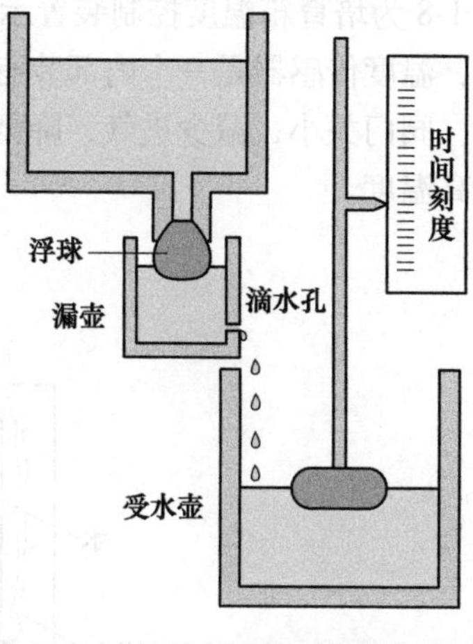

图 1-6 水钟的浮球调节装置示意图

人们在实践中逐渐积累了有关流体运动规律的认识，并不断加以总结、提高和应用。都江堰灌溉工程是一个杰出的流体力学、控制系统和系统工程的工程案例，逾两千年而不衰，始终发挥着巨大作用。都江堰灌溉工程示意图如图 1-7 所示，主体工程包括鱼嘴分水堤、飞沙堰溢洪道和宝瓶口进水口，科学地解决了江水自动分流、自动泄洪排沙、控制进水流量等问题，是多环节控制系统，而且充满各种扰动、不确定性和时变性。

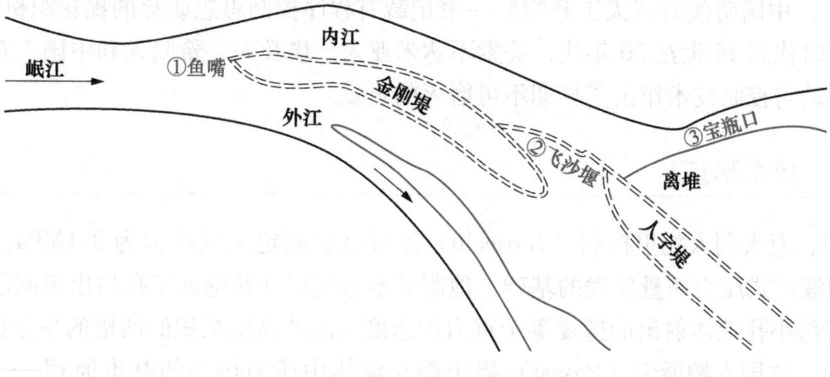

图 1-7 都江堰灌溉工程示意图

对流体力学学科的形成最早作出贡献的是希腊的阿基米德（Archimedes）。阿基米德（公元前287年—公元前212年）提出物体浮力原理——阿基米德原理，并发明螺旋提水工具。

公元前 100 年，中国已出现水轮。

50 年，在埃及的科学中心亚历山大出土的文本中已记载着用热空气-水力驱动寺庙大门的原理。

东汉时期，中国人张衡发明水运浑象仪，由漏水驱动。

晋代，中国人杜预发明由水轮驱动的水转连磨。

15 世纪，意大利人达 · 芬奇（da Vinci）在其著作中谈到水波、管流及鸟的飞翔原理等问题。

欧洲最早发明的反馈控制系统是荷兰人德雷贝尔（Drebbel）发明的温度控制装置。德雷贝尔（1572—1633 年）发明了一个孵化小鸡的培育箱，通过控制炉温来给培育箱加热。

图 1-8 为培育箱温度控制装置示意图，培育箱是双层的，中间有水，把热量均匀地传递给内层，温度传感器是一个内部装有酒精和水银的容器。当温度升高时，温度传感器的水银柱上升，阀门关小，减少进气，降低温度；当温度降低时，水银柱下降，阀门开大，增加进气，提高温度。

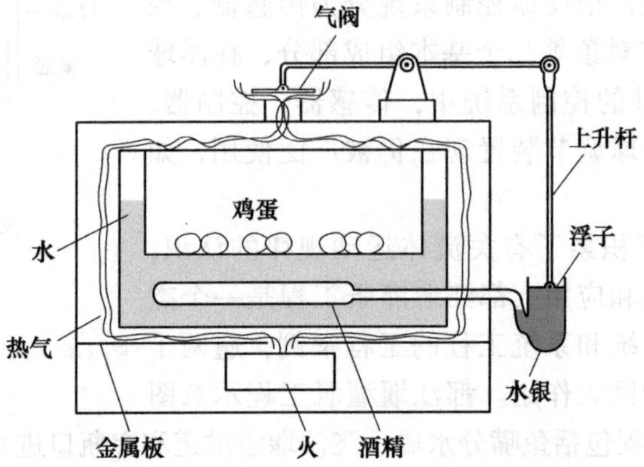

图 1-8　培育箱温度控制装置示意图

1637 年，中国明代的《天工开物》一书记载有程序控制思想萌芽的提花织机结构图。

从远古时代到 16 世纪 30 年代，美索不达米亚人、埃及人、希腊人和中国人对金属工艺学、流体传动与控制技术作出了早期不可磨灭的贡献。

1.5.2　技术形成

1643 年，意大利人托里拆利（Torricelli）通过试验测定大气压力为 0.1MPa，奠定了流体静力学和液柱式压力测量仪表的基础，他制成水银气压计并论证了孔口出流问题的基本规律（水箱底部小孔液体射出的速度等于重力加速度与液体高度乘积的两倍的平方根）。

1648 年，法国人帕斯卡（Pascal）提出静止流体中压力传递的基本原理——帕斯卡原理，奠定了流体静力学和流体传动的基础。

1650—1654 年，德国人盖利克（Guericke）发明真空泵，1654 年他在雷根斯堡用 16 匹马拉拽两个合在一起的抽成真空的马德堡半球，首次向公众显示了大气压力的威力。

1681 年，法国人帕潘（Papin）发明了带有安全阀的压力釜，实现了压力控制。

1687 年，英国人牛顿（Newton）出版了著作《自然哲学的数学原理》。该书的第二部分研究了在流体中运动的物体所受到的阻力，针对黏性流体运动时的内摩擦力，提出了牛顿内摩擦定律，为黏性流体动力学奠定了初步的理论基础。

1732 年，法国人皮托（Pitot）发明了测量流体中总压的皮托管。

1733 年，法国人卡米（Camus）提出齿轮啮合基本定律。

瑞士人丹尼尔·伯努利（Bernoulli D）从经典力学的能量守恒出发，研究供水管路中水的流动。他在 1738 年出版的著作《流体动力学》中，建立了流体位能、压力能和动能之间的能量转换关系，即伯努利方程。

1752 年，法国人达朗伯（d' Alembert）通过对运河中船只所受阻力的试验研究，证实了阻力与物体运动速度之间的平方关系。

1755 年，瑞士人欧拉（Euler）发表著作《流体运动的一般原理》，提出流体连续介质模型的概念，建立了流体连续性微分方程和理想流体的运动微分方程（即欧拉方程）。

1769 年，法国人谢才（Chezyap）提出了计算明渠流动的流速和流量的谢才公式。

1772—1794 年，英国人瓦洛（Vario）和沃恩（Vanghan）先后发明球轴承。

1774 年，英国人威尔金森（Wilkinson）发明比较精密的镗床，使缸体精密加工成为可能。

1779 年，法国人拉普拉斯（Laplace）提出拉普拉斯变换，后来成为线性系统分析的主要数学工具。

1785 年，法国人库仑（Coulomb）用机械啮合概念解释干摩擦，首次提出了摩擦理论。

1788 年，英国人瓦特（Watt）用飞球离心式调速器控制阀门调节蒸汽机转速，被人们普遍认为是最早应用于工业过程的控制器。图 1-9 展示了其工作原理：假定蒸汽机运行在平衡状态，两个重球在与中心轴成某一给定角度的锥面上围绕轴旋转；当蒸汽机负载增大时，其转速减慢，两个重球下跌到更小的锥面上旋转，引起套管上移，杠杆运动使阀口开度增大，从而增加进入的蒸汽量，以恢复到原来的转速。因此，飞球与中心轴的角度是用来传感蒸汽机转速的。飞球离心式调速器并不是瓦特发明的。关于利用离心力控制速度的研究，荷兰人惠更斯（Huygens，1629—1695）和英国人胡克（Hooke，1635—1703）都曾钻研过这个问题，并设计了利用飞球离心力控制速度的装置。

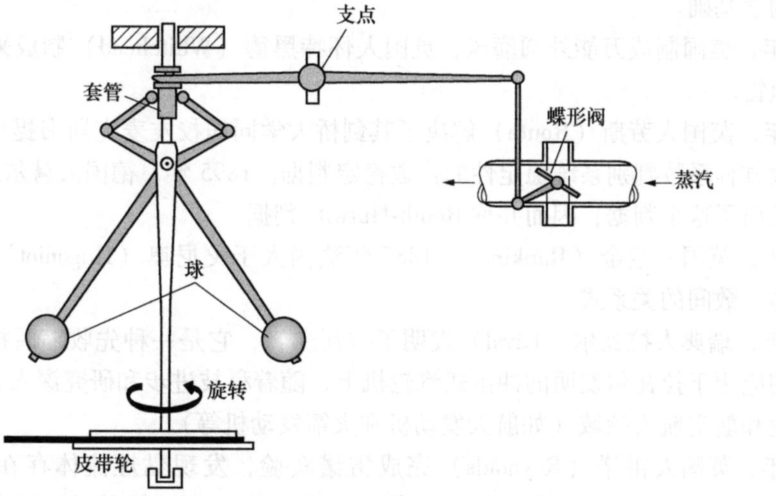

图 1-9　飞球离心式调速器示意图

1795 年，英国人布拉马（Bramah）登记了第一项液压机专利，两年后他制成液压机。

1797 年，意大利人文丘里（Venturi）通过对变断面管路实验，发现文丘里效应（最小断面处速度增大而压力减小），提出利用这一效应和连续条件测量管路流体流量的收缩扩张型管路，即文丘里管。同年，英国人莫利兹（Maudslay）发明了包含丝杠、光杠、进刀架和导轨的车床，可车削不同螺距的螺纹。

1822 年，法国人纳维（Navier）建立了黏性流体的基本运动微分方程；1845 年，英国人斯托克斯（Stokes）从流体微团运动分解的角度更简洁严谨地导出了这组方程，这组方程就是沿用至今的纳维-斯托克斯方程（N-S 方程），从而奠定了黏性流体动力学的理论基础，欧拉方程正是 N-S 方程在黏度为 0 时的特例。

1839 年，德国人哈根（Hagen）和法国人泊肃叶（Poiseuille）研究圆管内的黏性流体流动，给出了哈根-泊肃叶公式。1845 年，德国人亥姆霍兹（Helmholtz）建立了涡旋的基本概念，提出了涡旋运动定理，并于 1860 年提出将流体微团的运动分解为平动、旋转和变形三种形式，奠定了涡动力学基础，从而成为无黏性有旋流动研究的创始人。

1850 年，英国人阿姆斯特朗（Armstrong）发明液压蓄能器。

1852 年，德国巴伐利亚机器制造厂制成 1MN 万能液压试验机。

19 世纪中叶，英国人詹金（Jinken）发明世界上第一台压差补偿流量阀。

1861 年，奥地利制成 10MN 锻造液压机，主要用于机车附件锻造。

1862 年，德国人吉拉尔（Girard）发明液体静压轴承。

1868 年，英国人麦克斯韦（Maxwell）发表了论文 *On governor*（论调节器），系统地分析了几类调速器并给出了稳定性条件，被认为是第一个系统地分析反馈控制系统的理论研究。麦克斯维把确定高阶特征方程的根都具有负实部的充要条件这一问题明确地提了出来，希望得到数学家的关注。在科学的发展中，准确地提出问题和解决问题同样重要。同年，法国人法尔科（Farcot）发明气动船舵伺服控制装置。

1875 年，德国人勒洛（Reuleaux）建立构件、运动副、运动链和机构运动简图等概念，奠定了机构学基础。

1876 年，美国制成万能外圆磨床，英国人怀特黑德（Whitehead）制成采用比例微分控制的自动鱼雷。

1877 年，英国人劳斯（Routh）解决了其剑桥大学同届校友麦克斯韦提出的问题，提出了根据代数方程系数判别系统稳定性的代数稳定判据。1895 年，德国人赫尔维茨（Hurwitz）也独立地推出了这个判据，因而并称 Routh-Hurwitz 判据。

1870 年，英国人兰金（Rankine）、1887 年法国人于戈尼奥（Hugoniot）各自导出了激波前后气体参数间的关系式。

1883 年，瑞典人拉瓦尔（Laval）发明了拉瓦尔管，它是一种先收缩后扩张的喷管。拉瓦尔管最初应用于拉瓦尔发明的冲击式汽轮机上，随着科技进步和研究深入，它已广泛应用于现代工业和航空航天领域（如航天发动机和火箭发动机等）。

1883 年，英国人雷诺（Reynolds）完成雷诺实验，发现黏性流体存在两种不同的流态——层流和湍流，得到了判断流态的判据——雷诺数；1894 年雷诺又提出了雷诺应力的概念，应用时间平均法建立了湍流运动基本方程，即雷诺平均方程，为湍流理论的建立奠定了基础。英国人瑞利（Rayleigh）提出的量纲分析法和雷诺的相似理论，在一定程度上解决了流体力学研究中的理论分析与实验相结合的问题。

1886 年，美国人赫谢尔（Herschel）用文丘里管制成水流流量测量装置，这是最早的流量测量仪表。

1887 年，奥地利人马赫（Mach）发现物体在超声速运动中产生的波，并得到了马赫角关系式。

1892 年，俄国人李雅普诺夫（Lyapunov）发表了《论运动稳定性的一般问题》。

19世纪，液压机已广泛应用，成为继蒸汽机以后应用最普遍的机器。19世纪后期出现了利用压缩空气输送信件的气动邮政，因开凿和采矿的需求，还出现了回转式和往返式液压和气动凿岩机，并为此建立了规模宏大的压缩空气站，当时还将气压技术应用于舞台灯光设备驱动、印刷机械、木材、石料与金属的加工设备、牙医钻具和缝纫机械等。

16~19世纪，人们对流体力学、流体传动、近代摩擦学、机构学及控制理论与机器制造所作出的一系列贡献，为流体传动与控制的现代发展奠定了科学与工艺基础。

1.5.3 现代发展

20世纪初，由于石油工业的兴起，矿物油与水相比具有黏度大、润滑性能好、防锈蚀能力强等优点，促使人们开始研究采用矿物油代替水作为液压系统的传动介质。同时，理论与实验并重的现代流体力学也建立起来了。1904年，德国人普朗特（Prandtl）将N-S方程作了简化，从推理、数学论证和实验测量等各个角度，提出了划时代的边界层理论。边界层理论把理论和实验结合起来，既明确了理想流体的适用范围，又能计算物体运动时遇到的摩擦阻力，为飞机制造和航空业的发展铺平了道路，标志着现代流体力学的建立。普朗特在边界层理论、风洞实验技术、机翼理论、湍流理论等方面都作出了重要的贡献，还发明了普朗特风速管（又称作皮托管测速仪）。1905年，普朗特建成超声速风洞；1910年，卡门（Karman）建立卡门涡街理论；1921年，泰勒（Taylor）提出湍流统计理论基本概念，随后他又研究了同心圆筒间旋转流动的稳定性，发现了泰勒涡；1926年，普朗特提出湍流的混合长度理论；1929年，阿克莱特将气体流速与当地声速之比定义为马赫数；1940年，周培源创建湍流模式理论；1941年，钱学森和卡门导出机翼理论的卡门-钱学森公式。

1905年，美国人詹尼（Janney）首先将矿物油引入液压传动系统作为传动介质，并且设计制造了第一台轴向柱塞泵及由其驱动的液压传动装置，并于1906年将其应用到军舰的炮塔控制装置上，揭开了现代流体传动与控制技术发展的序幕。液压油的引入改善了液压元件摩擦副的润滑性能，减少了泄漏，从而为提高液压系统的工作压力和工作性能创造了有利条件。由于结构材料、表面处理及复合材料的引入，动、静压轴承设计理论和方法的研究成果，以及丁腈橡胶等耐油密封材料的出现，使液压技术在20世纪得到迅速发展。由于车辆、舰船、航空等功率传动需求的推动，需要不断提高液压元件的功率密度和控制特性。1922年，瑞士人托马（Thoma）发明了径向柱塞泵。随后，径向柱塞马达、轴向柱塞变量马达等相继出现，使液压传动的性能不断提高。1930年德国人温斯（Wuensch）提出了压力和流量调节方法。汽车工业的发展及第二次世界大战中大规模武器生产的需要，促进了机械制造工业标准化、模块化概念和技术的形成与发展。1936年，威格士（Vickers）发明了以先导式压力控制阀为标志的管式系列液压控制元件。在第二次世界大战期间，出现了由响应迅速、精度高的液压控制机构所装备的各种军事武器。20世纪50年代数控机床与加工中心相继问世，60年代出现了板式以及叠加式液压元件系列，70年代出现了插装式系列液压元件，从而逐步形成了以标准化功能控制单元为特征的模块化集成单元技术。

20世纪，控制理论及其工程实践得到了飞速发展，从而也为流体传动与控制技术的进步提供了理论基础和技术支持。美国人斯佩里（Sperry）敏锐地注意到人工进行控制调整时不是简单地采用开关控制，而是综合运用了人工观测与预测、当存在持续的偏差时进行适量的快速或慢慢调节以减小偏差、当被控量接近目标值时减小或撤出控制等方法，于1911年设计出了采用较为复杂控制律（PID控制结合自动增益调整）的船舶自动驾驶仪，被认为是最早发明的PID（比例积分微分）控制器。1922年，俄裔美国人米诺尔斯基（Minorsky）从理论上清晰地分析了船在常值扰动下的自动驾驶问题，推导出了PID控制器形式。PID是迄今为止应用最广泛的一种控制方法，目前95%以上的过程控制回路和90%以上航空航天控制回路还都是基于PID控制。1927年，美国贝尔（Bell）实验室的布莱克（Black）提出了改善放大器性能的负反馈方法，布莱克发明的负反馈放大器通过把输出的放大信号再反馈回输入端，就可以减小由于噪声和器件参数漂移造成的失真。虽然反馈的原理在公元前的浮球调节装置、17世纪的温度控制装置、18世纪工业革命的标志——瓦特蒸汽机中采用的飞球离心式调速器中就存在，但反馈（feedback）一词被正式使用则是在布莱克发明负反馈放大器时。负反馈放大器从发明到实际应用则又经历了一段充满荆棘的漫长路途。反馈有可能会使得系统不稳定，但这时系统的动态特性已经很复杂（通常为高阶微分方程），Routh-Hurwitz判据很难再有帮助。贝尔实验室开始考虑用频率响应和复变函数理论进行分析，发展出了控制系统分析与设计的频域方法。1932年，贝尔实验室的瑞典裔美国人奈奎斯特（Nyquist）提出了根据开环频率特性Nyquist图判断系统稳定性的奈氏判据。1940年，贝尔实验室的伯德（Bode）提出Bode图。1942年，美国的齐格勒（Ziegler）和尼科尔斯（Nichols）提出了PI及PID控制的参数整定方法，后来被称为Z-N调整法。二战的爆发使控制系统的工作集中在几个特别的问题上，最重要的一个是防空高射炮瞄准系统。这是一个复杂的问题，需要完成快速发现飞行目标、准确预报飞行目标的位置、精确瞄准等一系列动作。为了完成这个任务，需要将雷达跟踪系统直接与射击指挥仪并最终与炮火位置控制器相连。为此，美国集中了当时的机械、电力电子、通信等各方面的工程师和科学家通力协作来完成这一系统。这个系统在1944年英国抗击德国V-1导弹空袭中获得了很高的成功率。二战后，经典控制理论与技术基本建立，是一种针对单输入线性定常系统的设计方法。主要有以微分方程描述的系统特征根、调整时间、最大超调量和稳态误差等指标表述系统性能的时域方法，以及以带宽、谐振、幅值裕度、相位裕度、频域特性图展示系统行为的频域方法，有人喜欢时域方法，因为可以直观了解系统的实时行为，而二战中的工作充分显示了频域方法在反馈系统设计上的威力。1948年，美国人伊万斯（Evans）提出了根轨迹法。同年，贝尔实验室的香农（Shannon）、美国数学家维纳（Wiener）分别出版了《通信的数学理论》与《控制论——关于在动物和机器中控制和通信的科学》。1954年，钱学森出版*Engineering Cybernetics*《工程控制论》。

二战后控制科学的发展更主要地受到两大因素的推动：一是太空技术需求，二是数字计算机的出现，可以完成复杂的计算和动态系统仿真。航天任务需要研究解决导弹与太空飞行器的发射、机动、制导及跟踪等问题，这个问题的特点是物理模型可以用一组一阶微分方程（线性或非线性）描述，再就是航天器上装有具备良好精度的测量装置（传感器）用于状态测量、轨迹规划，于是发展出状态空间法。航天的控制系统跟以往控制系统相比要复杂得多，飞行任务往往需要导航、制导和控制三部分协同完成。航天任务的需求强力推动了现代控制理论的发展。美国兰德公司的贝尔曼（Bellman）的动态规划、苏联人庞特里亚金（Pontryagin）的极大值原理和匈牙利裔美国人卡尔曼（Kalman）的卡尔曼滤波被认为是现代控制理论的三个代表性工作。贝尔曼在研究解决导弹部署以达到最大破坏力

精神的追寻
载人航天精神

问题的过程中，提出了最优性原理和动态规划。航天飞行任务除了落点精度的要求外，系统性能还涉及一些其他限制如时间最短或燃料消耗最少等，庞特里亚金于 1956 年提出的极大值原理是关于这类最优控制问题的理论基础。卡尔曼滤波则是从带有噪声以及不完全测量的信号中提取所需信号的一种数学算法，刚提出时曾受到很大质疑，直到 1960 年，卡尔曼访问美国航空航天局（NASA）艾姆斯研究中心，其后卡尔曼滤波成功地在阿波罗登月计划中得以应用。卡尔曼将状态空间法引入到控制系统，并提出了能控性、能观性。1960 年的第一届国际自动控制联合会（IFAC）世界大会召开，在这次会议上的经典之作有：庞特里亚金的 *The maximum principle in the theory of optimal processes of control*、贝尔曼的 *Dynamic program and feedback control*、卡尔曼的 *On the General Theory of Control Systems*。20 世纪 50 年代末到 60 年代初的科学贡献，标志着现代控制理论的诞生。

线性控制理论的形成对流体传动与控制技术的发展产生了深远影响。由于仿形切削加工、航海与航空航天伺服控制系统的需要，促使液压仿形刀架、液压伺服元件及系统相继问世。特别值得一提的是美国麻省理工学院的 Blackbum、Lee 及 Shearer 在电液伺服系统方面的工作。电液伺服系统首先应用于飞机、火炮液压控制系统，后来也用于机床及仿真装置等伺服驱动中。伺服阀响应快，但价格较贵，对油质要求很高。于是，20 世纪 60 年代后期出现了比例控制阀，其鲁棒性更好，价格较低，对油质也无特殊要求。由于流体传动系统是原动机与工作机构之间的中间环节，最好能做到既与工作机构的负载相匹配，又与原动机的高效工作区相协调，从而达到系统效率最高，因此，20 世纪 70 年代出现了负载敏感系统、功率协调系统，80 年代出现了二次调节系统。20 世纪 90 年代，出现了伺服比例阀。浙江工业大学阮健教授团队利用阀芯双自由度运动发明了液压伺服螺旋机构，实现了阀芯角位移输入和直线位移之间的转换和功率放大，发明了二维（2D）流量伺服阀，功重比提高 3 倍，抗污染能力由现有伺服阀的 NAS 6 或 7 级提高至 NAS 11 级，在国际上率先解决了伺服阀的抗污染问题，近年来批量应用于四代战机歼××、空警×××等，并于 2020 年获得机械工业科技奖一等奖。

当前流体传动技术正向超大型化、高压、大功率、高频响、高精度、高效率、低噪声、长寿命、高可靠性、节能环保、智能化、集成化、轻量化、小型化和微型化以及适应极端环境的方向发展。同时，伴随着数字孪生、智能控制、智能制造等技术的出现和发展，新型流体传动技术和元件不断涌现，推动流体传动与控制技术不断发展和进步。固相、液相和气相物质的相互作用、相互转换以及能量与信息交换过程总是要经由质和量的精确、有效的控制来实现，并满足特定的要求。因此流体传动系统必须与信息系统相结合，即与微电子、光电子、计算机、网络及传感装置相结合，研究利用功能与结构材料的组成与性质，不断发展最佳的单元结构、转换方式、功能和相互接口；受控流体介质必然与周围环境形成必要的边界，必须建立有效的静态或动态密封边界，并希望这些受控流体介质一旦冲破这一边界又不至于对生态环境产生破坏性影响。这些已成为流体传动与控制技术不断发展的研究主题。没有任何一种学科能关起门来发展，这也是所有学科的共同趋势。流体传动与控制技术不断地从机器制造、材料工程、控制理论、微电子、计算机科学、数学及物质科学等学科中汲取新的营养，接受社会和工程需求的强力推动，不断发挥自身的优势以满足客观需求，将自身逐步推进到新的水平，不断提高系统的静、动态性能，提高可靠性、鲁棒性和智能化程度，提高系统对负载、环境变化的适应能力。

习　题

1-1　按传动介质不同，流体传动与控制可分为（________________）传动与控制、（________________）传动与控制。

1-2　压力与压强有何不同？压力还有其他什么含义？

1-3　流体传动系统由哪五部分组成？

1-4　图 1-10 为采用增压器（pressure intensifier）的流体传动，管路 1 和 2 中既可以是同质流体，也可以是不同类型流体（如不同气体、不同液体、气-液等）。已知作用面积 $A_2=A_4$，$A_2:A_1:A_3=16:4:1$。不计泄漏、摩擦和柱塞质量。试求：

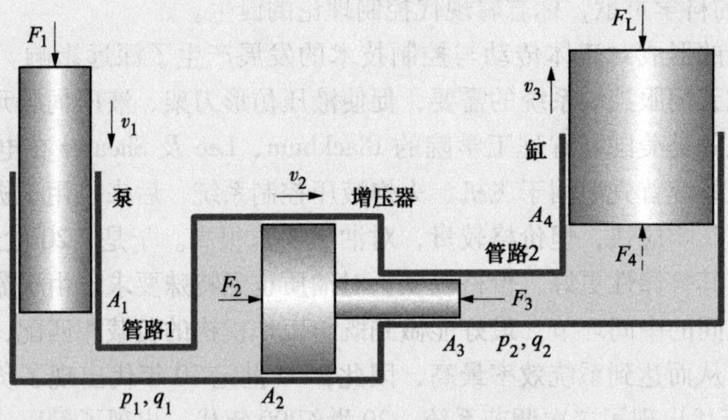

图 1-10　采用增压器的流体传动

1）增压器的出口压力 p_2 与进口压力 p_1 之比即压力放大率（pressure gain）p_2/p_1。

2）增压器的输出流量 q_2 与输入流量 q_1 之比 q_2/q_1。

3）若负载力 $F_L=128\text{kN}$，求所需的主动力 F_1。

4）若要求运动速度 $v_3=0.02\text{m/s}$，求所需的输入端运动速度 v_1。

1-5　现行的国家标准《流体传动系统及元件　图形符号和回路图　第 1 部分：图形符号》的文件编号是什么？注：文件编号形如 LL XXXXX—YYYY。LL 表示文件代号，由大写拉丁字母（可能有符号“/”）组成；顺序号 XXXXX 由阿拉伯数字（可能有符号“.”）组成，顺序号和年份号之间使用一字线形式的连接号；YYYY 表示标准发布年份号（四位阿拉伯数字），年份号会因标准的修订而变化。

第 1 章习题详解及课程思政

第 2 章

工程流体力学

流体传动与控制技术以流体为传动介质，是以工程流体力学为基础建立起来的一门技术科学。流体力学研究流体平衡和运动的基本规律以及流体与限制或控制其流动的固体之间的相互作用。流体力学是力学的一个分支。希腊人阿基米德的《论浮体》是最早的流体力学著作。从 17 世纪中叶以后，流体力学获得了惊人的发展，它的研究内容，从单相无黏性流体的定常流动，发展到多相非牛顿流体的湍流运动，从单纯的力学发展为复杂的交叉学科，研究方法从理论研究发展到理论研究与实验研究结合（包括仿真如 ANSYS Fluent 等流体力学仿真软件）。流体力学渗透到了人们的生产和生活的各个领域。例如，日常生活中使用的风扇、空调和冰箱，建筑领域中的上下水与采暖通风管路及风载对高层建筑的影响，各种水利工程的设计和建设，航空航天领域中飞行器的外形设计、机翼绕流以及升力和阻力的计算等问题，以流体为测量介质的仪器仪表，都与流体力学有着密切的关系，都不可避免地要应用流体力学的知识。在其他像大气、海洋、航运、石油、化工、能源、环保等领域，都有大量的流体力学等问题。流体力学这门既古老又年轻的学科必将在人类社会的发展中发挥越来越大的作用。

功勋科学家
“两弹一星”
功勋科学家
钱学森

2.1 流体的主要物理性质

2.1.1 流体的概念

流体是具有流动性的物质，它包括液体和气体。

流体与固体的显著区别是流动性。就其力学行为而言，流体和固体有很大的差异。固体可以承受拉力、压力和剪切力，流体却仅能承受压力，几乎不能承受拉力，在极小的剪切力作用下就会出现连续的变形运动（即流动性）。流体只呈现对变形运动的阻力，不能自行消除变形。固体在受力后也会出现变形，但在一定范围内当作用力撤除后，变形会自动消除。可见，固体具有一定的形状，而流体的形状仅取决于盛装它的容器。

液体和气体在流动性、压缩性等方面有着显著的不同。气体的流动性更好、压缩性更大。气体分子间距较液体大得多，分子彼此间的牵制力不足以形成相互间有效的制约，所以它可以完全充满盛装的容器，不能形成任何形状的自由表面；而液体分子不能像气体分子那样做自由运动，只能在小范围内做不规则运动，因此在其盛装容器中将出现自由表面，而不是充满容器空间。气体在外力作用下表现出很大的压缩性，而液体的压缩性则非常小。

2.1.2 连续介质模型

从微观上看，流体是由大量分子组成，分子间存有空隙，在空间是不连续的。

但在宏观上，在大多数工程应用当中，流体流动的空间尺度要比分子间距离大得多。人们关心的是大量分子总体的统计（即宏观）效应而不是流体单个分子的行为。当从宏观的角度来研究流体的运动，而不涉及微观的物质结构时，研究对象是从流体中抽象出来的模型，这种模型就是连续介质模型（18 世纪瑞士人欧拉建立）：把流体微团（流体质点）作为最小的研究对象，所谓流体微团是指包含大量流体分子并能保持其宏观力学性能的微小单元体，从而把流体看成是由无数连续分布、彼此无间隙地占有整个空间的流体微团所组成的介质，流体宏观物理量是空间点及时间的函数。这样就可以运用连续函数和场论等数学工具研究流体宏观的平衡和运动的问题，这就是连续介质模型的重要意义。

2.1.3 流体的密度

单位体积的流体所具有的质量称为密度，以 ρ 表示。对于均质流体，各点密度相同，即

$$\rho = \frac{m}{V} \tag{2-1}$$

式中，m 为流体的质量，单位为 kg；V 为质量为 m 的流体所占有的体积，单位为 m^3。

2.1.4 流体的压缩性与体积模量

流体体积随压力升高而减少的性质称为流体的压缩性。

流体压缩性的大小用压缩率 κ（希腊字母，读 kappa）表示，它的物理意义是单位压力变化所引起的体积变化率，即

$$\kappa = -\frac{1}{\Delta p}\frac{\Delta V}{V} \tag{2-2}$$

式中，κ 为流体的压缩率，单位为 Pa^{-1}；V 为流体的体积，单位为 m^3；ΔV 为流体体积的变化量，单位为 m^3；Δp 为压力的变化量，单位为 Pa。

由于压力增大，体积缩小，Δp 与 ΔV 的变化趋势相反，为保证流体压缩率 κ 为正值（以便 κ 值的大小与压缩程度的大小相对应，与人们的理解习惯相一致），上式右边加一负号。

由式（2-2）可以看出，当压力变化相同时，κ 值越大，体积变化率越大，即流体容易压缩；而 κ 值小的流体不容易压缩。因此，κ 值标志着流体压缩性的大小。

压缩率 κ 的倒数，称为体积模量，为施加于流体的压力变化与所引起的体积变化率之比，以 β_e 表示，即

$$\beta_e = -\Delta p\frac{V}{\Delta V} \quad \text{或} \quad -\frac{V}{\beta_e}\Delta p = \Delta V \tag{2-3}$$

式中，β_e 为流体的体积模量，单位为 Pa。

与压缩率 κ 相比，用体积模量 β_e 来表示流体压缩性的大小更为方便。β_e 值大的流体压缩性小，β_e 值小的流体压缩性大，这类似于弹簧刚度，给人们更为直观的概念。在流体传动中，一般的压力条件下，流体的压缩性可以忽略不计；在动态分析时，则要考虑流体的压缩性。液压油中没有混入空气时，可取 $\beta_e = 1.4 \sim 2.0\text{GPa}$；当混入空气时，可取 $\beta_e = 0.7 \sim 1.4\text{GPa}$。

如图 2-1 所示，压力为 p_1、体积为 V_1、密度为 ρ_1 的液压油，压力升到 p_2、体积减到 V_2、密度增到 ρ_2，则压力变化量 $\Delta p=p_2-p_1$，体积变化量 $\Delta V=V_2-V_1$，$\Delta L=L_2-L_1$，流体的压缩率 κ 和体积模量 β_e 分别为

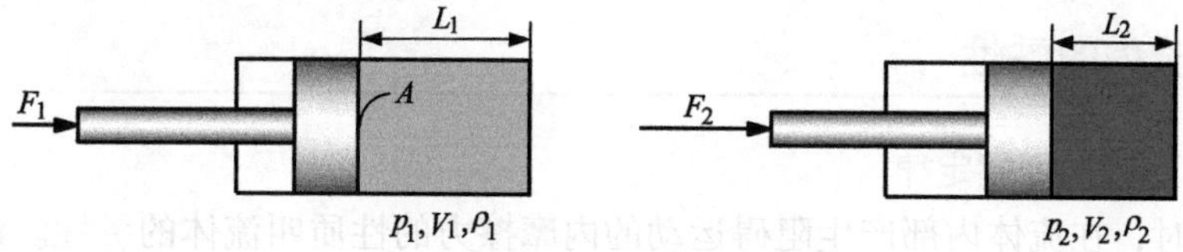

图 2-1 流体的压缩性示意图

$$\kappa=-\frac{1}{p_2-p_1}\frac{V_2-V_1}{V_1},\quad \beta_e=-(p_2-p_1)\frac{V_1}{V_2-V_1}$$

气体的情况比液体的复杂得多，一般需要同时考虑压力和温度对气体密度的影响，才能确定 κ 或 β_e 值。例如，一定质量的气体，等温过程（温度始终保持不变）时，$pV=\text{const}$，$\beta_e=p$；等熵过程（熵值始终保持不变）时，$pV^n=\text{const}$（n 为等熵指数），$\beta_e=np$；绝热过程（与外界无热量交换）时，$pV^k=\text{const}$（k 为绝热指数），$\beta_e=kp$。

声波是一种微弱的扰动波，通常将一切微弱扰动波的传播速度都叫声速。声速与流体的压缩性有关：对于液体，声速 $a=\sqrt{\beta_e/\rho}$（固体 $a=\sqrt{E/\rho}$，E 为杨氏模量）；对于空气，声速 $a=\sqrt{\beta_e/\rho}=\sqrt{kp/\rho}=\sqrt{kRT}$（绝热过程，$k=1.4$，$R=287.1\text{J}/(\text{kg}\cdot\text{K})$，$T$ 为热力学温度，如 288.15K 即 15℃时空气中的声速约为 340m/s），工程上将速度 v 与声速 a 之比称为马赫数，用 Ma 表示。

例 2-1 图 2-2 为鉴定压力表的校正器，活塞面积 $A=100\text{mm}^2$，旋进螺距 $s=2\text{mm}$（即手轮旋进一圈活塞左移 2mm），器内充满压缩率 $\kappa=1\times10^{-9}\text{Pa}^{-1}$ 的液压油。已知在表压力为 0（压力表读数为 0）时的液压油体积 $V=200\text{mL}$，用手轮旋转密封良好的活塞，试求手轮应旋进多少圈才能产生 20MPa 的表压力。

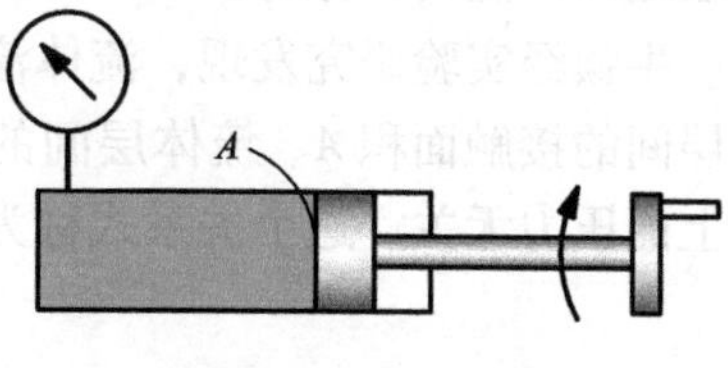

图 2-2 例 2-1 图

解 先求液压油体积的变化量 ΔV，由式（2-2）得

$$\Delta V=-\kappa V\Delta p=-1\times10^{-9}\text{Pa}^{-1}\times200\text{mL}\times(20\times10^6\text{Pa}-0)=-4\text{mL}$$

减少的 4mL 体积，除以活塞面积 A 则为活塞左移的位移，再除以旋进螺距 s 即为圈数 x

$$x=\frac{-\Delta V}{As}=\frac{4\text{mL}}{100\text{mm}^2\times2\text{mm}}=\frac{4\text{cm}^3}{200\text{mm}^3}=20$$

在例 2-1 基础上，下面讨论当器内为空气时的情况。大气压力为 0.1MPa，假设为等温过程（$pV=\text{const}$），则旋进 20 圈数后的绝对压力为 $p_2=\frac{p_1V_1}{V_2}=0.1\text{MPa}\times\frac{200\text{mL}}{196\text{mL}}=0.102\text{MPa}$，表压力（等于绝对压力减去大气压力）为 0.02MPa；而产生 20MPa 的表压力，体积压缩为 $V_2=\frac{p_1V_1}{p_2}=0.1\text{MPa}\times\frac{200\text{mL}}{20.1\text{MPa}}=0.995\text{mL}$。

液压传动与气压传动虽基本原理相同，但由于传动介质的密度差异、压缩性差异和黏性差异，使得气压传动可以集中供气、远距离传动，而液压传动的压力（示例：21MPa）远远高于气压传动（示例：0.5MPa）。

2.1.5 流体的黏性

1. 黏性及牛顿内摩擦定律

流体流动时，在流体内部产生阻碍运动的内摩擦力的性质叫流体的黏性。流体只有在流动时才会呈现出黏性，静止流体不呈现黏性。黏性内摩擦力类似于固体之间的滑动摩擦力。流体的黏性内摩擦力产生的原因是，分子间的相互吸引力和分子不规则运动的动量交换所产生的阻力。

黏性是流体的重要属性，所有实际流体都具有黏性，人们曾努力寻求定量的数学表达式来描述和确定它。牛顿通过实验总结出牛顿内摩擦定律，完成了这一重要的历史使命。如图 2-3 所示，相距为 h 的两平行平板间充满液体，下平板固定，上平板在外力作用下以匀速 u_0 向右运动。与上、下平板相接触的液体由于附着力的作用必黏附于两平板上，其速度分别为 u_0、0，介于两板之间的各层流体将以自上而下逐层递减的速度向右运动。流动较快的流体层带动流动较慢的流体层，同时流动较慢的流体层又阻滞流动较快的流体层，从而在流体层之间产生内摩擦力。

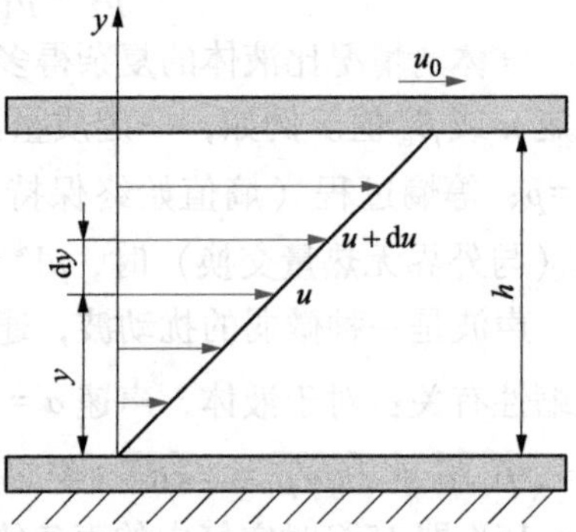

图 2-3 流体黏性示意图

牛顿经实验研究发现，流体流动时相邻流体层间的内摩擦力 F 与流体的动力黏度 μ、流体层间的接触面积 A、流体层间的速度梯度 du/dy（单位为 s^{-1}）成正比，而与流体层接触面上的压力无关。这个关系式称为牛顿内摩擦定律，即

$$F = \mu A \frac{du}{dy} \tag{2-4}$$

若以切应力（即单位面积上的内摩擦力）τ 表示，则牛顿内摩擦定律可以表示为

$$\tau = \mu \frac{du}{dy} \tag{2-5}$$

通常把动力黏度 μ 不变的流体称为牛顿流体，如液压油、空气、水银等；把 μ 为变数的流体称为非牛顿流体，如牙膏（塑性流体）、纸浆（拟塑性流体）、淀粉糊（膨胀性流体）等。

2. 黏度

黏度是衡量流体黏性的指标。动力黏度 μ 的单位为 Pa · s（名称为帕秒），用所施加的切应力 τ 与流体层间的速度梯度 du/dy 之间的关系表示，即

$$\mu = \frac{\tau}{\frac{du}{dy}} \tag{2-6}$$

流体的动力黏度 μ 与其密度 ρ 的比值，称为流体的运动黏度，以希腊字母 ν（读 nu）表

示，即

$$\nu = \frac{\mu}{\rho} \tag{2-7}$$

运动黏度 ν 的单位为 m^2/s，$1m^2/s = 1\times10^6 mm^2/s$。液压传动介质的黏度等级是以 40℃ 时运动黏度（以 mm^2/s 计）的中心值来划分的，例如，牌号为 L-HM46 的抗磨液压油在 40℃时运动黏度的中心值为 $46mm^2/s$。

3. 黏度变化规律

在一般系统使用的压力范围内，压力变化对流体黏度影响甚微可忽略不计。

但液体的黏度对温度的变化十分敏感，液体温度升高，黏度减小（液体分子间距增加，分子间引力减小）。液压油的黏度对系统的性能有很大的影响，包括在管路中的流动阻力、功率损失及液压控制系统阻尼等，因而液压系统设有热交换器，调节液压油温度在适宜区间，以保持液压油的黏度在合适范围。

气体温度升高，黏度增大（气体分子间动量交换加剧）。气体的黏度比液体的小得多，因此，在相同流速的条件下，压缩空气流动比液压油流动所产生的能量损失要小得多。

2.2 流体静力学

流体静力学研究的是流体在静止（包括绝对静止和相对静止）状态下的力学规律。绝对静止指的是流体对地球没有相对运动；相对静止指的是流体与盛装它的容器一起运动，但流体对运动容器无相对运动，流体内部质点间没有相对运动。盛装流体的容器不论是静止，还是匀速或匀加速运动，其内流体质点间都无相对运动，都不呈现黏性，都适用流体静力学的原理。

2.2.1 作用于流体上的力

1. 质量力

质量力是某种力场作用在所有流体质点上的力。这种力是非接触力，其大小与流体质点的质量成正比。如：重力就是一种质量力，它是由重力场所施加的；当流体做加速运动时质点所受到的惯性力，当流体做匀速旋转时质点所受到的离心惯性力均属于质量力。在均质流体中，质量力与受作用流体的体积成正比，因此又称为体积力。

质量力的大小用单位质量力来度量，单位质量力就是作用于单位质量流体上的质量力。

设均质流体的质量为 m，体积为 V，所受质量力为 F，那么单位质量力为 F/m，在数值上就等于加速度。若用 F_x、F_y、F_z 表示质量力 F 在三个坐标轴上的分量，f_x、f_y、f_z 分别表示单位质量力在三个坐标轴上的分量，则 $f_x = F_x/m$、$f_y = F_y/m$、$f_z = F_z/m$，在数值上也分别等于加速度在三个坐标轴 x、y、z 上的分量。

如果流体只受到地球引力的作用且取 z 轴铅垂向上，xOy 为水平面，则单位质量力在 x、y、z 轴上的分量为 $f_x = 0$，$f_y = 0$，$f_z = -mg/m = -g$（负号表示重力加速度 g 与坐标轴 z 正向相反）。

2. 表面力

表面力是指作用在所研究流体外表面上的力。这种力是接触力，其大小与所研究流体的表面积成正比。

在所研究的静止流体中划取一小块流体，如图 2-4a 所示，分析其上有哪些力的作用。为了保持它的受力平衡状态，必须把四周其他流体对这一小块流体的作用力表现出来，如图中箭头所示。这些力对整个流体而言是内力，现在对这一小块划出来的流体而言就是外力，这种外力就是小块流体所受的表面力。

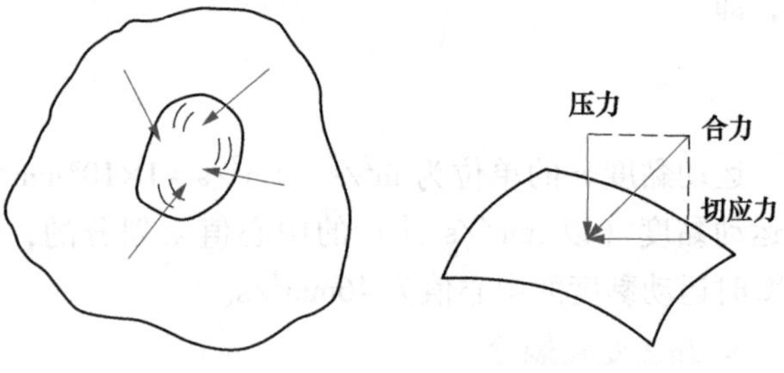

a)　　　　b)

图 2-4　作用于流体上的表面力

由于表面力与作用面面积成正比，因此通常以单位面积上的表面力即应力来表示表面力的大小。按作用方向，应力分为正应力和切应力（见图 2-4b）。因流体只能承受压力不能承受拉力，故正应力常称为压应力，简称为压力。流体单位面积上的黏性内摩擦力就是切应力，见式（2-5），而在静止的流体内部不呈现切应力只有压力。

2.2.2　流体静压力及其特性

在静止或相对静止的流体中，单位面积上的法向表面力称为压力（pressure）。当流体内部某点在 ΔA 面积上作用的法向表面力为 ΔF 时，该点的压力定义为

$$p = \lim_{\Delta A \to 0} \frac{\Delta F}{\Delta A} \tag{2-8}$$

如果法向表面力 F 均匀地作用于面积 A 上，则压力可表示为

$$p = \frac{F}{A} \tag{2-9}$$

压力的 SI 单位是 Pa（帕［斯卡］，即：单位名称的全称为帕斯卡，简称为帕），1Pa = 1N/m^2。SI 即 Système International d'Unités（国际单位制）。本书用到的 SI 词头，见表 2-1。需要注意，SI 词头符号区分大小写。

表 2-1　本书用到的 SI 词头

符号	因数	示　例
G	10^9	GPa（吉帕）、GW（吉瓦）
M	10^6	MPa（兆帕）、MN（兆牛）
k	10^3	kPa（千帕）、kW（千瓦）
d	10^{-1}	dm（分米）、dB（分贝）
c	10^{-2}	cm（厘米）
m	10^{-3}	mm（毫米）、mL（毫升）
μ	10^{-6}	μm（微米）

工程上的压力单位还有：

1）bar（巴），1bar = 0.1MPa。

2）psi（pounds per square inch，磅力每平方英寸），1MPa = 145psi，1000psi ≈ 7MPa。

公斤

流体静压力具有两个重要的特性：

1）流体静压力垂直于其作用面，且指向该作用面的内法线方向。

2）静止流体中任意一点处流体静压力的大小与作用面的方位无关，即同一点各方向的流体静压力均相等。

2.2.3 重力场中静止流体的压力分布规律与帕斯卡原理

重力场是最常见的势力场。在重力场中，作用于流体上的质量力只有重力。取铅垂向上为坐标轴 z 向，如图 2-5 所示。

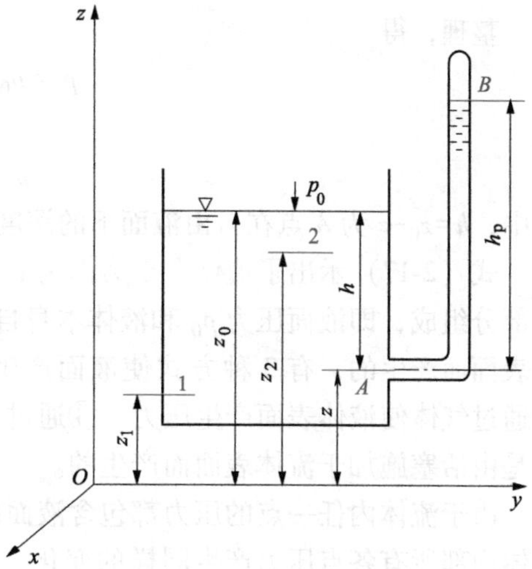

图 2-5 重力作用下的平衡流体

对于不可压缩流体，$\rho=\mathrm{const}$。对于均质连续流体中的任一点，有

$$\rho g z+p=C \tag{2-10}$$

式中，z、p 分别为该点的铅垂坐标和压力；C 为积分常数，可由边界条件确定。

式（2-10）可由如下的欧拉平衡微分方程推得

$$\mathrm{d}p=\rho(f_x\mathrm{d}x+f_y\mathrm{d}y+f_z\mathrm{d}z) \tag{2-11}$$

式（2-11）表示当点的坐标变化 dx、dy、dz 时，流体静压力的变化量。欧拉平衡微分方程描述了作用于静止平衡流体上的质量力和表面力相互平衡。

式（2-10）可写成

$$z+\frac{p}{\rho g}=C \tag{2-12}$$

式（2-12）即流体静力学基本方程式，它的适用范围是重力作用下的均质连续流体。

下面分析流体静力学基本方程式的能量意义。

由于质量为 m 的流体质点 A 对于相距为 z 的某一水平基准面的位能为 mgz，对于单位重力流体（即重力 $mg=1\mathrm{N}$ 的流体），其位能 $mgz/(mg)=z$。因此式（2-12）中的 z 项表示单位重力流体对某一基准面的位能或势能。从几何上看，很明显，z 就是流体质点距某一基准面的高度，称为位置能头（能头又称水头）。

图 2-5 中，若用一根上端封闭且绝对真空的小管接到压力为 p 的 A 点时，容器内的液体在压力 p 的作用下在小管内的上升高度为 h_p。在 A、B 两点，应用式（2-12），得

$$z_A+\frac{p_A}{\rho g}=(z_A+h_p)+\frac{p_B}{\rho g} \tag{2-13}$$

考虑到 $p_B=0$，移项得

$$h_p=\frac{p_A}{\rho g} \tag{2-14}$$

可见高度 h_p 正好等于 A 点的压力 p_A 与重度 ρg 的比值，而 B 点与 A 点处单位重力流体的位能差为 h_p，这说明式（2-12）的 $p/(\rho g)$ 项代表一种能量，即单位重力流体所具有的压力能。从几何上看，$p/(\rho g)$ 得到的液柱高度，称为压力能头。

从几何上说，位置能头 z 和压力能头 $p/(\rho g)$ 之和称为静压力能头，简称静压能头。因此流体静力学基本方程式（2-12）说明：在重力场中，对均质连续不可压缩静止流体，任意

一点单位重力流体的压力能与位能之和为一常数，即压力能和位能可以相互转换，但其总和保持不变，或者说它们的静压能头保持不变。式（2-12）就是能量守恒定律在流体静力学中的具体体现。示例：点1、点2是均质连续流体中的任意两点，其铅垂坐标分别为 z_1 和 z_2，压力分别为 p_1 和 p_2，则有 $z_1 + p_1/(\rho g) = z_2 + p_2/(\rho g)$。

下面分析自由液面的情况。设自由液面的压力为 p_0，其位置坐标为 z_0，有

$$\rho g z_0 + p_0 = \rho g z + p \tag{2-15}$$

整理，得

$$p = p_0 + \rho g(z_0 - z) \tag{2-16}$$

或

$$p = p_0 + \rho g h \tag{2-17}$$

式中，$h=z_0-z$ 为 A 点在自由液面下的深度，又称淹深。

式（2-17）示出了流体在重力作用下压力的产生和分布规律。由此可知，流体静压力由两部分组成，即液面压力 p_0 和液体本身自重产生的压力 ρgh。液面压力 p_0 是外力施加于液体表面而产生的，有3种方式使液面产生压力：①通过固体对流体施加外力而产生压力；②通过气体使液体表面产生压力；③通过不同质的液体使液面产生压力。图1-1中，液面压力是由活塞施加于流体表面而产生的。

由于流体内任一点的压力都包含液面压力 p_0，因此液面压力 p_0 有任何变化，都会引起流体内部所有各点压力产生同样的变化。这种液面（流体表面）压力在流体内部等值传递的原理就是帕斯卡（Pascal）原理。

在流体传动中，通常 $p_0 \gg \rho gh$，因此 ρgh 忽略不计，这样，式（2-17）可写成

$$p = p_0 \tag{2-18}$$

即重力可以忽略不计时，则可以认为密闭管路中的压力处处相等。

2.2.4 表压力

压力可用仪表测量，这种测压仪表本身也受到大气压力的作用，在大气中它的读数为0，因此测得的压力实际是绝对压力（是以绝对真空为基准算起的压力）与当地大气压力之差，即相对压力（常称为表压力）。表压力是以大气压力 p_a 为基准算起的压力。

绝对压力总是正的，而表压力可正可负。负的表压力表示该点压力比大气压力低，我们就说它有真空。设大气压力为0.1MPa（标准大气压力为101325Pa），如若某点的表压力为−0.08MPa，即该点的相对真空度为−0.08MPa，绝对压力为0.02MPa（真空度为0.02MPa）。真空度表示真空状态下气体的稀薄程度（$10^5 \sim 10^2$Pa 为低真空，$10^2 \sim 10^{-1}$Pa 为中真空，$10^{-1} \sim 10^{-5}$Pa 为高真空，$<10^{-5}$Pa 为超高真空），见 GB/T 3163—2007《真空技术　术语》。

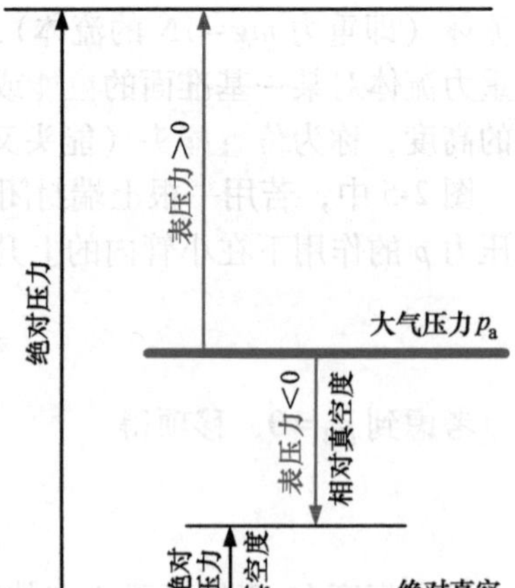

图2-6　表压力与绝对压力和大气压力间的关系

表压力与绝对压力和大气压力间的关系，如图2-6所示。

即

表压力 = 绝对压力 - 大气压力

流体传动中，所用的压力均为表压力（其中气动真空吸着要用到负的表压力即相对真空度）。

2.3 流体动力学

在流体传动中流体总是在不断地流动着，因此必须研究流体运动时的现象和规律，研究作用在流体上的力以及这些力和流体运动特性之间的关系。本节主要讲三个基本方程——流量连续方程、伯努利方程及动量方程。这三个方程是质量守恒、能量守恒以及动量守恒在流体力学中的具体体现，前两个用来解决压力、流速和流量之间的关系，后一个则用来解决流动流体与限制其流动的固体壁面之间的相互作用力问题。

2.3.1 流体运动中的基本概念

连续介质模型告诉我们，流体是由无数流体质点组成的，而且流体质点是连续地、彼此无间隙地充满空间。通常把由运动流体所充满的空间称为流场。

1. 理想流体

研究流体流动时的运动规律必须考虑流体黏性的影响，当压力变化时流体的密度会发生变化，但由于这个问题比较复杂，所以在开始分析时可以先假定流体为无黏性（$\mu=0$）、不可压缩（$\rho=\text{const}$）的理想流体，然后再根据试验结果，对理想流体的基本方程加以修正，使之比较符合实际情况。既无黏性又不可压缩的流体称为理想流体。

2. 定常流动

若流场中流体的运动参数（速度、压力等）不随时间而变化，而仅是位置坐标的函数，则称这种流动为定常流动。若流场中流体的运动参数不仅是位置坐标的函数，而且随时间变化，则称这种流动为非定常流动。图 2-7a 中，水从水箱经管嘴出流的同时，从上水管不断得到补充而使自由液面保持恒定不变，此时无论容器内各点还是出流后各点的运动参数必将恒定不变，这种流动属于定常流动；图 2-7b 中，出流后容器中没有水来补充，水位将不断下降，致使容器中各点和出流后各点的运动参数不但随坐标位置改变而且必将随时间变化，这种出流流动显然是非定常流动。

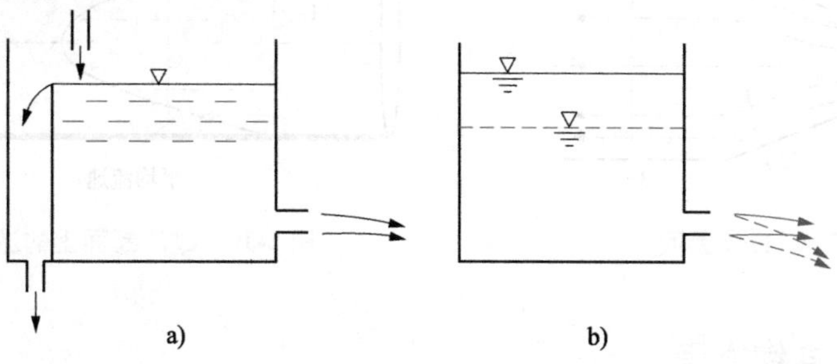

图 2-7　定常流动与非定常流动

a）定常流动　b）非定常流动

3. 迹线和流线

迹线是流场中流体质点的运动轨迹。它是拉格朗日法描述流体运动的几何基础。如果在流场中放入颜色不同但相对密度相同的流体就可以清晰地观察到流体质点的迹线。

流线是指某时刻在流场中作出的一条空间曲线，该时刻位于曲线上的所有流体质点的速度矢量与曲线相切，如图 2-8 所示。它是欧拉法描述流体运动的几何基础。在非定常流动时，由于各点速度可能随时间变化，因此流线形状也可能随时间而变化。在定常流动时，流线不随时间而变化，这样流线就与迹线重合。由于流动流体中任一质点在其一瞬时只能有一个速度，所以流线之间不可能相交，也不可能突然转折，流线只能是一条光滑的曲线。流线密集的地方流速大，流线稀疏的地方流速小。

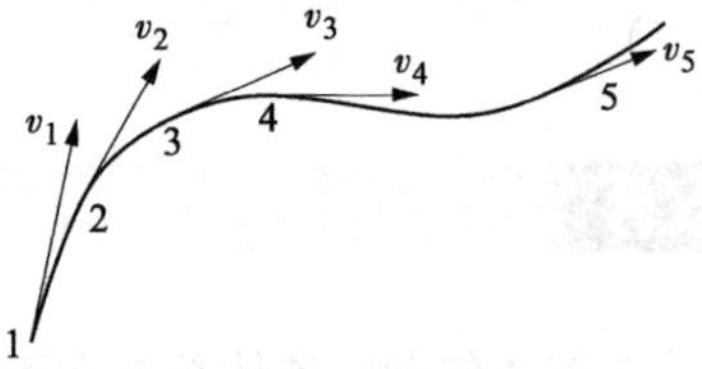

图 2-8　流线

4. 过流断面和缓变过流断面

过流断面是处处与速度方向或流线相垂直的断面。如图 2-9 所示，过流断面可能是平面（如 1—1、3—3），也可能是曲面（如 2—2）。

如果通过某过流断面的流线近乎是平行直线，则此过流断面为缓变过流断面，否则称为急变过流断面。缓变过流断面的特点是：①由于流线近乎是平行直线、断面上各点的流速方向近乎相同，故缓变过流断面必然近乎是平面；②缓变过流断面上，质量力只有重力而不存在离心惯性力（在非缓变过流断面上，流线弯曲会产生向心加速度 v^2/r，这就等于附加了一个质量力的作用，即离心惯性力）；③又因在缓变过流断面上质量力中只有重力，故在缓变过流断面上流体的受力情况与静止流体的受力情况相同，在同一缓变过流断面上，任何点的静压能头都相等，即 $z + p/(\rho g) = C$。

5. 流量和平均流速

单位时间内流过过流断面的体积为体积流量，本书简称流量，用 q 表示，单位为 m^3/s、L/min。若过流断面的面积为 A，平均流速为 v，则流量 q 为

$$q = Av \tag{2-19}$$

过流断面上各点的流速不尽相同（见图 2-10），故平均流速为

$$v = \frac{q}{A} \tag{2-20}$$

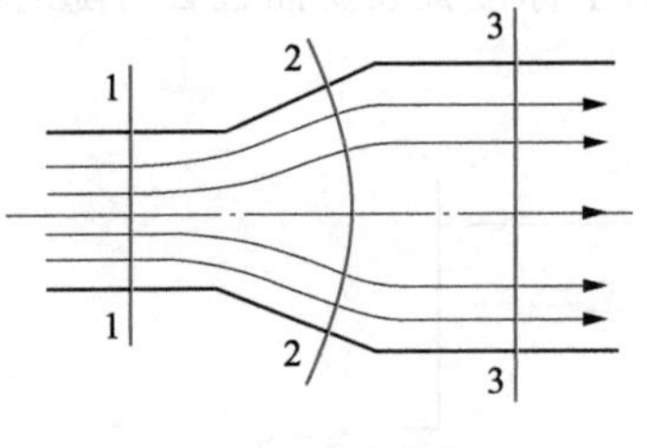

图 2-9　过流断面

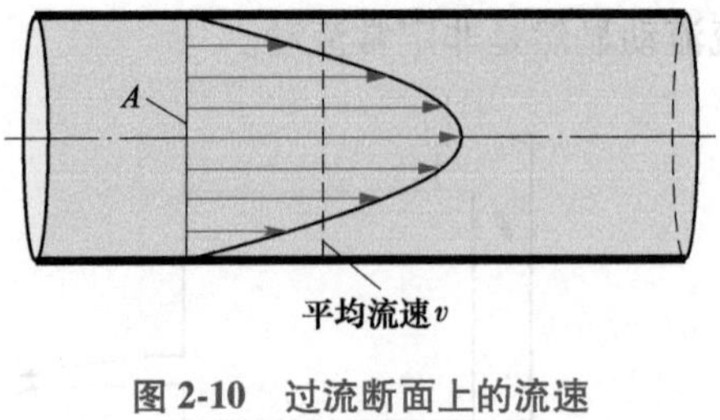

图 2-10　过流断面上的流速

2.3.2　流量连续方程

质量守恒定律是自然界中普遍存在的一条客观规律，这一规律应用于流动流体上，得到

的就是流量连续方程。

对于定常流动的流体，质量守恒就表现为质量不变。对于定常流动的不可压缩流体，质量守恒就表现为体积不变。若在流动流体内划出一固定的容积，则在某一段时间内流入和流出此容积的流体的体积必然相等。这句话用数学的形式表达出来就是流量连续方程。如图 2-11a 所示的流道上，任意两个过流断面 1 和 2 的流量相等，即

$$q_1 = q_2, \quad A_1 v_1 = A_2 v_2 \tag{2-21}$$

对于图 2-11b，则有

$$q_1 = q_2 + q_3, \quad A_1 v_1 = A_2 v_2 + A_3 v_3 \tag{2-22}$$

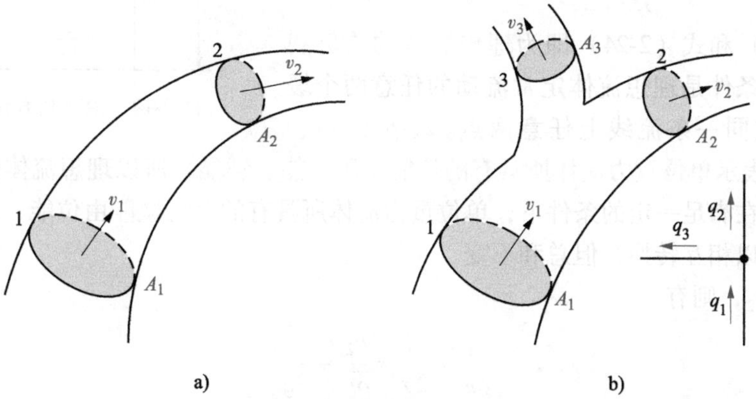

图 2-11　流量连续方程示意图

如图 2-12 所示，液体在管路中定常流动，则 $v_2 > v_1 > v_3$。

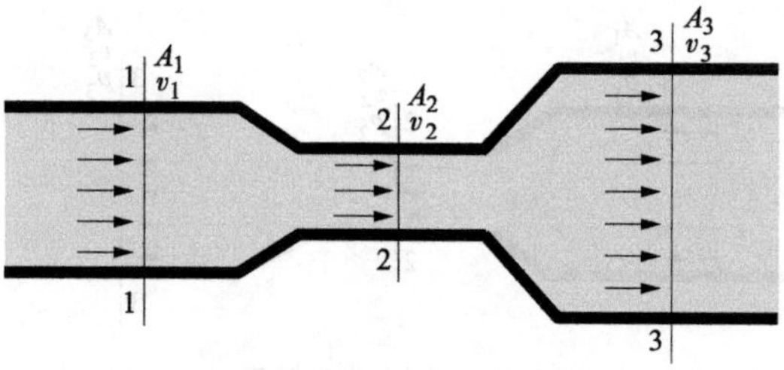

图 2-12　流量连续方程示例

2.3.3　伯努利方程

瑞士人丹尼尔·伯努利（Bernoulli D）从经典力学的能量守恒出发，研究供水管路中水的流动。他在 1738 年出版的著作《流体动力学》中，建立了流场中空间点上的几何位置、压力和流速之间的关系即流体位能、压力能和动能之间的能量转换关系，即能量方程（伯努利方程）。伯努利方程表示了流体在流动过程中能量守恒这一客观规律。

1. 理想流体的伯努利方程

理想流体在管路内做定常流动时没有能量损失，根据能量守恒定律，同一管路各断面的总能量都是相等的。如图 2-13 所示，任取两个缓变过流断面 A_1 和 A_2，它们距基准水平面的

距离分别为 z_1 和 z_2，断面平均流速分别为 v_1 和 v_2，压力分别为 p_1 和 p_2。

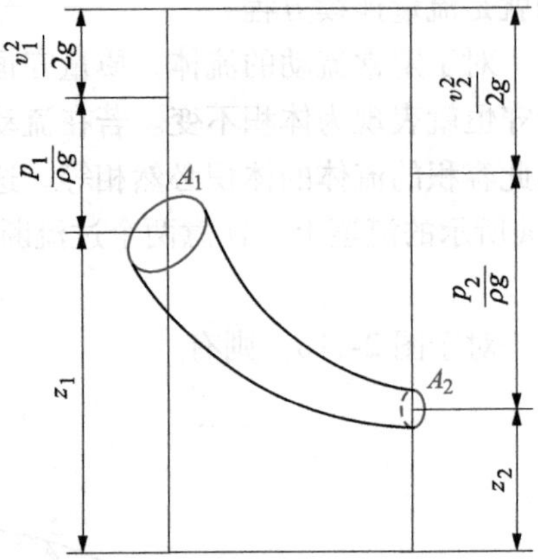

图 2-13　伯努利方程示意图

单位重力流体的能量关系式即伯努利方程为

$$z_1+\frac{p_1}{\rho g}+\frac{v_1^2}{2g}=z_2+\frac{p_2}{\rho g}+\frac{v_2^2}{2g} \tag{2-23}$$

由于两个缓变过流断面是任意取的，因此上式又可表示为

$$z+\frac{p}{\rho g}+\frac{v^2}{2g}=C \tag{2-24}$$

式（2-23）和式（2-24）即为理想流体的伯努利方程，其适用条件是理想流体定常流动的任意两个缓变过流断面或同一条流线上任意两点。z、$p/(\rho g)$、$v^2/(2g)$ 分别表示单位重力流体所具有的位能、压力能、动能。所以理想流体伯努利方程的物理意义是：在满足一定的条件下，单位重力流体所具有的总机械能由位能、压力能及动能组成，三者可以相互转换，但总和不变。

如果 $z_1=z_2$，则有

$$\frac{p_1}{\rho g}+\frac{v_1^2}{2g}=\frac{p_2}{\rho g}+\frac{v_2^2}{2g} \tag{2-25}$$

该式表明，等高流动时，流速大，压力就小。

图 2-14 所示的管路流动中，各过流断面积的大小关系为 $A_1=A_3>A_2$，由流量连续方程可知 $v_1=v_3<v_2$，由伯努利方程可知 $p_1=p_3>p_2$。

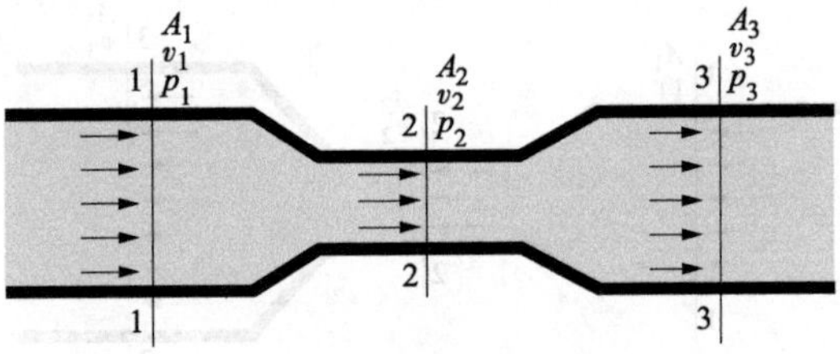

图 2-14　伯努利方程示例

2. 实际流体的伯努利方程

由于黏性的存在，实际流体在管路中流动时，流速在缓变过流断面上的分布不是均匀的，用平均流速计算得到的动能不是实际的动能，需引入动能修正系数 α_1、α_2；流动过程中要克服黏性内摩擦力而消耗一部分机械能 h_f（能头损失），因此，单位重力流体从缓变过流断面 1 流动到缓变过流断面 2 的伯努利方程为

$$z_1+\frac{p_1}{\rho g}+\frac{\alpha_1 v_1^2}{2g}=z_2+\frac{p_2}{\rho g}+\frac{\alpha_2 v_2^2}{2g}+h_f \tag{2-26}$$

2.3.4　动量方程

动量方程用于计算运动着的流体对限制其运动的固体壁面的作用力是十分方便的，因为

无需知道这些力分布的细节。

刚体的动量定理：当一质点系运动时，在时间间隔 dt 内，其动量的增量等于同一时间间隔内作用在该质点系上的总冲量。如以 d$(m\vec{v})$ 表示动量的增量，以 $\vec{F}$dt 表示合外力的总冲量，则有

$$d(m\vec{v}) = \vec{F}dt \tag{2-27}$$

要研究的流体与固体壁面间作用力问题往往只涉及流场的局部区域，即仅需考虑由所研究的固体壁面所限定的局部区域即控制体。如图 2-15 所示，定常流动的控制体 1、2 中的流体，经时间间隔 dt 后体积 1、2 移动到 1′、2′之位置，计算此二体积中的流体所具有的动量，可得

$$(m\vec{v})_{1、2} = (m\vec{v})_{1、1'} + (m\vec{v})_{1'、2}$$

$$(m\vec{v})_{1'、2'} = (m\vec{v})_{1'、2} + (m\vec{v})_{2、2'} \tag{2-28}$$

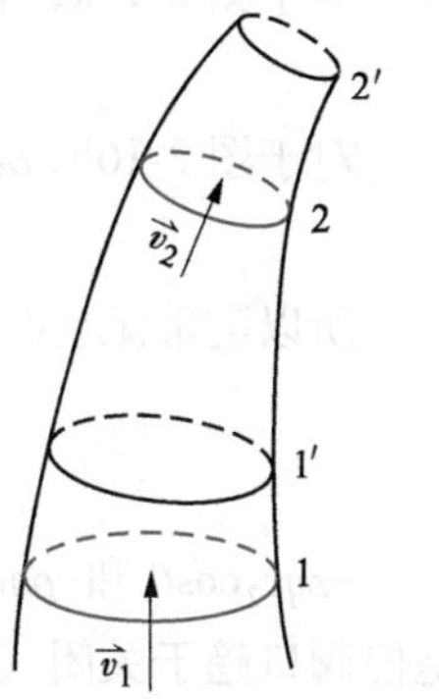

图 2-15 动量方程示意图

从而可得 dt 时间内控制体（被过流断面 1、2 及管壁所围成的区域）中流体动量的增量为

$$d(m\vec{v}) = (m\vec{v})_{1'、2'} - (m\vec{v})_{1、2} = (m\vec{v})_{2、2'} - (m\vec{v})_{1、1'} = \rho q dt(\vec{v}_2 - \vec{v}_1) \tag{2-29}$$

于是，定常流动的动量方程为

$$\vec{F} = \rho q\vec{v}_2 - \rho q\vec{v}_1 \tag{2-30}$$

式中，$\vec{F}$、$\vec{v}_1$ 和 $\vec{v}_2$ 均为矢量，分别为控制体内流体受到的合外力（质量力和表面力）、流入断面和流出断面的流速；q 为流过控制体的流量。

在应用式（2-30）时：

1）通常将流入断面、流出断面、固体壁面选择为控制体的控制面。

2）可根据问题的具体情况，将动量方程向指定方向上投影即列出在该指定方向上的动量方程。

3）用动量方程求得流体受到的作用力 $\vec{F}$，而流体对固体壁面的作用力则与 $\vec{F}$ 大小相等、方向相反。

例 2-2 有一圆柱滑阀，如图 2-16 所示，液流流经滑阀的流量为 q，流体密度为 ρ，进出口流速分别为 v_1 和 v_2，射流角（射流速度方向与阀芯轴线的夹角）为 θ，阀腔内平均流

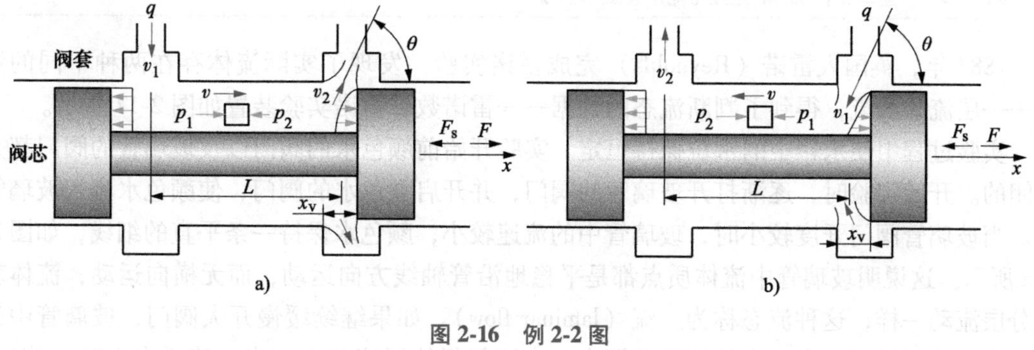

图 2-16 例 2-2 图

速为 v，阀腔长度（液流轴向有效流动长度）为 L，阀腔断面积为 A。求定常流动时液流对阀芯的作用力即稳态液动力 F_s。

解 取滑阀进口断面、出口断面、阀芯表面、阀套表面所包围的区域为控制体。设 x 轴如图中所示，假设流体受到的作用力 F 与 x 方向一致，在 x 方向应用定常流动的动量方程式（2-30），即可得到流体受到的作用力。

对于图 2-16a，有

$$F=\rho q v_2\cos\theta-\rho q v_1\cos 90°=\rho q v_2\cos\theta$$

对于图 2-16b，$\rho q v_1\cos\theta$ 与 x 方向相反，用 $-\rho q v_1\cos\theta$ 代入式（2-30），有

$$F=\rho q v_2\cos 90°-(-\rho q v_1\cos\theta)=\rho q v_1\cos\theta$$

所以定常流动时液流对阀芯的作用力即稳态液动力 F_s 分别为

$$F_s=-F=-\rho q v_2\cos\theta\text{(图 2-16a)}$$

$$F_s=-F=-\rho q v_1\cos\theta\text{(图 2-16b)}$$

$-\rho q v_2\cos\theta$ 和 $-\rho q v_1\cos\theta$ 中的负号表示阀芯所受稳态液动力与 x 方向相反，即稳态液动力是使阀口趋于关闭（本例题中是使阀芯向左移动）。由于阀口处的过流断面小于阀芯处的过流断面，故对于图 2-16a 有 $v_2>v_1$、对于图 2-16b 有 $v_1>v_2$，根据伯努利方程，流速大处压力低，故阀芯凸肩侧面的压力分布大致如图所示。由于两凸肩侧面的液压力不平衡，从而对阀芯产生稳态液动力。不管流体的流向如何，稳态液动力总是力图使阀口关闭。显然，先求阀芯凸肩侧面压力分布再用积分方法求解稳态液动力是困难的，而用动量方程却容易求解。

2.4 流体在管路中的流态与压力损失

流体在管路中的流动是工程实际中最常见的一种流动情况。实际流体具有黏性，在流动时就有阻力（质点与质点之间以及其质点与约束它流动的固体壁面间相互作用而产生的对抗流体流动的摩擦力），为了克服阻力，就必然要消耗其本身所具有的机械能，这部分消耗掉的机械能（转换成热能）便称为能量损失。在流体传动中，这些损失的能量将使介质发热、效率下降，能量损失往往以压力损失的形式表现出来，单位重力流体所损失的机械能称为能头损失，这就是实际流体流动的伯努利方程式（2-26）中 h_f 项的含义。流体在管路中的流态将直接影响压力损失的大小，因此先介绍流态，再介绍压力损失计算方法。

2.4.1 管路中流体的流态和雷诺数

1883 年，英国人雷诺（Reynolds）完成雷诺实验，发现了实际流体存在两种不同的流态——层流和湍流，得到了判断流态的判据——雷诺数。雷诺实验装置如图 2-17 所示。

实验过程中使水箱中的水位保持恒定。实验开始前颜色水的阀门以及玻璃管的阀门都是关闭的。开始实验时，逐渐打开玻璃管的阀门，并开启颜色水的阀门，使颜色水流入玻璃管中。当玻璃管阀门开度较小时，玻璃管中的流速较小，颜色水保持一条平直的细线，如图 2-18a 所示。这说明玻璃管中流体质点都是平稳地沿管轴线方向运动，而无横向运动，流体就像分层流动一样，这种流态称为层流（laminar flow）。如果继续缓慢开大阀门，玻璃管中流速加快，可以发现，在一定的流速范围内，水流仍保持层流状态。当流速增大到某一值后，

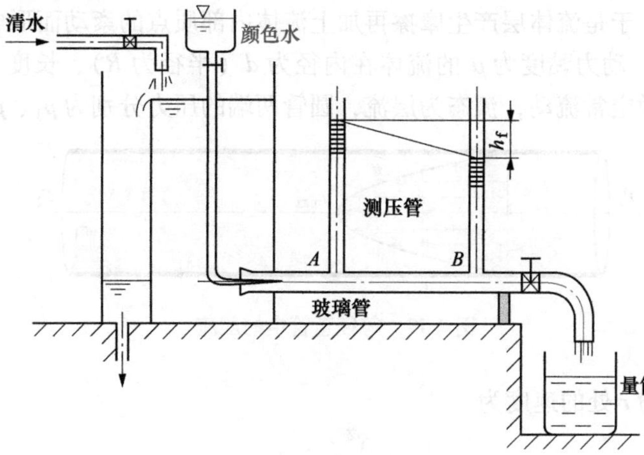

图 2-17 雷诺实验装置

颜色水出现横向摆动而不能维持直线，出现转捩（过渡状态），如图 2-18b 所示。若继续开大阀门，流速增大到某一值时，横向摆动的颜色水线突然扩散，并和周围的水流相混合，颜色水充满整个玻璃管，处于杂乱无章的不规则运动状态，这种流态称为湍流（turbulent flow），如图 2-18c 所示。

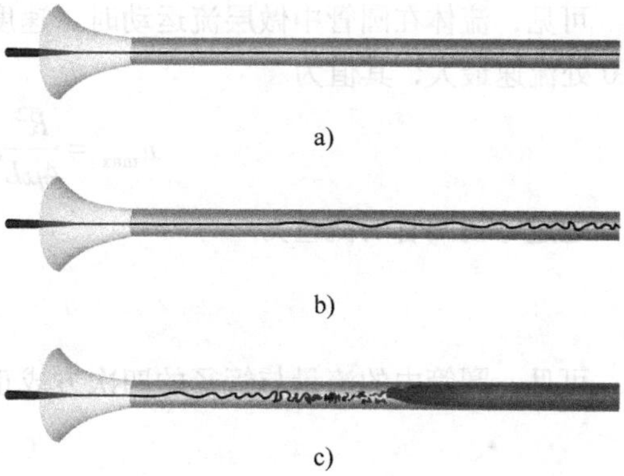

图 2-18 流体的流态
a）层流 b）转捩 c）湍流

由雷诺实验可知，层流时，流体流速较低，质点受黏性制约，不能随意运动，黏性力起主导作用；湍流时，流速较高，黏性的制约作用减弱，惯性力起主导作用。实验表明，流体在管路内的流态不仅与流速 v 有关，还与管路的内径 d、流体的运动黏度 ν 有关，但真正决定流体流态的是用这三个数所组成的一个称为雷诺数 Re 的无量纲数，即

$$Re = \frac{dv}{\nu} \tag{2-31}$$

流体由层流转变为转捩的雷诺数称为下临界雷诺数，记作 Re_c；由湍流转变为转捩的雷诺数称为上临界雷诺数，记作 Re'_c。对于光滑金属圆管，$Re \leqslant Re_c = 2320$ 时的流态为层流；$Re \geqslant Re'_c = 13800$ 时为湍流；$Re_c < Re < Re'_c$ 时为转捩，但其极不稳定，外界稍有扰动就转变为湍流，在流体传动中一般把转捩归入到湍流来处理，即 $Re \leqslant Re_c$ 为层流，$Re > Re_c$ 为湍流。

2.4.2 压力损失

在流体传动中，压力损失分为沿程压力损失和局部压力损失。

1. 沿程压力损失

流体沿等径直管流动时所产生的均匀地分配在沿流程上压力损失，称为沿程压力损失。沿程压力损失是由于流体的黏性及固体壁面对流体的阻滞作用，使流动在固体壁面的法线方向上形成速度梯度，于是流体层产生摩擦再加上流体内部质点的紊动而形成的。

如图 2-19 所示，动力黏度为 μ 的流体在内径为 d（半径为 R）、长度为 $L(L>4d)$ 的等径圆管中自左向右做定常流动，流态为层流，圆管两端的压力分别为 p_1、p_2。

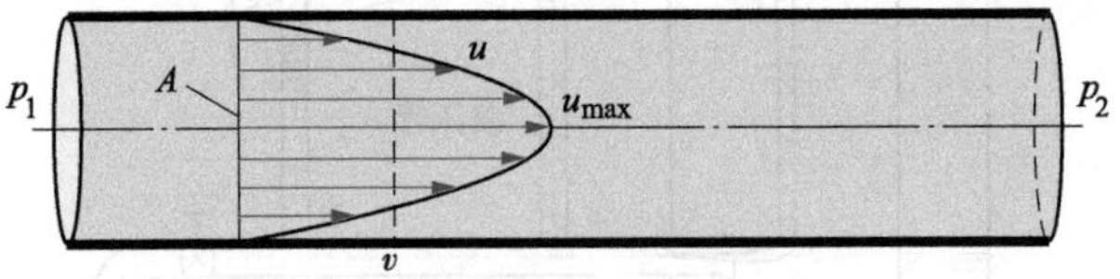

图 2-19　等径直管中的层流

在距离管轴线为 r 处的速度为

$$u = \frac{R^2 - r^2}{4\mu L}\Delta p \tag{2-32}$$

式中，$\Delta p = p_1 - p_2$。

可见，流体在圆管中做层流运动时，速度在半径方向上按抛物线规律分布，在管轴线即 $r=0$ 处流速最大，其值为

$$u_{\max} = \frac{R^2}{4\mu L}\Delta p = \frac{d^2}{16\mu L}\Delta p \tag{2-33}$$

通过等径圆管的流量为

$$q = \frac{\pi d^4}{128\mu L}\Delta p \tag{2-34}$$

可见，圆管中的流量与管径的四次方成正比。管路内的平均流速为

$$v = \frac{q}{A} = \frac{d^2}{32\mu L}\Delta p \tag{2-35}$$

由式（2-34）可得圆管内的沿程压力损失

$$\Delta p_\lambda = \frac{128\mu L}{\pi d^4}q \tag{2-36}$$

由于 $q = \frac{\pi d^2}{4}v$，$\mu = \rho\nu$，$Re = \frac{dv}{\nu}$，整理式（2-36）得

$$\Delta p_\lambda = \frac{64}{Re}\frac{L}{d}\frac{\rho v^2}{2} = \lambda\frac{L}{d}\frac{\rho v^2}{2} \tag{2-37}$$

式中，λ 为沿程压力损失系数，$\lambda = 64/Re$；L 为管路长度；d 为管路内径；ρ 为流体密度；v 为平均流速。

单位重力流体的沿程能量损失称为沿程能头损失，以 h_λ 表示

$$h_\lambda = \frac{\Delta p_\lambda}{\rho g} = \lambda\frac{L}{d}\frac{v^2}{2g} \tag{2-38}$$

湍流很复杂，完全用理论研究方法难以获得令人满意的成果，故仍用试验的方法加以研究，再辅以理论解释，因而湍流状态下的沿程压力损失仍用式（2-37）来计算，λ 不仅与雷诺数 Re 有关，而且与管壁表面粗糙度有关。

例 2-3　密度为 $\rho=900\text{kg/m}^3$、运动黏度 $\nu=32\text{mm}^2/\text{s}$ 的液压油，以流速 $v=4\text{m/s}$ 流经长

度 $L=50\text{m}$、内径 $d=16\text{mm}$ 的等径直管，求液压油流经管路的压力损失 Δp_λ。

解　雷诺数为

$$Re=\frac{dv}{\nu}=\frac{16\text{mm}\times4\times10^3\text{mm/s}}{32\text{mm}^2/\text{s}}=2000$$

压力损失为

$$\Delta p_\lambda=\frac{64}{Re}\frac{L}{d}\frac{\rho v^2}{2}=\frac{64}{2000}\frac{50\text{m}}{16\times10^{-3}\text{m}}\frac{900\text{kg/m}^3\times(4\text{m/s})^2}{2}=720000\text{Pa}=0.72\text{MPa}$$

2. 局部压力损失

过流断面的形状发生变化（如弯管、管路断面突然扩大或收缩、阀、三通等）而引起流速大小和方向的突然变化所产生的集中在很短流段内的压力损失，称为局部压力损失。流速大小和方向突然变化导致流体质点撞击，出现涡旋、二次流以及流动的分离及再附壁现象。局部压力损失以 Δp_ζ 表示，有

$$\Delta p_\zeta=\zeta\frac{\rho v^2}{2}\tag{2-39}$$

式中，Δp_ζ 为流经局部障碍前后的压差；ζ 为局部压力损失系数。

单位重力流体的局部能量损失称为局部能头损失，以 h_ζ 表示

$$h_\zeta=\frac{\Delta p_\zeta}{\rho g}=\zeta\frac{v^2}{2g}\tag{2-40}$$

例 2-4　密度为 $\rho=900\text{kg/m}^3$ 的液压油流经换向阀，液压油流经换向阀阀口的流速 $v=7\text{m/s}$，阀口的局部压力损失系数 $\zeta=10$，求液压油流经换向阀阀口的压力损失 Δp_ζ。

解　由式（2-41），可得

$$\Delta p_\zeta=\zeta\frac{\rho v^2}{2}=10\times\frac{900\text{kg/m}^3\times(7\text{m/s})^2}{2}=220500\text{Pa}\approx0.22\text{MPa}$$

3. 总压力损失

在工程实际中，流体在管路中流动总是要同时产生沿程压力损失和局部压力损失的。在某段管路上流体产生的总压力损失 $\Sigma\Delta p$ 等于所有沿程压力损失 $\Sigma\Delta p_\lambda$ 与所有局部压力损失 $\Sigma\Delta p_\zeta$ 之和，即

$$\sum\Delta p=\sum\Delta p_\lambda+\sum\Delta p_\zeta\tag{2-41}$$

总能头损失 Σh_f 为

$$\sum h_\text{f}=\sum h_\lambda+\sum h_\zeta\tag{2-42}$$

2.5 孔口出流

流体流经孔口的流动现象称为孔口出流。流体传动技术中流体流经滑阀阀口、锥阀阀口、节流孔、阻尼孔、喷挡阀的喷嘴都属于孔口出流问题。孔口出流在生活和工程技术中有着广泛的应用，例如，水龙头的水嘴、花洒的喷嘴、消防龙头、水利工程上的闸孔、水力采煤用的水枪、超高压磨料水射流切割用的喷嘴、发动机的燃油喷嘴、汽车减振器中的阻尼孔、引射式炮膛抽气装置，以及降尘和舰船红外隐身的细水雾喷嘴等。

2.5.1 薄壁孔口出流

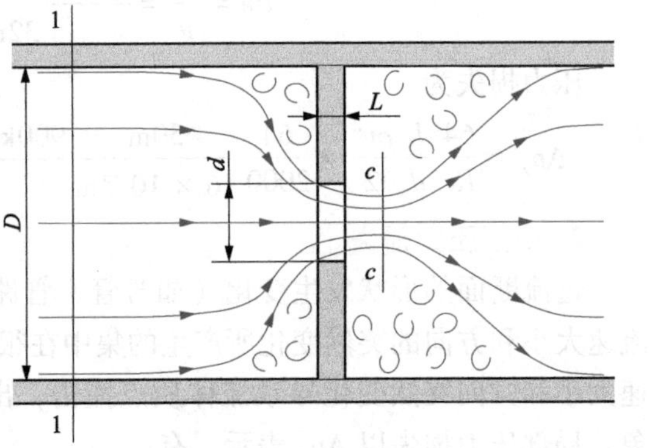

图 2-20 管路中的薄壁孔口出流

如图 2-20 所示，孔口具有尖锐的边缘即孔口为锐边孔口，孔口长度 L 与孔口直径 d 的比值小于等于 0.5，即长径比 $L/d \leqslant 0.5$，这种孔口称为薄壁孔口。在流体传动中，管路内的液流或气流通过锐边孔口时形成射流（不受壁面制约的一股流束叫做射流），根据流线的特性可知，流线不会是折线而只能是光滑曲线，因而射流发生收缩，在孔口下游的断面 $c—c$ 处，射流断面积达到最小，称为收缩断面。不难理解，收缩断面的形成是由于出流流体惯性作用的结果。收缩断面 $c—c$ 处的断面积 A_2 与孔口断面积 $A(A=\pi d^2/4)$ 之比，称为收缩系数，以 C_c 表示，$C_c=A_2/A$。收缩系数 C_c 取决于雷诺数、孔口及其边缘形状、孔口离管路侧壁的距离等因素。流体在收缩断面 $c—c$ 处速度最大，压力最低；然后扩散，随着射流的扩散，流速降低而压力有所回升，但由于压力损失，压力不能完全恢复。

取 1—1、$c—c$ 两个缓变过流断面，并以管轴线所在平面为基准面，列出实际流体的伯努利方程，得

$$z_1+\frac{p_1}{\rho g}+\frac{\alpha_1 v_1^2}{2g}=z_2+\frac{p_2}{\rho g}+\frac{\alpha_2 v_2^2}{2g}+h_f \tag{2-43}$$

式中，z_1、p_1、v_1、α_1 分别为断面 1—1 处的铅垂坐标、压力、流速和动能修正系数；z_2、p_2、v_2、α_2 分别为收缩断面 $c—c$ 处的铅垂坐标、压力、流速和动能修正系数；h_f 为能头损失。

图 2-20 中，$z_1=z_2$，由式（2-40）求得 $h_f=h_\zeta=\zeta\frac{v_2^2}{2g}$。由以上条件，代入式（2-43），得

$$\frac{p_1}{\rho g}+\frac{\alpha_1 v_1^2}{2g}=\frac{p_2}{\rho g}+\frac{\alpha_2 v_2^2}{2g}+\frac{\zeta v_2^2}{2g} \tag{2-44}$$

由流量连续方程，断面 1—1 和断面 $c—c$ 的流量相等，$A_1v_1=A_2v_2=C_cAv_2$，即 $v_1=\frac{C_cA}{A_1}v_2$，代入式（2-44），得

$$v_2=\frac{1}{\sqrt{\alpha_2+\zeta-\alpha_1\left(\frac{C_cA}{A_1}\right)^2}}\sqrt{\frac{2(p_1-p_2)}{\rho}} \tag{2-45}$$

收缩断面积 $A_2(A_2=C_cA)$ 比断面积 A_1 小得多，有

$$\alpha_1\left(\frac{C_cA}{A_1}\right)^2\approx 0$$

所以，薄壁孔口的收缩断面流速 v_2、通过薄壁孔口的流量 q 分别为

$$v_2 = \frac{1}{\sqrt{\alpha_2 + \zeta}}\sqrt{\frac{2\Delta p}{\rho}} = C_v\sqrt{\frac{2\Delta p}{\rho}} \tag{2-46}$$

$$q = A_2 v_2 = C_c A C_v\sqrt{\frac{2\Delta p}{\rho}} = C_d A\sqrt{\frac{2\Delta p}{\rho}} \tag{2-47}$$

式中，C_v 为流速系数，为无量纲量，$C_v = 0.97 \sim 0.98$；C_d 为流量系数，为无量纲量，在 Re 数较大的情况下，薄壁孔口收缩系数 $C_c = 0.61 \sim 0.63$，$C_d = C_c C_v = 0.60 \sim 0.61$；$A$ 为孔口断面积，单位为 m^2，$A = \pi d^2/4$；Δp 为孔口上下游压差，单位为 Pa，$\Delta p = p_1 - p_2$。

流体流道上过流断面有突然收缩处的流动叫做节流。能使流动成为节流的装置叫节流装置，在流体传动中薄壁孔口常被用作节流装置。流动流过节流装置时通常都将产生较大的局部压力损失。节流是控制流量和压力的一种基本方法，节流的下游则形成射流（利用射流中的某些物理现象例如卷吸现象、附壁效应等可做成不同功能的射流元件）。而液体节流过甚或因其他原因致使压力下降到空气分离压以下的地方将产生空化现象（溶解在液体中的空气以气泡形式逸出，液体本身开始汽化而形成气泡）。当已产生空化的液体流动到高压区时，气泡被击破并伴有振动和噪声以及液体的氧化变质等。如果气泡的溃灭发生在流道的壁面附近，那么该处壁面材料在这种局部高温高压的反复作用下，将会发生剥蚀和破坏，这种现象称为气蚀。

2.5.2 厚壁孔口出流

与薄壁孔口相比，厚壁孔口（管嘴）能够增大流量，如图 2-21 所示，管嘴长度 L 与孔口直径 d 的比值大于 2 而小于等于 4，即 $2<L/d\leqslant 4$。管嘴的出流特点是在管嘴内部形成一个收缩断面，通常称为内收缩（而薄壁孔口在孔口外收缩）。但由于管嘴较长，射流收缩之后在管内扩张，然后附壁流出管嘴，所以在出流端无收缩。

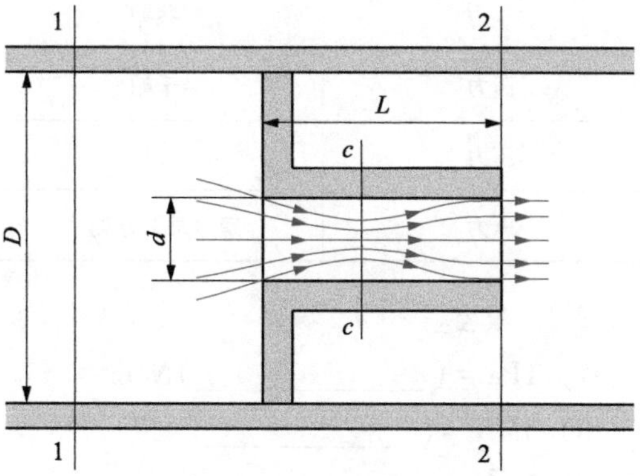

图 2-21 厚壁孔口出流（管嘴出流）

取 1—1、2—2 两个缓变过流断面，并以管轴线所在平面为基准面，列出实际流体伯努利方程、流量连续方程，可求得管嘴出口流速 v_2、通过管嘴的流量 q 分别为

$$v_2 = C_v\sqrt{\frac{2\Delta p}{\rho}} \tag{2-48}$$

$$q = v_2 A = C_v A\sqrt{\frac{2\Delta p}{\rho}} = C_d A\sqrt{\frac{2\Delta p}{\rho}} \tag{2-49}$$

式中，C_v、C_d 分别为流速系数和流量系数，均为无量纲量，$C_v = C_d$，可由实验测得，一般取 $C_v = C_d = 0.82$；A 为孔口断面积，单位为 m^2，$A = \pi d^2/4$；Δp 为孔口上下游压差，单位为 Pa，$\Delta p = p_1 - p_2$。

可见，通过管嘴的流量公式与薄壁孔口相同，但流速系数和流量系数不同。在同样出流条件下，管嘴出流流量大于薄壁孔口。管嘴流量大的原因是其收缩断面处的压力 p_c 小于出口处的压力 p_2，收缩断面处具有低压抽吸作用；也可以这样理解，管嘴在收缩断面处的压力 p_c 小于薄壁孔口在收缩断面处的压力 p_2，管嘴上游到收缩断面处的压差（p_1-p_c）大于薄壁孔口上游到收缩断面处的压差（p_1-p_2），压差越大，流量越大。管嘴的长度尺寸要有一定的范围，太长则引起较大的沿程压力损失，太短则来不及扩张附壁就已出流。

习　题

2-1　表 2-2 中的单位符号很大可能存在错误，若有误，请填写正确的单位符号。

表 2-2　题 2-1 表

量的名称	单位名称	可能有误的单位符号	正确的单位符号
长度	微米	um	
面积	平方毫米	MM²	
体积	毫升	ml	
体积	立方厘米	cm³	
力	兆牛	mN	
功率	千瓦	KW	
压力	兆帕	Mpa	
压力	千帕	Kpa	
压力	巴	Bar	
压力	磅力每平方英寸	PSI	

2-2　填空。

1）1Pa =(________)N/m²　　2）2MPa =(________)Pa

3）3MN =(________)N　　4）4mL =(________)cm³

5）5m³ =(________)mL　　6）1L/min =(________)m³/s

7）1r/min =(________)rad/s　　8）1mL/r =(________)m³/rad

2-3　列出流体黏度的两种表示方法及其 SI 单位，列出雷诺数公式及其 SI 单位。

2-4　列出孔口出流流量公式。

第 2 章习题详解及课程思政

第 3 章

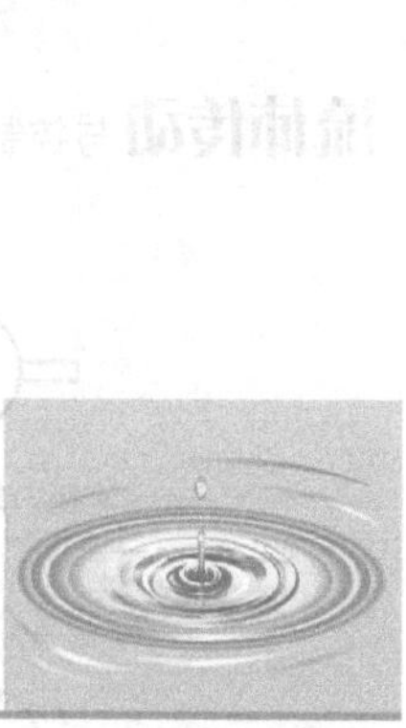

动力元件与执行元件

泵为动力元件，它是将人力、原动机的机械能（表现为转矩/力、转速/速度）转换成液压能或气压能（表现为压力和流量）的元件，受压流体经控制元件的分配与控制，提供给执行元件，执行元件（包括马达和缸）将液压能或气压能转换成机械能对外做功。

青年之友
中国态度：
①中国天眼FAST
②探访港珠澳大桥

3.1 泵和马达

3.1.1 泵和马达的排量与图形符号

1. 泵和马达的功能

液压泵（hydraulic pump）将机械能转换成液压能（hydraulic energy）。气泵通常称为空气压缩机（air compressor）或压缩机，将机械能转换成气压能。

马达是提供旋转运动或绕轴摆动的执行元件。液压马达（hydraulic motor）用带压的液体驱动，气动马达（air motor）用压缩气体驱动。电气传动领域也有马达——电动马达［电动机（electric motor）］。

2. 泵和马达的排量

泵（马达）的排量 V 是从几何上算得的泵（马达）轴每转一周所能排出的流体体积，它的值仅取决于泵（马达）的结构尺寸（与转速、压力等无关）。

排量不可变的泵（马达）称为定量泵（马达），定量是指固定排量（fixed displacement）。

排量可调节的泵（马达）称为变量泵（马达），变量是指变排量（variable displacement）。

3. 泵和马达的图形符号

图 3-1 为泵和马达的图形符号示例。

（1）口　电气和电子元件通过端子、引脚对外连接电路。液压和气动元件通过口对外连接管路，口（port）即油口或气口，是元件内部流道的终端。本章的动力和执行元件涉及三种口：进口（inlet port）、出口（outlet port）、液压的泄油口 L(drain port)。进、出口用实线线段表示，泄油口用虚线表示。例如，图 3-1a 为不带有泄油口的单向定量泵，若其将图 3-1i 的虚线加入则是带有泄油口的单向定量泵，该泵内部泄漏的液压油通过泄油口 L 直接排回油箱。

（2）三角　在流体传动中，三角均为正三角，三角是加宽的箭头，用来表示流体力（fluid force）［液压力（hydraulic force）或气压力（pneumatic force）］的作用方向，液压

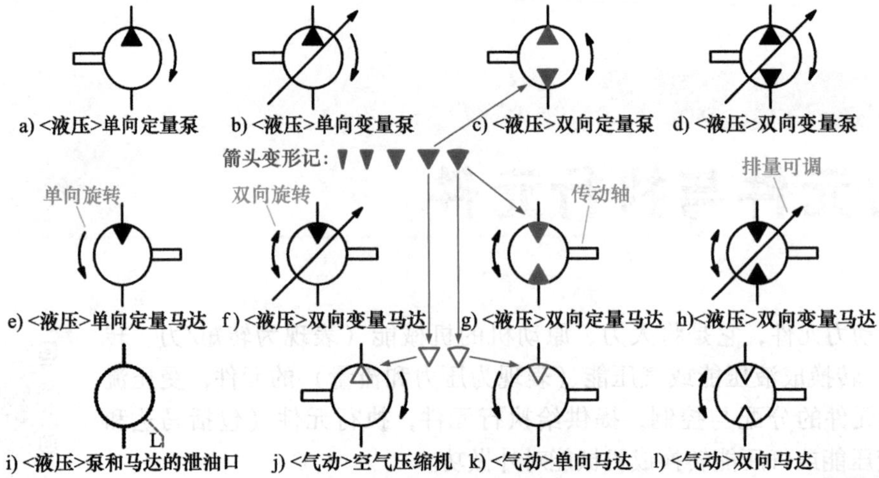

图 3-1 泵和马达的图形符号示例

图 3-1 高清大图（放大看细节）

用实心三角而气动用空心。泵和压缩机是受压流体流出，流体力作用方向向外，因而三角的指向向外；马达是受压流体流入，流体力作用方向向内，因而三角的指向向内（三角的底边变为圆弧）。图 3-1a 中，流体向上流动（下为进口，上为出口）；图 3-1e 中，流体向下流动（上为进口、下为出口）；图 3-1d 中，流体分时双向流动，如图 3-2 所示。

（3）单向和双向 泵的功能是输出受压流体，因而泵的单向、双向是指流体力的作用方向，单向泵有一个三角，双向泵有两个三角。马达的功能是拖动负载旋转，因而马达的单向、双向是指传动轴旋转方向，单向马达仅单向旋转，其旋转方向指示为单向旋转箭头；双向马达可正反转，其旋转方向指示为双向旋转箭头。

如图 3-3 所示，正如有的电机在驱动时作电动机，在功率回收时作发电机，液压也有类似的元件，即液压泵-马达，它既可作为液压泵（功率回收）又可作为液压马达（驱动）。

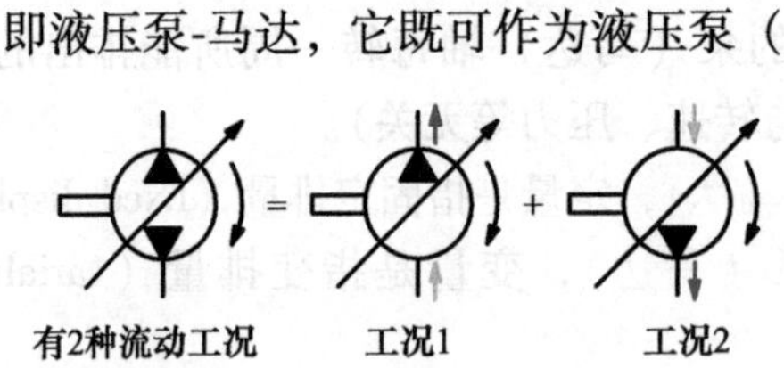

图 3-2 双向变量泵说明

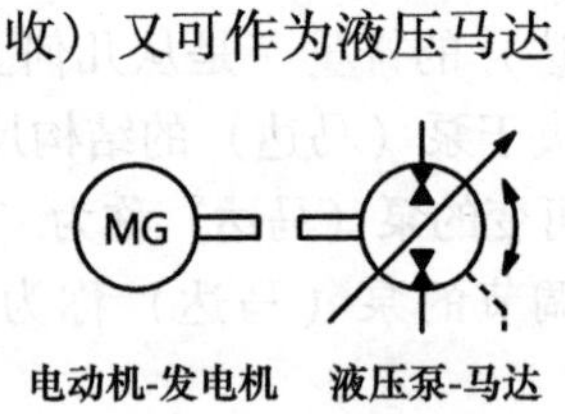

图 3-3 液压泵-马达

按结构型式，泵（马达）有柱塞式、叶片式、齿轮式等。流体传动中，不仅仅是泵而是所有元件的图形符号只表示元件的功能、操纵控制方法及用于外部连接的口，不表示元件的具体结构（例如，从图 3-1a 图形符号无法判断是齿轮式、叶片式等哪种结构型式）和技术参数（例如，从图 3-1a 图形符号无法得知排量、额定压力、额定转速等），也不表示口的实际位置。

3.1.2 柱塞泵和柱塞马达

柱塞泵（马达）具有工作压力高、容积效率高的优点。按排量是否可变，柱塞泵（马达）可分为定量柱塞泵（马达）和变量柱塞泵（马达）。

图 3-4 为单柱塞液压泵工作原理，柱塞向右运动时，工作腔容积变大而有真空趋势，上单向阀关闭而下单向阀打开，油箱液压油在大气压力作用下进入工作腔而实现吸油（进油）；柱塞向左运动时，工作腔容积变小液压油被挤压而顶开上单向阀、关闭下单向阀，液压油流入系统而实现排油。柱塞不断往复运动，工作腔大小周期性变化，液压泵就能不断地吸油、排油。可见，液压泵工作的主要特征：①必须有容积可交替变化的密闭工作腔；②具有配流机构，将进油和排油隔开，上、下单向阀就相当于配流机构。

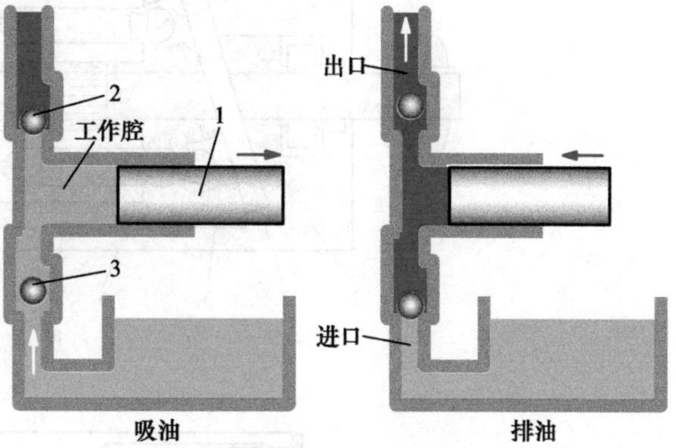

图 3-4　单柱塞液压泵工作原理

1—柱塞　2、3—单向阀

图 3-5 为斜盘式轴向柱塞泵（马达），缸体与传动轴同轴线，柱塞均布在缸体圆周的柱塞孔内（见图 3-6）。柱塞的球头与滑靴相连，回程盘使滑靴紧贴斜盘。斜盘相对于传动轴断面有一倾斜角 α。传动轴带动缸体作旋转运动，有三对摩擦副，即柱塞与缸孔、缸体与配流盘、滑靴与斜盘。当柱塞泵由原动机拖动旋转时，传动轴带动缸体旋转，柱塞随缸体一起转动；此时，由于回程盘使滑靴紧贴在斜盘上，所以柱塞随缸体旋转的同时，也被强制在缸体上的柱塞孔内作直线往复运动。当柱塞从缸孔中外伸时，柱塞底部的容腔逐渐增大，形成真空趋势，经配流盘吸油窗口从进口吸入液压油；当柱塞受迫向柱塞孔内回缩时，柱塞底部的容腔逐渐减小，液压油受挤压，经配流盘排油窗口从出口排出。缸体旋转一周，每个柱塞都完成一次吸、排油。缸体连续旋转，柱塞泵就可以实现连续吸排油。这就是斜盘式轴向柱塞泵的工作原理。由于柱塞在缸体孔中运动的直线往复运动速度不是恒定的，因而输出流量是脉动的。当柱塞数为奇数时，脉动较小，且柱塞数量越多脉动也越小。

如果将上述过程反过来，则为斜盘式轴向柱塞马达的工作原理。压力油从进口进入柱塞底部的容腔时推动柱塞外伸，外伸的柱塞对斜盘产生作用力（可分解为轴向力和径向力），径向力对缸体回转中心产生转矩，使得缸体旋转，传动轴带动负载旋转；当缸孔转动到配流盘上的排油窗口时，斜盘迫使柱塞回缩，液压油从出口排走。若马达的进出口互换，马达则反转，即为双向马达。

马达与泵在原理上互逆，但通常技术要求不同，结构相近但有差异，因而一般不能互换。

柱塞的直径为 d，柱塞分布圆的直径为 D，斜盘倾角为 α 时，柱塞的行程为 $D\tan\alpha$，所以当柱塞数为 z 时，斜盘式轴向柱塞泵（马达）的排量为

$$V = \frac{\pi}{4} d^2 z D\tan\alpha \tag{3-1}$$

可见，泵和马达的排量大小仅取决于结构参数。

图 3-5a 的斜盘倾角不可变，为定量式。

图 3-5b 为变量式，通过调节斜盘倾角进行变量。当斜盘倾角最大（到限位）时，排量

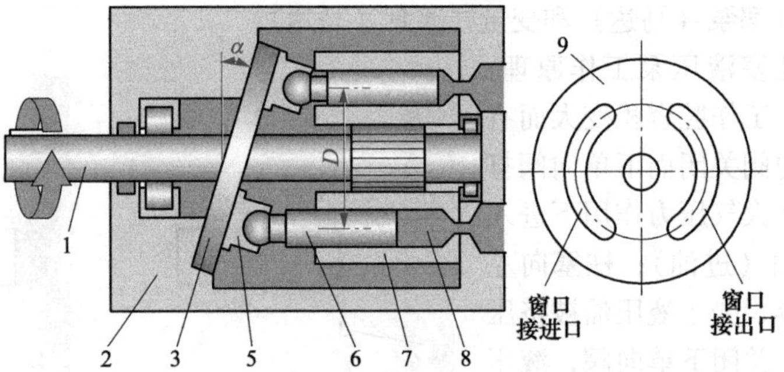

a)

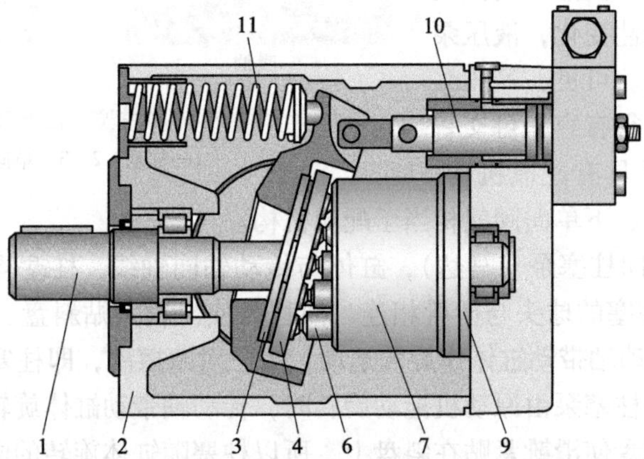

b)

图 3-5　斜盘式轴向柱塞泵（马达）

a）定量式　b）变量式

1—传动轴　2—泵体　3—斜盘　4—回程盘　5—滑靴　6—柱塞
7—缸体　8—柱塞孔　9—配流盘　10—变量调节柱塞　11—弹簧

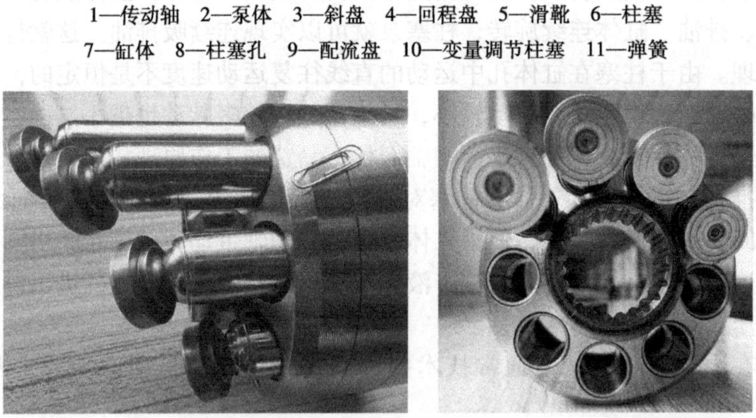

图 3-6　缸体、柱塞和滑靴

最大；当斜盘倾角 $\alpha=0°$时，零排量，此时为泵的零位或马达零位。过中位泵（见图 3-1d）在通过零位时，在不改变传动轴旋转方向的情况下，流向可以逆转；过中位马达（见图 3-1f）在通过零位时，不改变流体流向的情况下，可改变传动轴的旋转方向。

缸体和配流盘等是压力工作的核心，而它们与外壳之间存在空腔，不可避免的液压油泄漏会在该空腔逐渐累积，进而在该空腔产生压力而使元件损坏或无法正常工作，因而需要有泄油口 L 把该空腔内的液压油直接排回油箱。流体传动中，所有元件（包括泵、阀等）中泄油口 L 的功能是相同的，都是用来使元件某些腔内的液压油或因泄漏累积的液压油直接排回油箱。

3.1.3 叶片泵和叶片马达

叶片泵（马达）的结构特征是转子上带有一组滑动叶片。叶片泵具有流量均匀、运转平稳、噪声低等优点。叶片马达转动惯量小、动作灵敏，不能在很低的转速下工作。

图 3-7 为单作用叶片泵（马达）的工作原理，定子的内表面为圆柱形，转子上有均布槽，槽内安装有矩形叶片，叶片可以在槽内滑动。转子中心与定子中心之间存在偏心距 e。当叶片泵由原动机拖动旋转时，传动轴带动转子旋转，叶片在离心力的作用下贴紧定子内表面，并在转子槽内作往复运动。当叶片泵形成压力后，处于高压区的叶片根部还会有压力油，以平衡叶片顶部的高压油压力。两个相邻叶片与定子的内表面、转子的外表面以及配流盘间形成了密闭工作容积。当转子按图示的逆时针方向旋转时，在右侧的叶片逐渐伸出，相邻两叶片间形成的密闭工作容积逐渐增大，形成局部真空，通过配流盘上的吸油窗口吸油；在左侧的叶片被定子内表面逐渐压进转子槽内，两相邻叶片间形成的密闭工作容积逐渐减小，将液压油从配流盘上的排油窗口排出。这种叶片泵的转子每转动一周，相邻叶片间形成的密闭工作容积只完成一次吸油和排油，故称为单作用叶片泵。转子连续地旋转，叶片泵就能实现连续吸油和排油。这就是单作用叶片泵的工作原理。

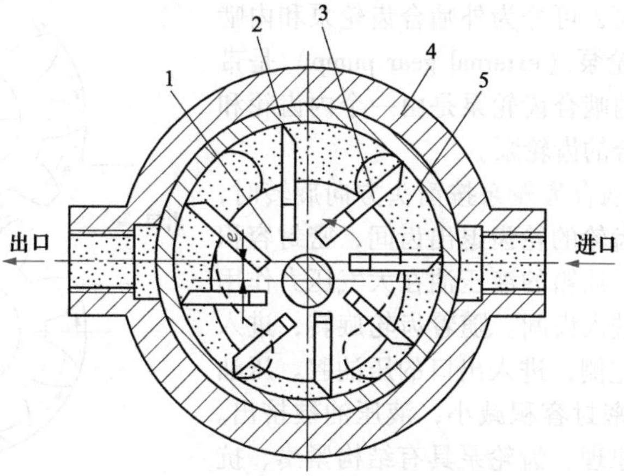

图 3-7 单作用叶片泵（马达）的工作原理

1—转子 2—定子 3—叶片 4—泵体 5—配流盘

如果将上述过程反过来，则为单作用叶片马达的工作原理。压力油从进口进入叶片马达，作用在叶片上的压力相等，但叶片伸出长度不等而使作用力不等，产生逆时针转矩，使得转子旋转，传动轴带动负载旋转；当转子转动到配流盘上的排油窗口时，液压油从出口排走。若马达的进、出口互换，马达则反转，即为双向马达。

若在结构上把转子和定子的偏心距 e 做成可调的，则为变量叶片泵（马达），如图 3-8 所示。通过调节定子与转子间的偏心距进行变量，偏心距越小，排量就越小；当偏心距 $e=0$ 时，排量为 0。单作用叶片泵（马达）的优点是结构工艺简单，可以实现变量。缺点是转子上作用的液压力不平衡，加剧了轴承的磨损，缩短了使用寿命。

图 3-9 为手动变量泵与限压变量泵示例，前者通过手动调节机构调整变量，后者泵出口压力 p 反馈至作用面积为 A 的活塞上产生液压力 Ap，活塞另一端受到可调弹簧作用力 kx，使得泵出口压力 $p \leqslant kx/A$。

图 3-8　变量叶片泵（马达）原理（1/4 剖）

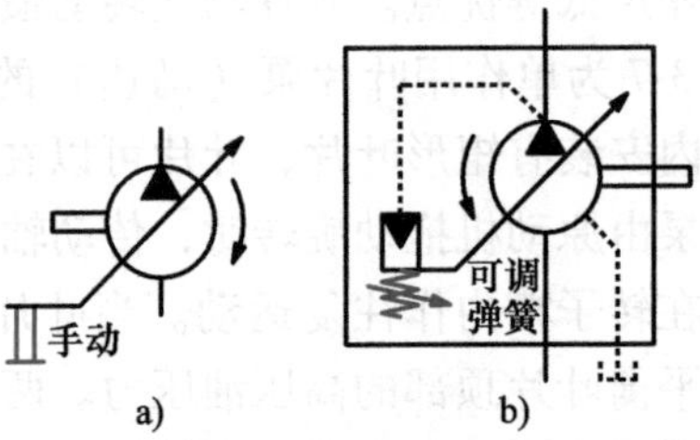

图 3-9　手动变量泵与限压变量泵
a）手动变量泵　b）限压变量泵

3.1.4　齿轮泵和齿轮马达

齿轮泵是由两个或多个互相啮合的齿轮作为泵油组件排出液体的液压泵，可分为外啮合齿轮泵和内啮合齿轮泵。外啮合齿轮泵（external gear pump）是带有外齿轮的齿轮泵，内啮合齿轮泵是由一个内齿轮和一个或多个外齿轮啮合的齿轮泵。

图 3-10 所示的外啮合齿轮泵按箭头方向旋转时，右侧齿轮脱开啮合，齿轮的轮齿退出齿间，密封容积增大，形成局部真空，油箱的液压油在大气压力作用下，经进口的吸油腔进入齿间。随着齿轮旋转，进入齿间的液压油被带到左侧，进入出口的压油腔。压油腔的轮齿进入啮合，密封容积减小，液压油被挤出。这就是齿轮泵的工作原理。齿轮泵具有结构紧凑、抗污能力强、自吸能力好、运行平稳可靠、转速范围大、制造成本低等优势。

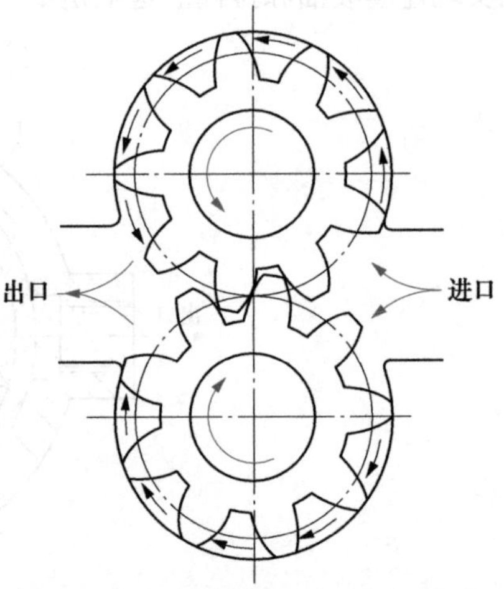

图 3-10　齿轮泵和齿轮马达的工作原理

图 3-10 所示的外啮合齿轮马达，从进口输入受压液压油，液压油压力作用于轮齿上的力使齿轮按图示箭头方向旋转（液压油从出口向外排出），齿轮轴上能输出转矩和转速，带动负载工作。当进出口反向时，齿轮马达就能实现反转，即为双向马达。

齿轮泵

3.1.5　液压泵和液压马达的功率与效率

液压泵的输入是以转矩、角速度（或转速）所表示的机械能，输出是以压力、流量所表示的液压能；液压马达则相反，输入是液压能，输出是机械能。

液压泵和液压马达在能量转换过程中是有损失的，因而输出功率小于输入功率，两者之间的差值即为功率损失，功率损失可分为容积损失和机械损失两部分。

1. 功率

（1）输入功率

液压泵的输入功率 P_i（单位为 W）是指施加在液压泵传动轴上的机械功率，为液压泵的输入转矩 T（单位为 N · m）与角速度 ω（单位为 rad/s）之积，即

$$P_i = T\omega \tag{3-2}$$

工程上常采用转速 n（单位为 r/min），旋转一周即 1 转，1 转为 2π 弧度，因而，转速与角速度的单位换算关系为

$$1\text{r/min} = \frac{2\pi}{60}\text{rad/s}$$

有

$$\omega = \frac{2\pi}{60}n \tag{3-3}$$

例如，转速 $n=1460\text{r/min}$，则角速度 ω 为

$$\omega = \frac{2\pi}{60}n = \left(\frac{2 \times 3.14}{60} \times 1460\right)\text{rad/s} = 152.81\text{rad/s}$$

液压马达的输入功率 P_h（单位为 W）是施加在液压马达上的液压功率，为液压马达进口、出口间的压差 Δp（单位为 Pa）与输入流量 q（单位为 m^3/s）之积，即

$$P_h = \Delta pq \tag{3-4}$$

（2）输出功率

液压泵的输出功率 P_h（单位为 W）是液压功率（hydraulic power），是液压泵出口、进口间的压差 Δp（单位为 Pa）与实际流量 q（单位为 m^3/s）之积，即

$$P_h = \Delta pq \tag{3-5}$$

工程上，流量单位常采用 L/min，单位换算关系为

$$1\text{L/min} = \frac{1}{60} \times 10^{-3}\text{m}^3/\text{s}$$

压差（differential pressure）是在不同测量点同时出现的两个压力之间的差。泵出口、进口间的压差 Δp 等于出口压力减去进口压力。若泵直接从开式油箱吸油（开式油箱与大气相通），则其进口压力为 0，此时 Δp 等于泵出口压力 p，有

$$P_h = pq \tag{3-6}$$

液压马达的输出功率 P_o（单位为 W）指作用在液压马达传动轴上的机械功率，为液压马达传动轴的输出转矩 T（单位为 N · m）与角速度为 ω（单位为 rad/s）之积，即

$$P_o = T\omega \tag{3-7}$$

2. 效率

（1）容积效率

液压泵和液压马达的运动件间是靠微小间隙密封的，高压油腔通过这些微小间隙向低压油腔泄漏是不可避免的，会造成容积损失。

液压泵的理论流量 q_t（单位为 m^3/s）可由排量 V（单位为 m^3/rad）、角速度 ω（单位为

rad/s）求得

$$q_t = V\omega \tag{3-8}$$

工程上，排量 V 的常用单位为 mL/r，转速 n 的常用单位为 r/min，此时液压泵理论流量 q_t 为

$$q_t = Vn \tag{3-9}$$

单位换算关系为

$$1\text{mL/r} = \frac{1}{2\pi} \times 10^{-6}\text{m}^3/\text{rad},\quad 1\text{mL} = 1\text{cm}^3 = 1 \times 10^{-6}\text{m}^3$$

因为存在容积损失，液压泵的实际流量 q 总是小于其理论流量 q_t。液压泵经过容积损失后的效率用容积效率（volumetric efficiency）η_v 来表示，它等于液压泵的实际流量 q 与理论流量 q_t 之比，即

$$\eta_v = \frac{q}{q_t} \tag{3-10}$$

工作压力增大，容积损失加大，因此容积效率 η_v 随着工作压力的增大而减小。

液压泵的实际流量可由流量计测得，也可在已知排量 V、角速度 ω 和容积效率 η_v 的情况下由公式求得，即

$$q = q_t\eta_v = V\omega\eta_v \tag{3-11}$$

液压马达的容积效率 η_v 等于液压马达的理论输入流量 q_t 与实际输入流量 q 之比，即

$$\eta_v = \frac{q_t}{q} \tag{3-12}$$

（2）机械效率

液压泵的实际输入转矩 T 总是大于理论上所需要的转矩 T_t（液压马达的实际输出转矩 T 总是小于理论输出转矩 T_t），主要原因是其运动件间因机械摩擦而引起摩擦转矩损失以及液体的黏性而引起摩擦损失，即存在机械损失。

液压泵经过机械损失后的效率用机械效率（mechanical efficiency）η_m 表示，它等于液压泵的理论驱动转矩 T_t 与实际驱动转矩 T 之比，即

$$\eta_m = \frac{T_t}{T} \tag{3-13}$$

液压马达的机械效率 η_m 等于液压马达的实际输出转矩 T 与理论输出转矩 T_t 之比，即

$$\eta_m = \frac{T}{T_t} \tag{3-14}$$

（3）总效率

液压泵的总效率 η 是指液压泵的输出功率 P_h 与输入功率 P_i 的比值，即

$$\eta = \frac{P_h}{P_i} \tag{3-15}$$

液压马达的总效率 η 是指液压马达的输出功率 P_o 与输入功率 P_h 的比值，即

$$\eta = \frac{P_o}{P_h} \tag{3-16}$$

液压泵（液压马达）的容积效率 η_v 与机械效率 η_m 之积即为总效率 η，即

$$\eta = \eta_v \eta_m \tag{3-17}$$

液压泵的典型特性曲线，如图 3-11 所示。

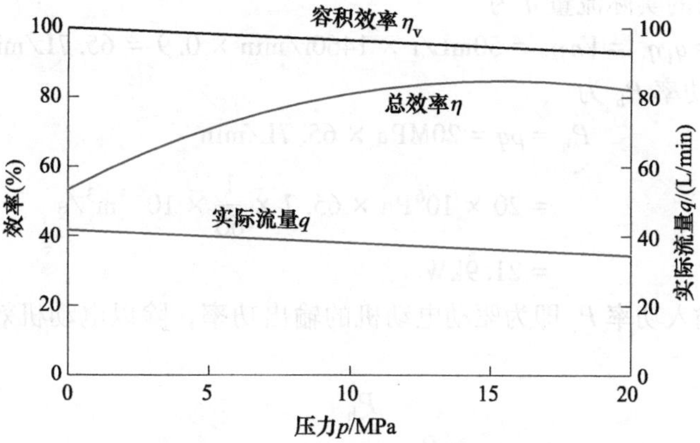

图 3-11 液压泵的典型特性曲线

液压泵性能测试（操作视频）

液压泵性能测试（回路图）

3. 分析计算实例

例 3-1 某液压泵直接从开式油箱吸油，排量 $V = 50\text{mL/r}$(产品铭牌上标注)，转速 $n = 1460\text{r/min}$（由转速计测得）时的实际流量 $q = 65.7\text{L/min}$（由流量计测得），泵出口压力 $p = 20\text{MPa}$（由压力传感器测得），液压泵的实际输入转矩 $T = 176.9\text{N}\cdot\text{m}$（由转矩仪测得）。求液压泵的容积效率 η_v、机械效率 η_m、总效率 η 以及液压泵所需的理论转矩 T_t 分别是多少？

解 1）泵的理论流量 q_t 为

$$q_t = Vn = 50\text{mL/r} \times 1460\text{r/min} = 73000\text{mL/min} = 73\text{L/min}$$

容积效率 η_v 为

$$\eta_v = \frac{q}{q_t} = \frac{65.7\text{L/min}}{73\text{L/min}} = 0.9$$

2）总效率 η 为

$$\eta = \frac{P_h}{P_i} = \frac{pq}{T\omega} = \frac{20\text{MPa} \times 65.7\text{L/min}}{176.9\text{N}\cdot\text{m} \times \frac{2\pi}{60} \times 1460\text{rad/s}}$$

$$= \frac{20 \times 10^6\text{Pa} \times 65.7 \times \frac{1}{60} \times 10^{-3}\text{m}^3/\text{s}}{176.9\text{N}\cdot\text{m} \times \frac{2\pi}{60} \times 1460\text{rad/s}}$$

$$= 0.81$$

3）机械效率 η_m 为

$$\eta_m = \frac{\eta}{\eta_v} = 0.9$$

4）液压泵所需的理论转矩 T_t 为

$$T_t = T\eta_m = 176.9\text{N}\cdot\text{m} \times 0.9 = 159.21\text{N}\cdot\text{m}$$

例 3-2 某液压泵直接从开式油箱吸油，排量 $V = 50\text{mL/r}$，转速 $n = 1460\text{r/min}$，泵出口

压力 $p=20\mathrm{MPa}$，容积效率 $\eta_v=0.9$，总效率 $\eta=0.81$。求液压泵的输出功率 P_h 和液压泵驱动电动机的功率 P_e（电动机效率 $\eta_e=0.86$）分别是多少？

解 1）液压泵的实际流量 q 为

$$q = q_t\eta_v = Vn\eta_v = 50\mathrm{mL/r} \times 1460\mathrm{r/min} \times 0.9 = 65.7\mathrm{L/min}$$

液压泵的输出功率 P_h 为

$$\begin{aligned} P_h &= pq = 20\mathrm{MPa} \times 65.7\mathrm{L/min} \\ &= 20 \times 10^6\mathrm{Pa} \times 65.7 \times \frac{1}{60} \times 10^{-3}\mathrm{m^3/s} \\ &= 21.9\mathrm{kW} \end{aligned}$$

2）液压泵的输入功率 P_i 即为驱动电动机的输出功率，除以电动机效率 η_e 即为电动机功率 P_e

$$P_e = \frac{P_i}{\eta_e} = \frac{\frac{P_h}{\eta}}{\eta_e} = 31.4\mathrm{kW}$$

3.2 缸

在流体传动领域，缸是将液压能或气压能转换成机械能、实现直线运动的执行元件，包括液压缸（hydraulic cylinder）和气缸（pneumatic cylinder）。电气传动领域也有缸——电缸（electric cylinder），它是一种电动执行器，通过电动机的转动带动滚珠丝杠或同步带运动，将角位移转换成线位移。发动机也有气缸（cylinder）。

图 3-12 为缸实物。虽然单只缸仅能实现单一的直线运动，但多只缸组合就能实现复杂的空间动作。示例：液压挖掘机的大臂缸（动臂缸）、小臂缸（斗杆缸）、铲斗缸（及破碎锤缸）、回转马达和行走马达协调动作，就能将土石挖出卸下（及破碎作业）。

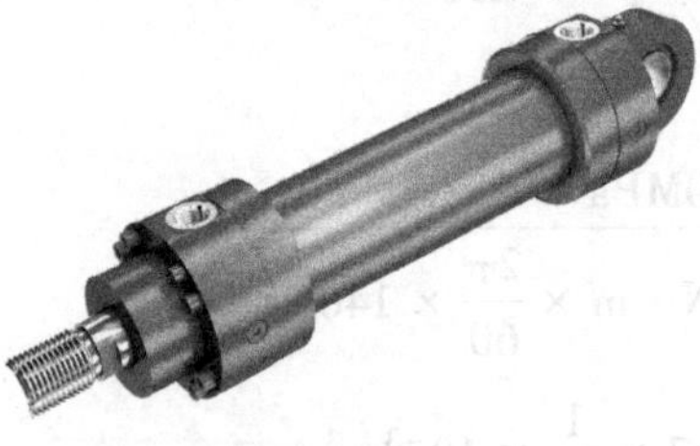
a)

b)

图 3-12 缸实物
a）液压缸 b）气缸

按作用形式分，缸可分为单作用缸和双作用缸。单作用（single-acting）缸是流体力仅能在一个方向上作用于活塞（柱塞）的缸，流体力控制单向运动，回程依靠弹簧力、自重等其他外力。双作用（double-acting）缸是流体力可以沿两个方向施加于活塞的缸，双向运动都可依靠流体力控制。

按结构型式分，缸可分为活塞缸、柱塞缸、无杆缸等。活塞缸（piston cylinder）可分为单出杆（single-rod）缸和双出杆（through-rod）缸两种结构型式。

3.2.1 单出杆缸

液压和气动的单出杆缸图形符号相同（见图 3-15），工作原理相同，结构相似。其中，液压的单出杆缸结构如图 3-13 所示，由缸盖、缸筒、活塞、活塞杆、排气装置（排除空气）等主要部分组成。

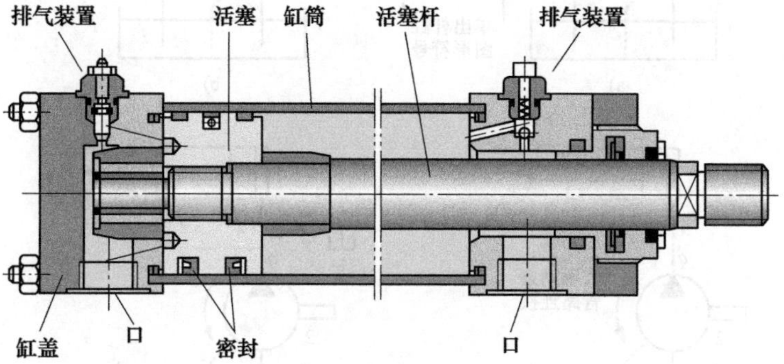

图 3-13 液压单出杆缸

图 3-14 所示的单出杆缸，已知缸筒的内径即缸径（cylinder bore）D 和活塞杆直径 d，即可求解三个断面积：缸底作用面积（又称无杆腔作用面积）A_1、有杆端作用面积（又称有杆腔作用面积）A_2、活塞杆面积 A_3。

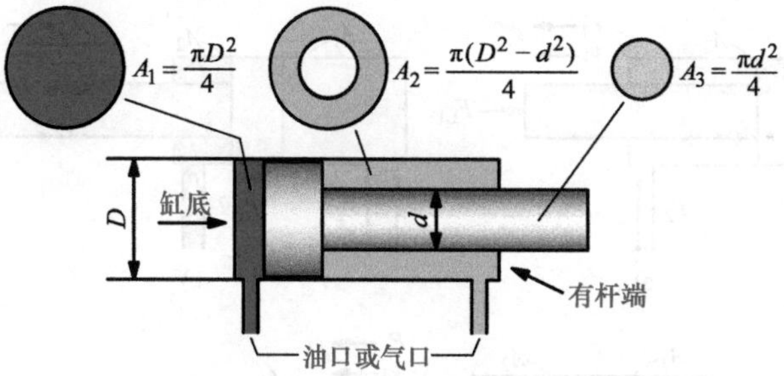

图 3-14 单出杆缸的三个断面积

缸行程（cylinder stroke）是指缸的可移动件（活塞或缸筒）从一个极限位置到另一个极限位置的距离。缸有两个行程终点。液压缸缸径 400mm，活塞杆直径 320mm，缸行程 55mm，则该液压缸技术信息可表示为 ϕ400/320×55；气缸对活塞杆直径信息不要求，例如，气缸缸径 20mm，缸行程 40mm，则该气缸技术信息可表示为 ϕ20×40。

单出杆缸的两端作用面积不相等，压力和流量都不变时，活塞双向运动可以获得不同的运动速度和缸输出力（cylinder force）。单出杆缸有三种运动工况：外伸、回程、差动，如图 3-15、图 3-16 所示。需要说明的是：①油箱（reservoir）是用来储存液压油的容器，图 3-15d 使用回油箱（return to reservoir）是图 3-15b“管路接回到油箱”的简化表示方法，因而图 3-15b、d 是等同的；②流体传动简图的十字相交和 T 型相交用连接点（GB/T 786.1—2021），电气简图的十字相交用连接点而 T 型相交可用也可不用连接点（GB/T 4728.3—2018），本书电气简图的 T 型相交不用连接点。

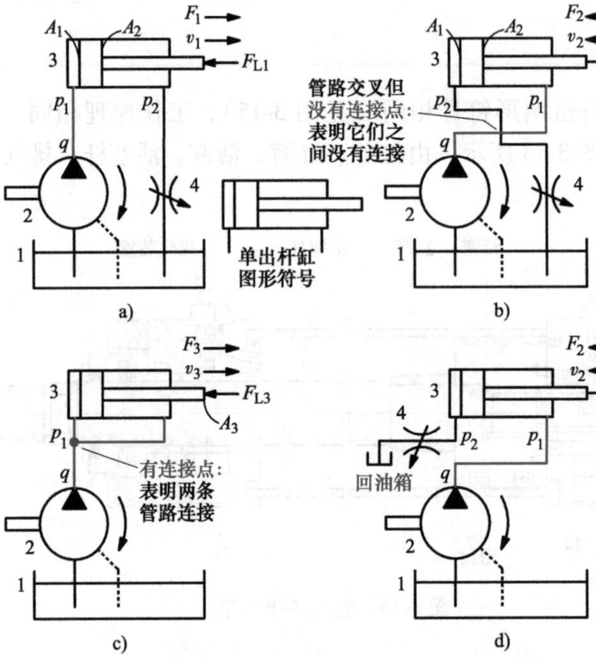

图 3-15　单出杆缸三种运动工况

a）外伸　b）、d）回程　c）差动

1—油箱　2—液压泵　3—单出杆缸　4—节流阀

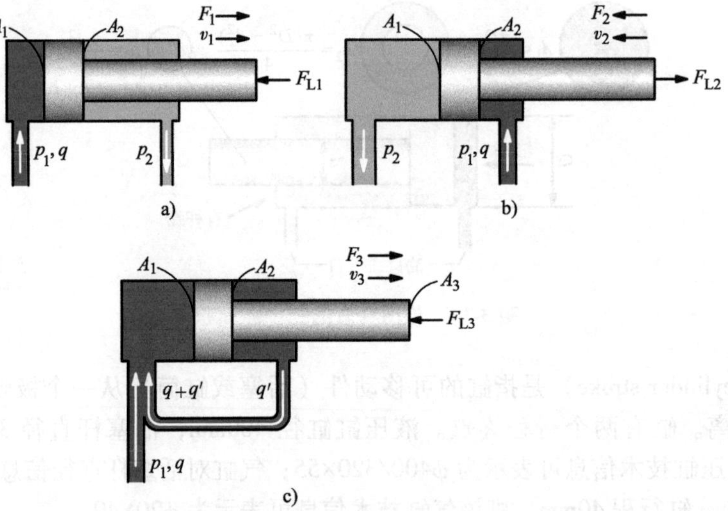

图 3-16　单出杆缸三种运动工况解读

a）外伸　b）回程　c）差动

已知缸径 D、活塞杆直径 d、进油压力 p_1、回油压力 p_2、输入流量为 q，则可求解缸输出力和运动速度。下面以液压单出杆缸为例进行说明。

（1）外伸　如图 3-16a 所示，缸底进油（即压力油进入缸底）、有杆端排油（即有杆端的油被活塞挤走）时，活塞杆从缸筒向外伸出。

外伸时有杆端排油，那么有杆端的油是从哪里来的？通常，对于新装入系统的液压缸在投入正式运行前都需调试，调试包括但不限于液压缸往复运动多次以通过排气装置排除缸内空气，因此，正在运行的液压缸，其两端充满液压油。

外伸时，缸输出力分析如图 3-17 所示，缸底液压力 A_1p_1 等于缸底作用面积 A_1 与进油压力 p_1 之积，有杆端液压力 A_2p_2 等于有杆端作用面积 A_2 与回油压力 p_2 之积，活塞受到的合力即缸对外的输出力为（$A_1p_1-A_2p_2$）。

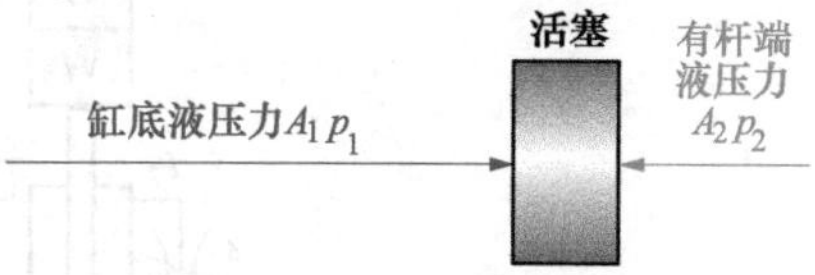

图 3-17 外伸时缸输出力分析

缸外伸输出力 F_1、外伸运动速度 v_1 和外伸输出功率 P_1 分别为

$$F_1 = A_1p_1 - A_2p_2 \tag{3-18}$$

$$v_1 = \frac{q}{A_1} \tag{3-19}$$

$$P_1 = F_1v_1 \tag{3-20}$$

外伸时，缸输出力 F_1 等于负载力 F_{L1}，即 $F_1=F_{L1}$。若已知回油压力 p_2、负载力 F_{L1}，则外伸时的进油压力 p_1 为

$$p_1 = \frac{F_{L1} + A_2p_2}{A_1} \tag{3-21}$$

通常，在设计系统时，根据选定的进油压力 p_1（如 21MPa、18MPa、12MPa 等），选定或计算得到的回油压力 p_2（如 2MPa、1MPa、0.5MPa 等），以及缸径 D 与活塞杆直径 d，用式（3-18）可判断缸输出力是否够用；或者，根据选定的 p_1、选定或计算的 p_2 和已知的最大负载力 F_{L1}，利用式（3-21），并结合两腔面积比 $\varphi=A_1/A_2$，来选择合适的 D、d（优先选用标准缸，可查阅 GB/T 2348—2018《流体传动系统及元件 缸径及活塞杆直径》）。在系统工作时，进油压力 p_1 可用式（3-21）求得。

压力由广义负载力决定，说明如下：

1）回油压力 p_2 如何建立（为什么回油会有压力）？缸的回油压力即背压（back pressure），通常缸出口要接油箱，此时回油压力是由下游（从缸出口到油箱）的流动阻力产生的，实际流体都具有黏性，流经管路和元件（如节流阀、回油过滤器、溢流阀等）时会有阻力，流动阻力引起压力损失。也就是说，缸出口的液压油若排回油箱，需 p_2 的压力，否则流不走。可见，回油压力由广义负载力（下游流动阻力）决定。

2）进油压力 p_1 如何建立？由广义负载力（包括负载力 F_{L1} 和背压 p_2 引起的阻力）决定。图 3-18 所示的液压系统，3 只相同的单出杆缸举升重物。缸通常采用缸筒固定式（活塞杆运动），如缸 1 和 2；而有些场合采用活塞杆固定式（缸筒运动），如缸 3，由于重物或工作台等可安装在缸筒上，因而活塞杆固定式在运动方向上所占空间长度最小。这两种固定方式都是活塞杆与缸筒的相对运动，因而它们的动作控制相同：缸底进油、有杆端排油时均为缸外伸，有杆端进油、缸底排油时均为缸回程。下面分析图 3-18 各缸的动作情况，当液压油被泵挤压进缸时，广义负载力阻止缸运动，液压油继续进入，广义负载力迫使液压油压缩、压力上升，当压力升到某只缸的输出力能够克服它的广义负载力时，该缸外伸。或者说，液压油将会找到最小阻力流道，缸 2 需要的压力最低，最轻的重物首先得到举升，缸 2 活塞杆先行外伸到行程终点；缸 2 停止后，压力 p_1 再上升以举升中等重物，缸 1 活塞杆其次外伸到行程终点；缸 1 停止后，压力 p_1 再上升以举升最重的重物，缸 3 活塞杆最后外伸而使缸筒运动到行程终点。

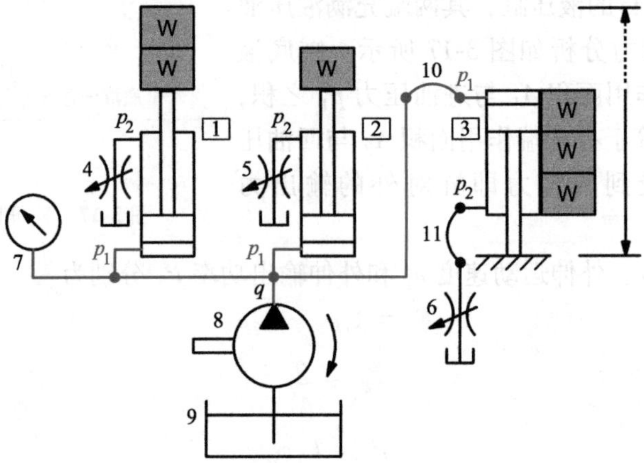

图 3-18　广义负载力产生压力

1~3—单出杆缸　4~6—节流阀　7—压力表　8—液压泵　9—油箱　10、11—软管总成

（2）回程　缸回程是活塞杆向缸筒内回缩的运动（对双出杆缸或无杆缸是指活塞返回其初始位置的运动）。如图 3-16b 所示，缸回程时，有杆端进油（有杆端液压力为 A_2p_1），缸底排油（缸底液压力 A_1p_2）。缸回程输出力 F_2、回程运动速度 v_2 和回程输出功率 P_2 分别为

$$F_2 = A_2p_1 - A_1p_2 \tag{3-22}$$

$$v_2 = \frac{q}{A_2} \tag{3-23}$$

$$P_2 = F_2v_2 \tag{3-24}$$

回程时，缸输出力 F_2 等于负载力 F_{L2} 即 $F_2=F_{L2}$。若已知回油压力 p_2、负载力 F_{L2}，则回程时的进油压力 $p_1=(F_{L2}+A_1p_2)/A_2$。

比较外伸和回程各式，可得 $F_1>F_2$，$v_1<v_2$。

（3）差动　如图 3-16c 所示，差动时，单出杆缸两端连通并在连通点进油，活塞杆外伸。缸两端压力相等（均为 p_1），缸底液压力 A_1p_1 大于有杆端液压力 A_2p_1，合力（$A_1p_1-A_2p_1$）作用下使活塞杆外伸。

缸差动输出力 F_3 为

$$F_3 = (A_1 - A_2)p_1 = A_3p_1 \tag{3-25}$$

差动时，缸输出力 F_3 等于负载力 F_{L3} 即 $F_3=F_{L3}$。如果已知负载力 F_{L3}，则差动时的进油压力 $p_1=F_{L3}/A_3$。

差动运动速度快于外伸运动速度（虽然差动也是一种外伸，但为描述方便，外伸是指非差动外伸而差动是指差动外伸），这是因为有杆端的液压油（设流量为 q'）被挤出，它不可能再逆液流方向流回液压泵，只得与液压泵挤压排出的压力油（流量为 q）合流并流入缸底，缸底的进油流量变大（为 $q+q'$），从而加快了活塞杆的外伸速度。也就是说，差动时流入缸底的液压油，除了来自泵（为 q），还有来自有杆端的（为 q'），因此外伸速度加快。差

动的目的是增速（即能够在不增加输入流量的前提下，实现缸的快速外伸），这就意味着使用相对较小的液压泵、原动机、油箱就能实现预期的工作循环时间，降低装机成本（装机功率减小，原动机、泵、油箱减小，液压油总量减少，管路的管径很大可能减小）和使用成本（能耗减少，液压油更换成本降低）。活塞两侧作用面积不同的双作用缸称为差动缸（differential cylinder），可见，单出杆缸是差动缸。

进入连通点（即油路交点处）的流量为 $q+q'$，q'可由有杆端作用面积 A_2 乘以活塞运动速度 v_3 得到，即 $q'=A_2v_3$；流出连通点的流量可由缸底作用面积 A_1 乘以活塞运动速度 v_3 得到，即 A_1v_3。连通点的进、出流量相等，即

$$q + A_2v_3 = A_1v_3 \tag{3-26}$$

由式（3-26）求得，缸差动运动速度 v_3 为

$$v_3 = \frac{q}{A_1 - A_2} = \frac{q}{A_3} \tag{3-27}$$

缸差动输出功率 P_3 为

$$P_3 = F_3v_3 \tag{3-28}$$

三种运动工况相比：

1）使活塞杆伸出去有缸外伸和缸差动两种方法，使活塞杆缩回来只有缸回程一种方法。

2）由于 $A_1>A_2$、$A_1>A_3$、$p_1>p_2$，因而有：$F_1>F_2$、$F_1>F_3$、$v_1<v_2$、$v_1<v_3$，即缸外伸输出力最大、运动速度最慢。

实际上，缸存在摩擦和泄漏：

1）缸存在摩擦，使得机械效率 $\eta_m<1$，缸的输出力变小。若考虑摩擦，缸外伸、回程、差动的输出力分别变为 η_mF_1、η_mF_2、η_mF_3。

2）流体传动中不可避免存在泄漏（leakage），泄漏是指相对少量的流体不做有用功而引起能量损失的流动。泄漏有 2 种：①内泄漏，是指元件内腔之间的泄漏，如高压油腔的液压油向低压油腔泄漏；②外泄漏，是指从元件或管路的内部向周围环境的泄漏，如从缸体内部泄漏到缸体外。泄漏引起容积损失，使得容积效率 $\eta_v<1$，驱动缸运动的实际流量变为 $q\eta_v$，缸的运动速度变小。若考虑泄漏，缸外伸、回程、差动的运动速度分别变为 η_vv_1、η_vv_2、η_vv_3。

气动单出杆缸的动作原理与液压相同，液压缸的计算公式对气缸同样适用。但因传动介质不同而有不同特点（见表 1-1），气缸动作迅速但缸输出力小。

例 3-3 图 3-15 中，缸底作用面积 $A_1=1m^2$，缸有杆端作用面积 $A_2=0.6m^2$，进油压力 $p_1=10MPa$，回油压力 $p_2=1MPa$，输入流量 $q=0.03m^3/s$。不计泄漏和摩擦。试求液压缸外伸、回程、差动三种工况下的输出力、运动速度和输出功率。

解 1）缸外伸时的输出力、运动速度和输出功率分别为

$$F_1 = A_1p_1 - A_2p_2 = 1m^2 \times 10MPa - 0.6m^2 \times 1MPa = 9.4MN$$

$$v_1 = \frac{q}{A_1} = \frac{0.03m^3/s}{1m^2} = 0.03m/s$$

$$P_1 = F_1 v_1 = 9.4\text{MN} \times 0.03\text{m/s} = 282\text{kW}$$

2）缸回程时的输出力、运动速度和输出功率分别为

$$F_2 = A_2 p_1 - A_1 p_2 = 0.6\text{m}^2 \times 10\text{MPa} - 1\text{m}^2 \times 1\text{MPa} = 5\text{MN}$$

$$v_2 = \frac{q}{A_2} = \frac{0.03\text{m}^3/\text{s}}{0.6\text{m}^2} = 0.05\text{m/s}$$

$$P_2 = F_2 v_2 = 5\text{MN} \times 0.05\text{m/s} = 250\text{kW}$$

3）缸差动时的输出力、运动速度和输出功率分别为

$$F_3 = (A_1 - A_2) p_1 = 0.4\text{m}^2 \times 10\text{MPa} = 4\text{MN}$$

$$v_3 = \frac{q}{A_1 - A_2} = \frac{0.03\text{m}^3/\text{s}}{0.4\text{m}^2} = 0.075\text{m/s}$$

$$P_3 = F_3 v_3 = 4\text{MN} \times 0.075\text{m/s} = 300\text{kW}$$

差动时，缸的两个油口连通、压力均为 p_1，没有回油（液压油没有流回油箱）因而计算就用不到回油压力 p_2。

例 3-4 液压单出杆缸，缸径为 D，活塞杆直径为 d，v_1、v_2、v_3 分别为缸外伸、回程和差动时的运动速度。不计泄漏。试求：

1）$\frac{v_2}{v_1}$，$\frac{v_3}{v_1}$，$\frac{v_3}{v_2}$。

2）满足 $v_3=4v_1$ 且 $v_3=3v_2$ 的 D 与 d 的关系。

解 1）

$$\frac{v_2}{v_1} = \frac{\frac{q}{A_2}}{\frac{q}{A_1}} = \frac{A_1}{A_2} = \frac{D^2}{D^2 - d^2}, \quad \frac{v_3}{v_1} = \frac{\frac{q}{A_3}}{\frac{q}{A_1}} = \frac{A_1}{A_3} = \frac{D^2}{d^2}, \quad \frac{v_3}{v_2} = \frac{\frac{q}{A_3}}{\frac{q}{A_2}} = \frac{A_2}{A_3} = \frac{D^2 - d^2}{d^2}$$

2）$v_3=4v_1$ 时

$$\frac{v_3}{v_1} = \frac{\frac{q}{A_3}}{\frac{q}{A_1}} = \frac{A_1}{A_3} = \frac{D^2}{d^2} = 4, \quad D = 2d$$

$v_3=3v_2$ 时

$$\frac{v_3}{v_2} = \frac{\frac{q}{A_3}}{\frac{q}{A_2}} = \frac{A_2}{A_3} = \frac{D^2 - d^2}{d^2} = 3, \quad D = 2d$$

综上，$D=2d$。

3.2.2 其他类型的缸

其他类型的缸，见表 3-1。全书中，标注“<液压>”或“<气动>”的，仅适于液压或气动；未标注的，对液压、气动都适用。

表 3-1 其他类型的缸

序号	图形符号	描 述
1	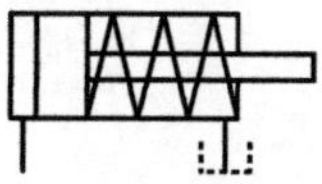	<液压>单作用单出杆缸(靠弹簧力回程，弹簧腔带有泄油口)
2	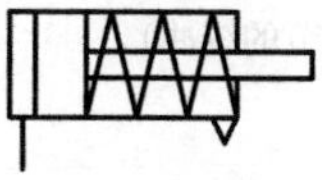	<气动>单作用单出杆缸(靠弹簧力回程，弹簧腔带有排气口)
3	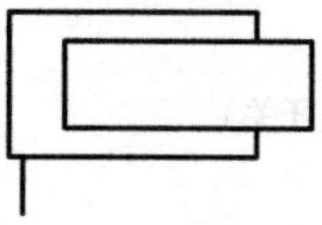	<液压>柱塞缸(靠外力回程) 柱塞缸（plunger cylinder）是缸筒内没有活塞，压力直接作用于柱塞的单作用缸
4	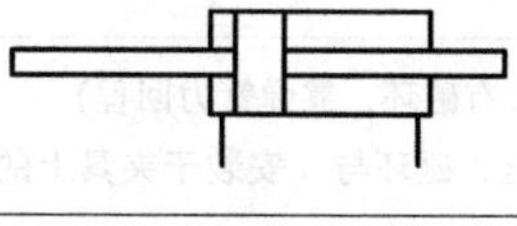	双作用双出杆缸（活塞杆直径相同）
5	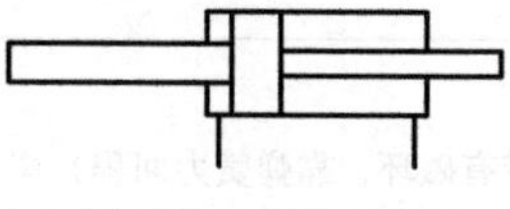	双作用双出杆缸（活塞杆直径不同，是差动缸）
6	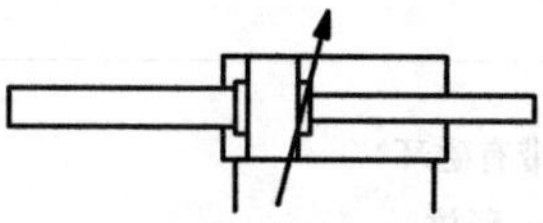	双作用双出杆缸（活塞杆直径不同，是差动缸，双侧带有缓冲，右侧缓冲带调节）
7	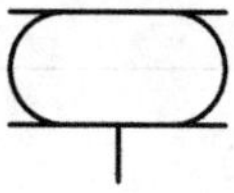	波纹管缸（bellows cylinder） 气动示例：可作驱动元件或空气弹簧元件
8	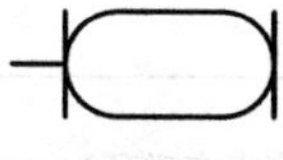	软管缸（hose cylinder） 肌腱或人工肌肉（artificial muscle），作为可穿戴式设备的驱动器，压力增大时肌腱收缩变短
9	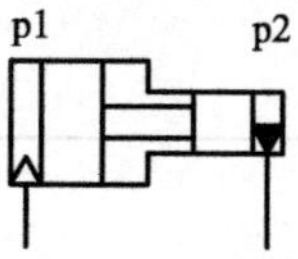	单作用增压器（将气体压力 p1 转换成更高的液体压力 p2）
10	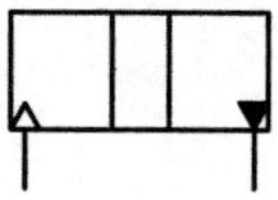	单作用气-液压力转换器（将气体压力转换成等值的液体压力）
11	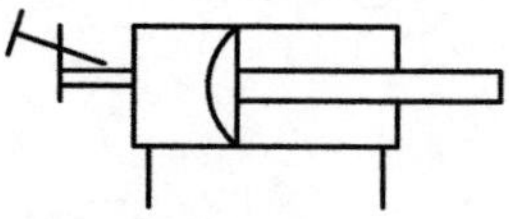	<气动>双作用膜片缸(带有预定行程限位器)
12	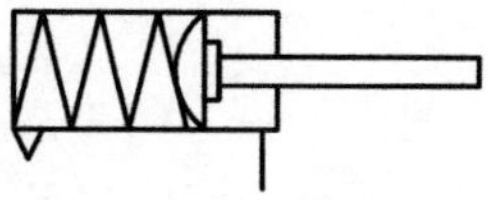	<气动>单作用膜片缸(右侧带有缓冲，带有排气口)

（续）

序号	图形符号	描　述
13	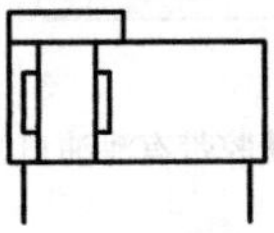	<气动>双作用带式无杆缸（双侧带有缓冲） 活塞与外部滑块为带式连接
14	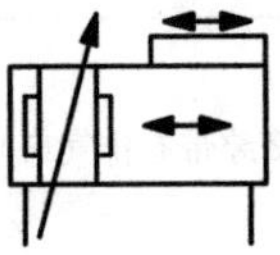	<气动>双作用缆索式无杆缸（双侧带有可调节的缓冲） 活塞与外部滑块为缆索式连接
15	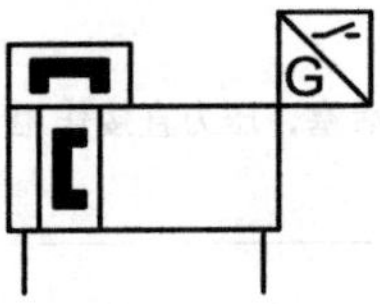	<气动>双作用磁性无杆缸（仅右侧带有接近开关） 活塞与外部滑块为磁性耦合
16		<气动>单作用夹具（外径夹持，活塞带有磁环，靠弹簧力回程） 夹具（gripper）又称为气爪或手指气缸，磁环与（安装于夹具上的）磁性开关配合使用
17	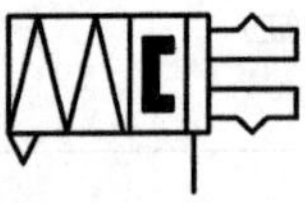	<气动>单作用夹具（内径夹持，活塞带有磁环，靠弹簧力回程）
18	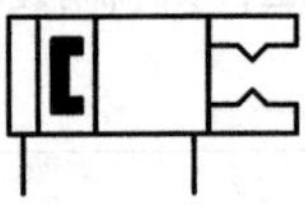	<气动>双作用夹具（外径夹持，活塞带有磁环） 左端进气，夹持工件外径；右端进气，释放
19	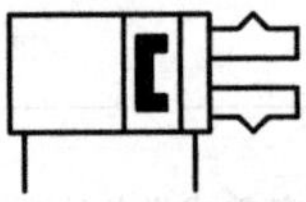	<气动>双作用夹具（内径夹持，活塞带有磁环） 右端进气，夹持工件内径；左端进气，释放
20	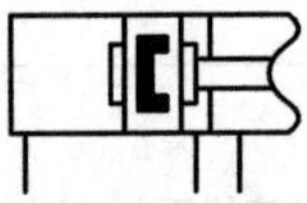	<气动>形状自适应气爪（双侧带有缓冲，活塞带有磁环） 抓取未知形状的易碎物体，有吸盘效果

习　题

3-1　单选题。

1）在液压传动中，压力是取决于（　　）

①广义负载力　　②执行元件　　③液压泵　　④电动机

2）以下说法正确的是（　　）

①泵的排量仅取决于其结构尺寸

②因存在泄漏，所以泵的理论流量小于其实际流量

③流量可改变的泵称为变量泵

④定量泵是指输出流量不随输出压力改变的泵

3-2 指出图 3-19a 中的柱塞、斜盘、配流盘和斜盘倾角，图 3-19b 中的定子、转子和叶片。

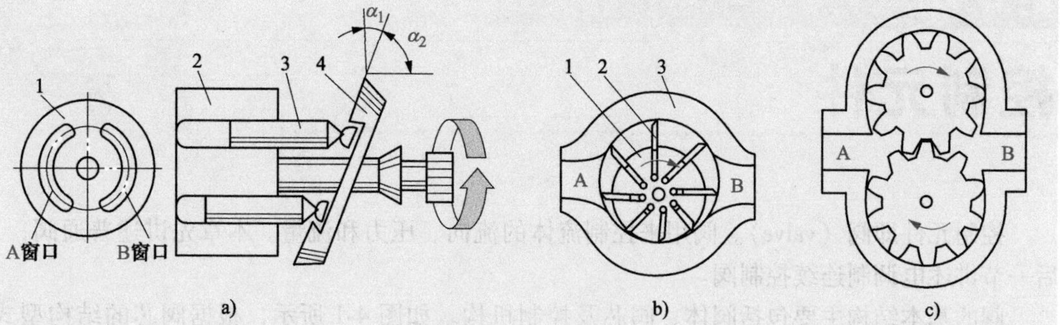

图 3-19 题 3-2 图

3-3 请指出图 3-19 分别是什么结构型式液压泵以及各泵的进、出口。

3-4 液压单出杆缸，缸底作用面积 $A_1=0.6\text{m}^2$，缸有杆端作用面积 $A_2=0.4\text{m}^2$，进油压力 $p_1=20\text{MPa}$，回油压力 $p_2=0.5\text{MPa}$，输入流量 $q=0.012\text{m}^3/\text{s}$。不计泄漏和摩擦。试求缸外伸时的输出力 F_1、运动速度 v_1 和输出功率 P_1，缸回程时的输出力 F_2、运动速度 v_2 和输出功率 P_2，缸差动时的输出力 F_3、运动速度 v_3 和输出功率 P_3。

3-5 图 3-20 中，左缸两端的作用面积均为 $A_1=120\text{cm}^2$，右缸两端的作用面积均为 $A_2=60\text{cm}^2$，负载力 $F_{L1}=36\text{kN}$、$F_{L2}=12\text{kN}$，输入流量 $q=360\text{L/min}$。不计泄漏和摩擦。试求：

1）压力 p_1 和 p_2。

2）缸的运动速度 v_1 和 v_2。

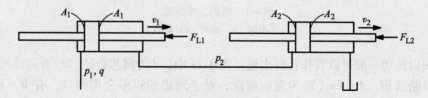

图 3-20 题 3-5 图

第 3 章习题详解及课程思政

第 4 章
控制元件

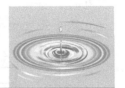

控制元件即阀（valve）。阀用来控制流体的流向、压力和流量。本章先讲述普通阀，最后一节讲述电调制连续控制阀。

阀的基本结构主要包括阀体、阀芯及控制机构。如图 4-1 所示，根据阀芯的结构型式：滑动圆柱体、圆锥体、球体等，阀可分为滑阀、锥阀、球阀等。阀体是固定不动的，阀芯是可动件。阀芯在控制机构控制和驱动下，在阀体内受控运动并停留在力平衡的位置，进而控制阀口的通、断和开度（开口大小），从而控制流体的流向、压力、流量。

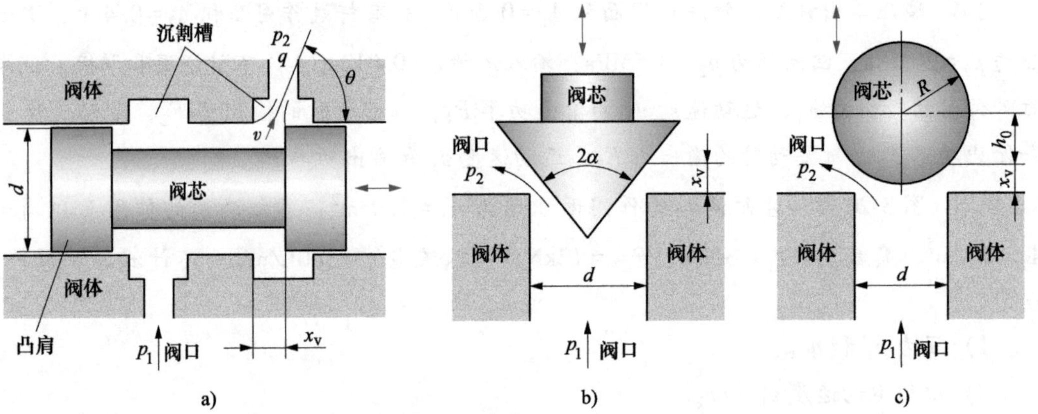

图 4-1 阀的工作原理

a）滑阀 b）锥阀 c）球阀

滑阀阀口流动一般可以看作孔口出流。图 4-1a 中，d 为阀芯直径，x_v 为阀口开度，A 为阀口的开口断面积，$A=Wx_v$（W 为面积梯度，对于理想的矩形全周阀口，有 $W=\pi d$），进、出口的压差为 $\Delta p=p_1-p_2$，流体密度为 ρ，阀口流速系数为 C_v，流量系数为 C_d，射流角为 θ。滑阀阀口的出流流速 v、流量 q 和作用在阀芯上的稳态液动力 F_s 分别为

$$v=C_v\sqrt{\frac{2\Delta p}{\rho}} \tag{4-1}$$

$$q=C_dA\sqrt{\frac{2\Delta p}{\rho}}=C_dWx_v\sqrt{\frac{2\Delta p}{\rho}}=C_d\pi dx_v\sqrt{\frac{2\Delta p}{\rho}} \tag{4-2}$$

$$F_s=-\rho qv\cos\theta=-2C_vC_d\pi dx_v\cos\theta\Delta p \tag{4-3}$$

对于图 4-1a 中的滑阀：①控制了阀口开度就控制了流体的流动；②要驱动阀芯运动，则控制机构作用力要与阀芯（及阀腔流体）惯性力、摩擦力、液动力等作用力平衡；③要维持阀口开度在某一值不变（阀芯停止运动），则控制机构作用力要与稳态液动力等作用力

平衡；④阀的额定流量越大，则阀芯直径越大、液动力越大，所需的控制机构作用力也越大，因此阀的额定流量较大时，单一的控制机构往往无法驱动，需要两个或以上的控制机构串联并逐级放大作用力来驱动阀芯。

4.1 换向阀

由泵和液压缸可搭建如图 4-2a 所示的系统，但缸只能外伸而不能回程，缸只能停止在终点位置而不能在中间位置停止。因此，需要换向阀。换向阀即方向控制阀（directional-control valve），是连通或阻断一个或多个流道，使流体流动停止或改变流体流向的阀。

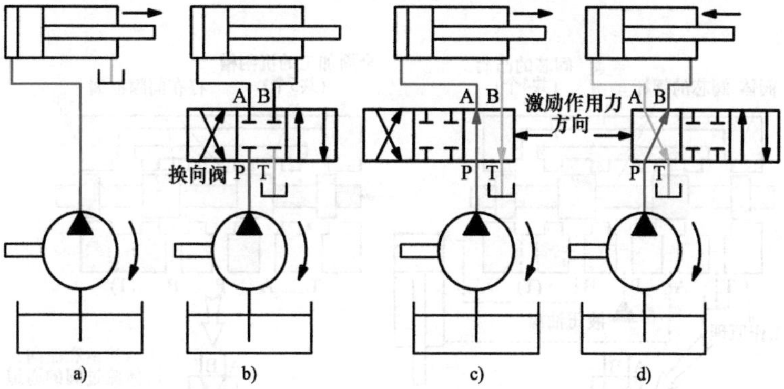

图 4-2 换向阀的功能

a）无换向阀 b）缸停止 c）缸外伸 d）缸回程

4.1.1 换向阀工作原理及机能

1. 换向阀结构

图 4-3 为滑阀式换向阀。阀体内的圆柱孔带有沉割槽，圆柱形阀芯带有凸肩，阀体固定，阀芯可在阀体内左右轴向滑动，5 个沉割槽对应的阀口依次为 T、A、P、B、T，阀芯位置变化会改变这些阀口的通断情况。

手动越权操纵

图 4-3 4/3 滑阀式换向阀（双电磁铁控制，手动越权，Y 型中位，弹簧对中，1/4 剖，北京华德）

扫码观看“手动越权操纵”视频并思考：①未受激励时，阀芯为何能够居中以及此时各阀口的通、断情况；②受到激励时，阀芯为何能居右、居左，以及各阀口的通断情况；

③本视频中阀的激励源是人工，激励源还有哪些类型？

2. 换向阀工作原理及机能

图 4-4 为换向阀的工作原理。阀芯有 4 个凸肩，阀体圆柱孔有 5 个沉割槽，凸肩与阀体孔之间有微米级的间隙，存在间隙泄漏。阀体底部有 4 个口：P、T、A、B（分别连通对应的沉割槽），该阀是四口阀（又称四通阀）。

（1）阀口　阀口 P、T、A、B 的分工如下：

1）P 为进口（inlet port），流体从 P 口进入该阀。

2）T 为回油口（return port），用后的流体从 T 口离开该阀通往油箱。

3）A、B 为工作口（working port），工作口接该阀的负载（缸、马达、阀等），因而又称为负载口。

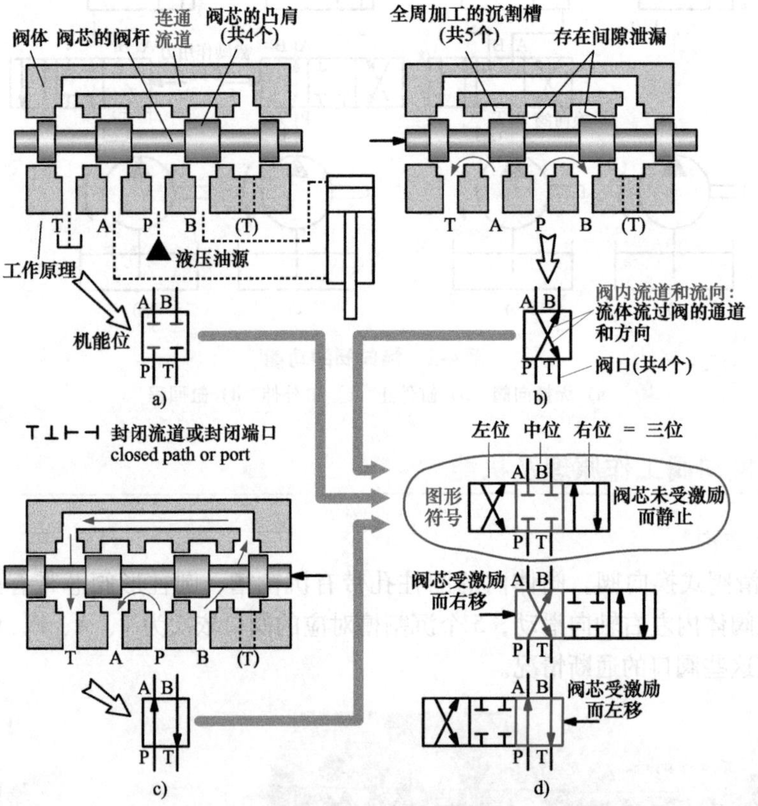

手推 P 型中位 4/3 电磁换向阀阀芯

图 4-4　4/3 换向阀（O 型中位）的工作原理及机能

a）阀芯居中　b）阀芯居右　c）阀芯居左　d）换向阀机能

（2）换向阀机能位（functional unit）　滑阀借助于阀芯运动，改变阀芯与阀体间的相对位置，由阀芯凸肩开启或封闭阀口，从而使相应的流道接通或阻断。

图 4-4a，阀芯居中，P、T、A、B 均被凸肩封闭，互不连通。用图形符号表示，P、T 放于方框的下方而 A、B 放于上方（3.1.1 节已说明：图形符号只表示元件的功能、操纵控制方法及用于外部连接的口，不表示元件的具体结构和技术参数，也不表示口的实际位置），方框内 P、T、A、B 被线段封闭。一个方框（方框及框内各阀口的通断情况）表示换向阀的一种机能位，每一种机能位代表一种阀芯位置及阀口通断情况。该机能位的阀口通断

情况为：P、T、A、B 均封闭，其形似大写字母 O，称为 O 型机能位。

图 4-4b，阀芯受到激励右移而居右，P、B 连通，A、T 连通，可见，凸肩用于封闭，阀杆用于通流。用图形符号表示，该机能位的阀口通断情况为：P→B、A→T，即交叉型机能位。

图 4-4c，阀芯受到激励左移而居左，P、A 连通，B、T 连通。用图形符号表示，该机能位的阀口通断情况为：P→A、B→T，即顺向型机能位。

可见，图 4-4 有 3 个机能位，是三位阀，阀芯只能停留在左、中、右 3 个位置。

（3）换向阀机能（functional units）　所有机能位（见图 4-4a～c）按工作原理邻接组合，就形成了换向阀机能（见图 4-4d）。图 4-4 中，阀芯居中时的图形符号放在中间，即中位；阀在某一时刻只有一个机能位工作，因而只保留中位的阀口标识 P、T、A、B 和阀口线段，左位和右位的删除；阀芯是运动的，阀口 P、T、A、B 均是固定不动的，图 4-4b 阀芯居右的机能位放在中位左侧即左位，因为在图形符号中只有左位（而不是右位）右移时方能与固定不动的阀口 P、T、A、B 相接，才可工作；同理，图 4-4c 阀芯居左的机能位放在中位右侧即右位。

相同通径、不同机能的滑阀，其阀体相同，是通用件，而区别在于阀芯的凸肩（凸肩数量、凸肩宽度、凸肩位置）和阀杆（径向通孔的个数）不同，即阀体相同而阀芯不同。图 4-4 所示的阀，阀体不变，阀芯换成如图 4-5 所示的阀芯，则中位由 O 型变为 H 型（P、T、A、B 相互连通，其形似大写字母 H）。

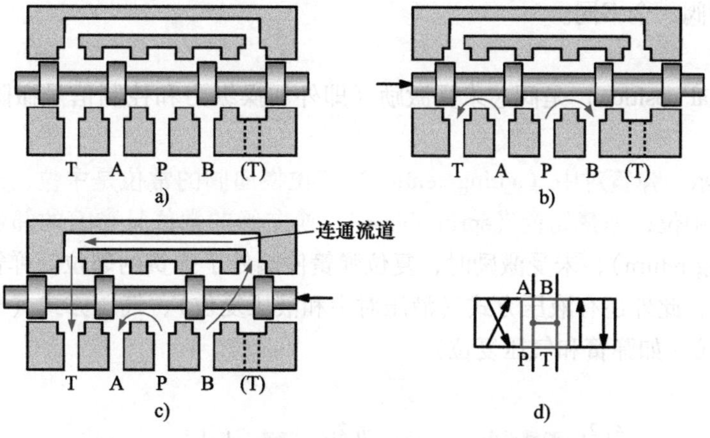

图 4-5　4/3 换向阀（H 型中位）的工作原理及机能
a）阀芯居中　b）阀芯居右　c）阀芯居左　d）换向阀机能

3. 换向阀的阀口/阀位标识

图 4-4d 和图 4-5d 所示的换向阀有 4 个阀口（P、T、A、B），3 个机能位（左位、中位、右位），在 ISO 1219-1 中称为 4/3 换向阀。“4/3”为换向阀的阀口/阀位标识，利用由斜线隔开的两个数字表示，第一个数字“4”表示阀具有的主阀口数量，第二个数字“3”表示阀具有的机能位数量。4/3 换向阀即三位四口换向阀（常称为三位四通换向阀）。

图 4-4 所示的 4/3 换向阀：①如果右侧的 T 口加工开孔且两侧 T 口间没有连通流道，则为 5/3 换向阀（见图 4-6b）；②如果不使用中位即只用左位和右位，则为 4/2 阀（见图 4-6c）；③如果不使用中位且 B 口堵住或不开孔，则为 3/2 阀（见图 4-6d）；④如果不使用中

位且 B 和 T 口堵住或不开孔，则为 2/2 阀（见图 4-6e）。

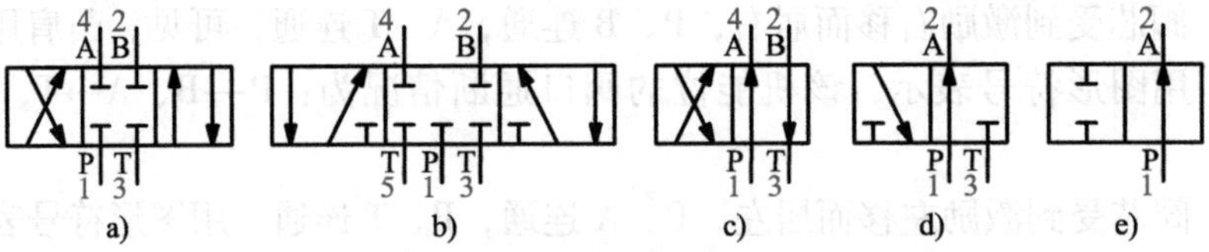

图 4-6 液压和气动的换向阀机能示例

a）4/3 阀 b）5/3 阀 c）4/2 阀 d）3/2 阀 e）2/2 阀

气动换向阀的工作原理和图形符号，与液压换向阀相同，但阀口标识不同（完整准确的阀口标识有利于读图、设计制造、安装调试和运行维护）：

1）GB/T 17490—1998《液压控制阀 油口、底板、控制装置和电磁铁的标识》（ISO 9461：1992，IDT）规定：油口标识用大写字母，液压阀通常用 P、T、A、B 表示主阀口：P 是进口，T 是回油口，A、B 是工作口；用 X、Y、V、L 表示辅助阀口。

2）GB/T 32215—2015《气动 控制阀和其他元件的气口和控制机构的标识》（ISO 11727：1999，IDT）规定：气口标识用数字，气动阀通常用 1～5 表示主阀口：1 为进气口（压缩空气从进气口进入），2、4 为工作口（接执行元件或其他元件），3、5 为排气口（用后的压缩空气从排气口排出）。

3）图 4-6 中，使用字母标识（删除数字标识）则为液压阀，使用数字标识（删除字母标识）则为气动阀，全书同。

4. 阀的常位

常位（normal position）是阀芯未受激励（即外加操纵力和控制信号撤除以及断电）时所处的位置。

如图 4-7 所示，弹簧对中（spring-centred）三位换向阀的常位是中位，未受激励时，复位弹簧使阀处于中位；弹簧偏置（spring-biased）换向阀的常位是弹簧的邻位，弹簧偏置即弹簧复位（spring return），未受激励时，复位弹簧使阀处于弹簧的邻位。弹簧对中和弹簧复位属于机械方式，此外还有液压方式（液压对中和液压复位）、气压方式（气压对中和气压复位）、混合方式（如弹簧和气压复位）。

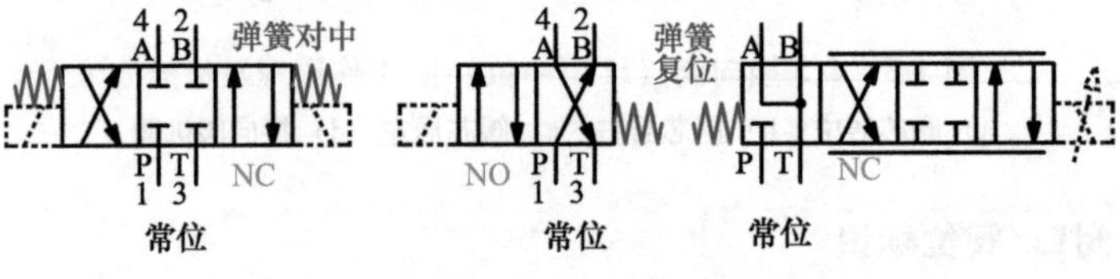

图 4-7 弹簧对中、弹簧复位及常位

需要注意：

1）元件的图形符号，呈现的是元件未受激励的状态，阀口线段连接在常位上。

2）在回路图中，管路通常要连接在常位上（示例：图 4-8）。

常位时，进口关闭的阀、进口与其他口连通的阀分别称为常闭（normally closed，NC）阀和常开（normally open，NO）阀。图 4-7 中，第 1、3 个阀为常闭阀，第 2 个阀为常开阀。

4.1.2 4/3 和 5/3 换向阀的中位机能

机能位表示各阀口的一种通断情况，机能包含了阀的全部机能位，而 4/3 和 5/3 换向阀的中位机能是指中位的机能位，见表 4-1。

4/3 液压换向阀机能示例

表 4-1 4/3 和 5/3 换向阀的中位机能

机能图形符号		液压	气动
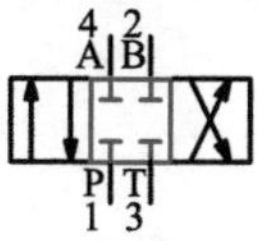	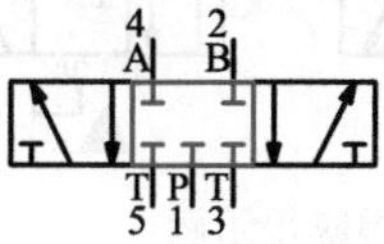	O	中封
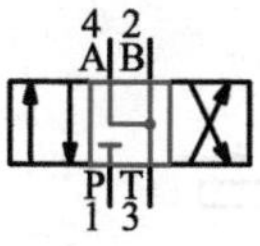	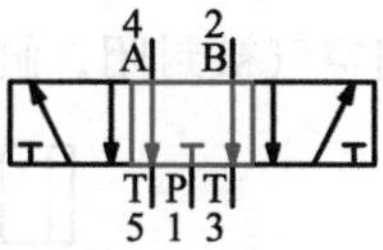	Y	中泄
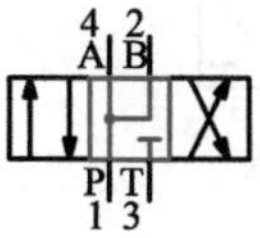	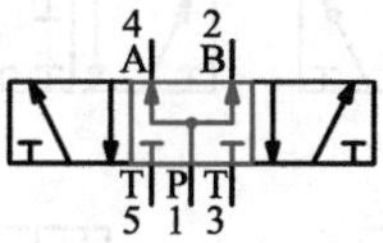	P	中压
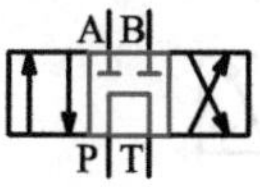	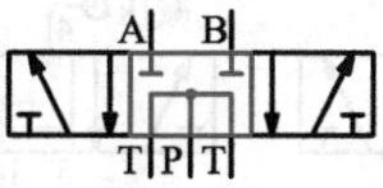	M	—
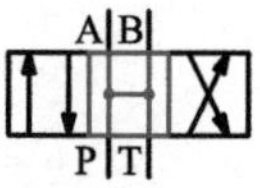	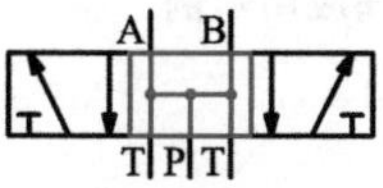	H	—
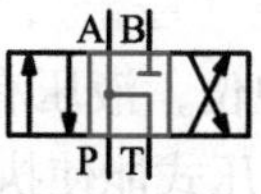	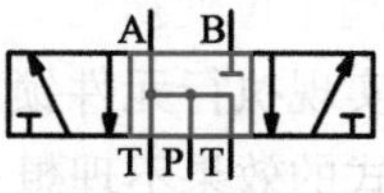	K	—

4/3 换向阀在液压系统中较为常用，其应用示例如图 4-8 所示。

5/3 换向阀在气动系统中较为常用，其应用示例如图 4-9 所示。中封即中位封闭，各阀口均封闭。中泄即中位时工作口与排气口连通，工作口 2、4 分别与排气口 3、5 连通，缸两端的压缩空气从排气口排入大气，缸两端向大气泄放，泄放后压力为 0。中压即中位加压，压缩空气从进气口 1 进入缸两端，缸两端加压。以中封为例，左位工作时，进气口 1 的压缩空气经工作口 4 进入缸底，缸外伸，有杆端压缩空气经工作口 2 从排气口 3 排入大气；右位工作时，压缩空气经工作口 2 进入有杆端，缸回程，缸底压缩空气经工作口 4 从排气口 5 排

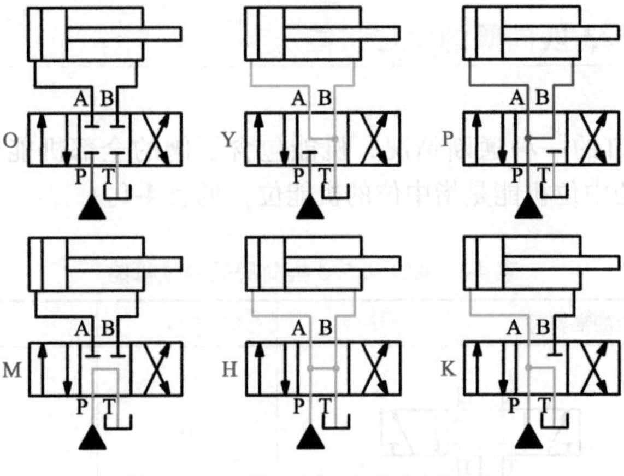

图 4-8 液压 4/3 换向阀应用示例

入大气；中位时，工作口 2、4 封闭，缸两端的压缩空气被封闭，缸停止。

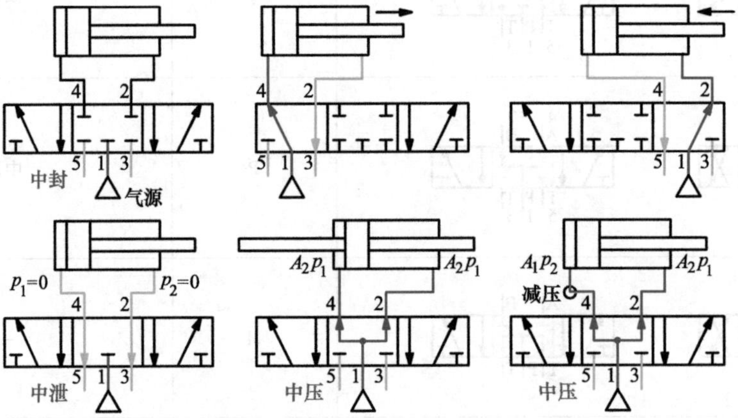

图 4-9 气动 5/3 换向阀应用示例

中位机能的常见控制功能如下：

(1) 执行元件锁定（停止） 缸通常仅能停止在两个行程终点，马达则没有机械限位。如果要求执行元件在任意位置停止运动，可用换向阀中位使执行元件锁定（停止），将执行元件的进、出口封闭就能使执行元件停止运动。能实现执行元件锁定的中位，液压有 O、M 型，气动有中封式、中压式。气体压缩率大，中封式的效果不理想；而中压式能使执行元件两端带压，缸两端被相等的气压力夹持而锁定（当缸两端作用面积不同时，可用减压阀减小压力而使缸两端的力平衡即 $A_1p_2=A_2p_1$，示例见图 4-36），中压式还能防止气缸起动飞出，因气缸起动前在工作管路留有背压。

(2) 执行元件浮动 与锁定正相反，即所有工作口均与回油口或排气口连通，它使执行元件处于无约束的浮动状态，执行元件在最小外力作用下可双向运动。能实现执行元件浮动的中位，液压有 Y、H 型，气动只有中泄式。

(3) 差动缸差动 能实现差动缸（单出杆缸、活塞杆直径不同的双出杆缸）差动的中位，液压只有 P 型，气动只有中压式。

(4) <液压>卸荷　卸荷(unloading)即液压泵卸荷（又称作油源卸荷、系统卸荷)。卸荷是当液压系统不需要供油时，使液压泵输出的液压油在最低压力下直接返回油箱。能卸荷的中位需 P、T 连通，有 M、H、K 型。气动不存在卸荷问题。

4.1.3 控制机构及换向阀

控制机构（control mechanism）是向阀芯提供输入信号的装置，用来控制阀芯动作。阀芯的控制都是通过力/力矩、位移/角位移形式的机械量来实现的。

控制机构的基本型式有：手控（人工控制)、机控（机械控制)、电控（电气控制)、液控（液压控制)、气控（气动控制)，它们可以单独使用，也可以组合使用（串联、并联等，见表 4-7)。电控即采用电-机械转换器（将电气量转换成机械量）进行控制，常用的电-机械转换器有电磁铁、比例电磁铁、线性力马达、力矩马达等，此外还有压电晶体、步进电动机、伺服电动机等。

将控制机构、换向阀机能组合（有时还有位置开关、接近开关、测量传感器、信号转换器、集成电子器件等)，即可构成完整的换向阀。

1. 行程换向阀

机控即机械控制，机控换向阀常称为行程换向阀（液压和气动的行程换向阀示例见表 4-2)，它是用挡块或凸轮等机械装置推动阀芯实现换向，可实现机控自动化而不需电气控制。改变机械装置（如挡块的缓冲坡度）就可以调节行程换向阀的换向速度（和工作位保持时间)。

表 4-2　行程换向阀示例

序号	图形符号	描述	实　物
1	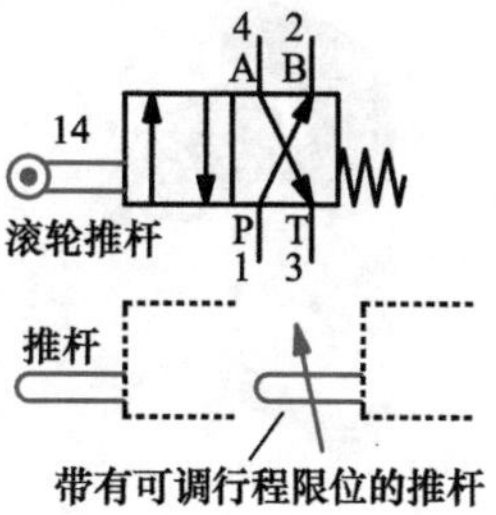	4/2 行程换向阀（滚轮推杆控制，弹簧复位）	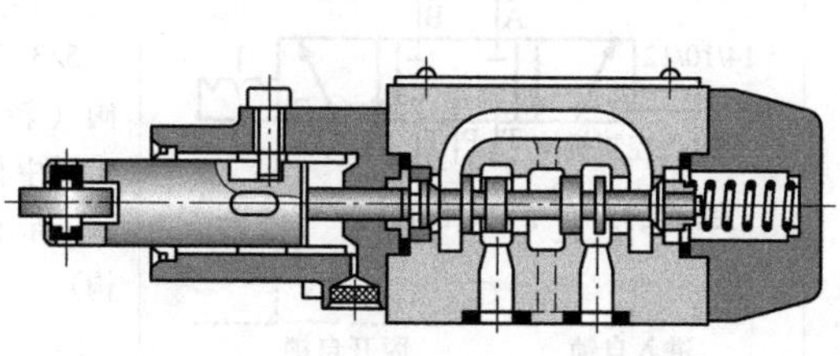
2	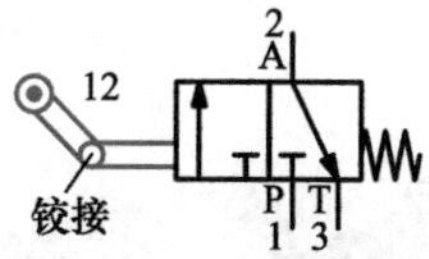	3/2 行程换向阀（滚轮杠杆控制，弹簧复位）	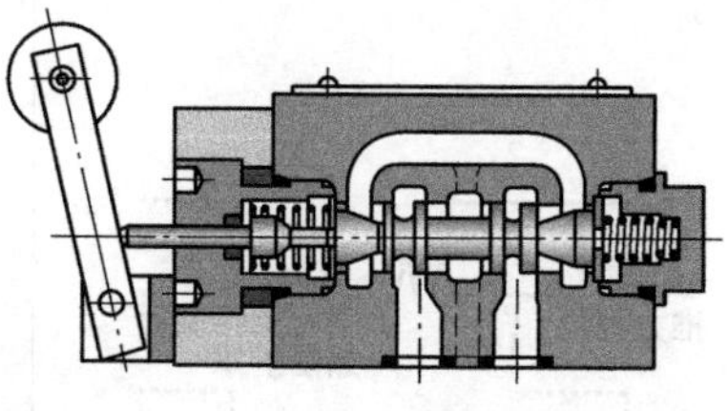

GB/T 32215—2015 规定：气动阀的控制机构、先导供气口和电气连接线都用二位数字标识：第一位数字是 1，第二位数字表示当相应控制机构动作时与主气口 1 连接的主气口的编号；若控制机构使主气口 1 阻断，第二位数字就用 0 来表示。

2. 手动换向阀

手控（manual control）即人工控制，手控换向阀常称为手动换向阀，它是用人工操作阀芯实现换向。液压和气动的手动换向阀示例，见表 4-3。

表 4-3　手动换向阀示例

序号	图形符号	描述	实　物
1	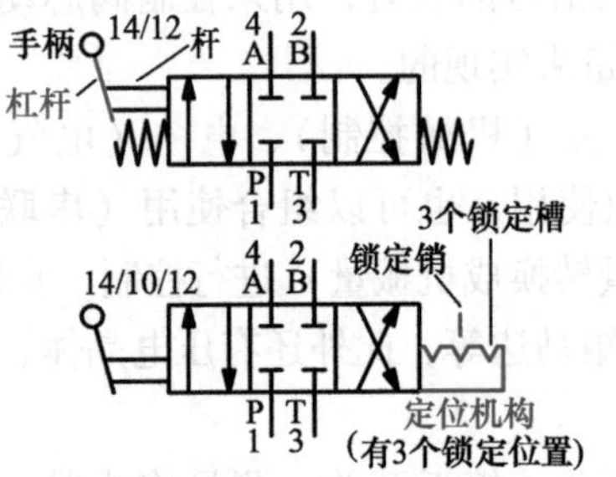	4/3 手动换向阀（杠杆手柄控制，O 型中位或中封式，弹簧对中或带有定位机构）	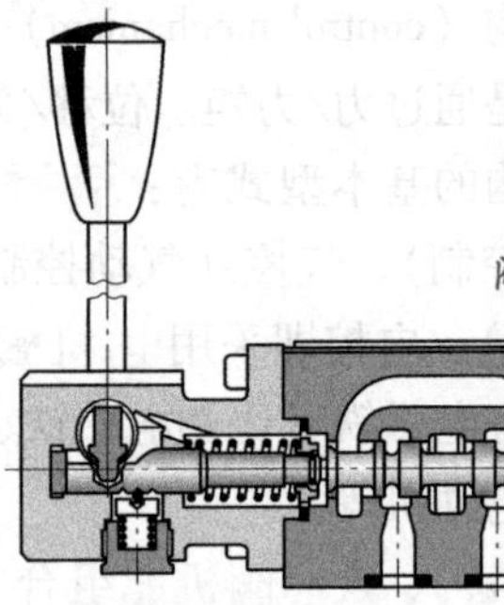 阀芯实物示例
2	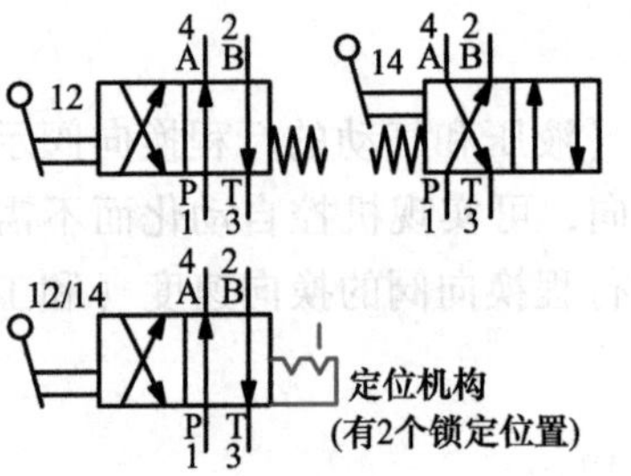	4/2 手动换向阀（杠杆手柄控制，弹簧复位或带有定位机构）	
3	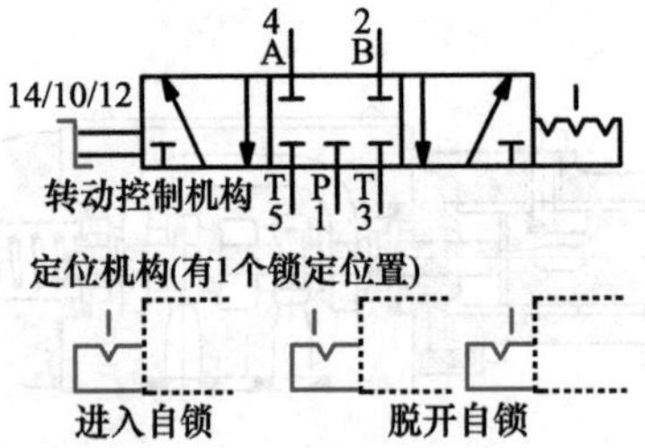	5/3 手动换向阀（转动控制，O 型中位或中封式，带有定位机构）	
4	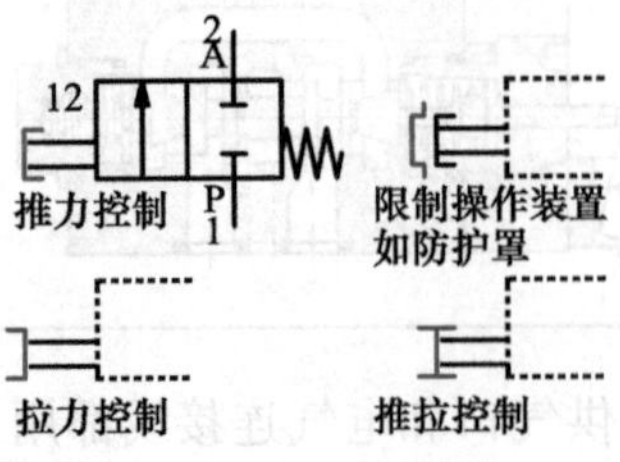	2/2 手动换向阀	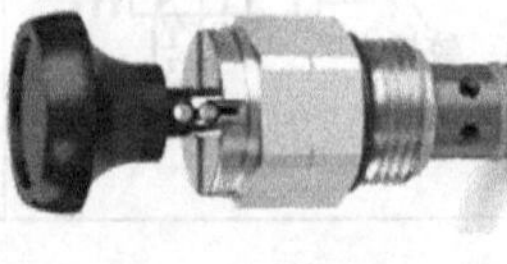

（续）

序号	图形符号	描述	实 物
5	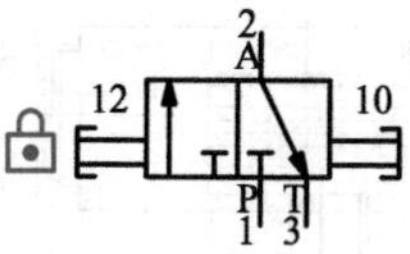	3/2 手动换向阀（推力控制，带有挂锁）	
6	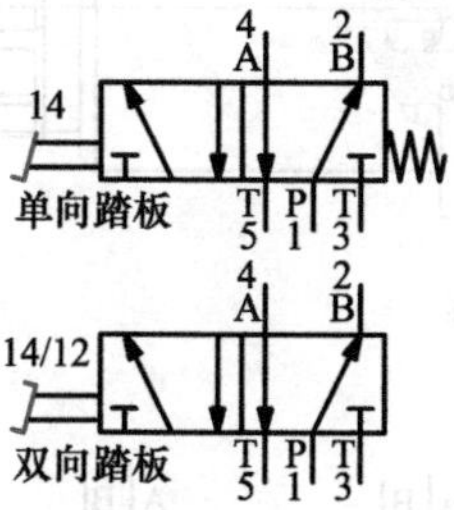	5/2 踏板控制换向阀	

手动换向阀需人工参与，不能实现电气控制和自动控制，但它具有方向和流量复合控制功能。可以人工控制阀芯的位置和运动速度，不同的阀芯位置（对应不同的阀口开度，对应不同的流量）对应执行元件不同的运动速度，而阀芯运动速度决定了执行元件的加速度。既能实现阀口开度调节又能实现自动控制的阀，是电调制连续控制阀，见 4.5 节。

3. 电磁换向阀

电磁换向阀是用电磁铁直接驱动阀芯的换向阀，如图 4-10 所示。电磁铁（solenoid）即普通阀用电磁铁，实质上是一种特定结构的牵引电磁铁，它根据线圈电流的通、断而使衔铁吸合或释放，只有开、关两种工作状态，用于普通阀的开关控制。比例电磁铁、线性力马达、力矩马达除了开和关两种工作状态外，还存在开、关之间的连续状态，用于电调制连续控制阀。

图 4-10 <液压> 4/2、4/3 电磁换向阀（北京华德）

图 4-10 高清大图

<气动>5/2 电磁换向阀（FESTO 费斯托）

4/3、4/2 电磁换向阀结构原理和图形符号，如图 4-11 所示。电磁换向阀基本组成包括阀体、阀芯、电磁铁、复位弹簧等。4/3 电磁换向阀两端的电磁铁组件是相同的；4/2 电磁换向阀两端的电磁铁组件与盲堵组件可对调，对调后阀的常位变为另一侧。

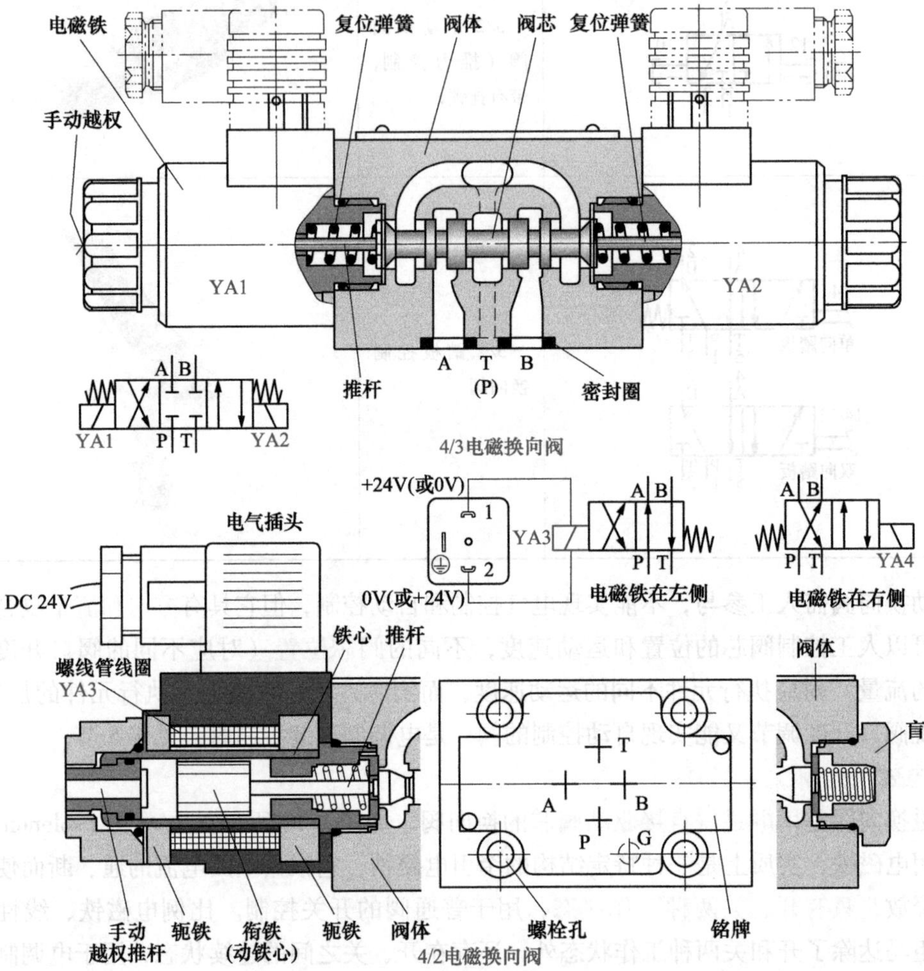

图 4-11 4/3、4/2 电磁换向阀结构原理和图形符号

手动越权（manual override）是指优先于正常控制方式的手动控制方式，通常在需要手动控制阀芯动作时（如调试时、检查电磁铁是否故障时、电磁铁故障后应急操作时）使用。

如图 4-12 所示，本书所述的电磁铁是指动作指向阀芯（即推阀芯）的带有一个线圈的电磁铁，其推杆无需与阀芯连接，手动越权推杆也无需连接，结构最简，且“哪边的电磁铁得电，常位哪边的邻位工作”，这对人们而言，逻辑性好，应用最为普遍。此外，还有动作背离阀芯（即拉阀芯）的带有一个线圈的电磁铁，其推杆需与阀芯连接（例如需加工螺纹），增加了工艺复杂度和成本。

电磁换向阀未受激励时，常位工作；电磁铁得电时，该电磁铁侧的常位的邻位工作。图 4-12 的 4/3 换向阀，电磁铁 YA1 得电，在工作气隙中产生磁力作用而吸合衔铁，衔铁通过推杆推动阀芯右移而居右，左位工作；YA2 得电，推动阀芯左移而居左，右位工作；未

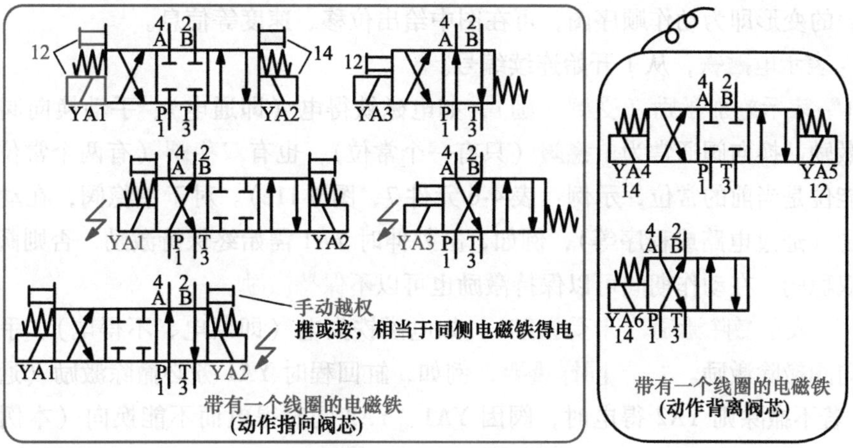

图 4-12　本书所述的电磁铁

受激励时（YA1 和 YA2 都失电），弹簧对中，常位工作。图 4-12 的 4/2 换向阀，YA3 得电，左位工作；未受激励时（YA3 失电），弹簧复位，常位工作。

图 4-13 为电磁换向阀控制缸，其动作顺序表，见表 4-4。

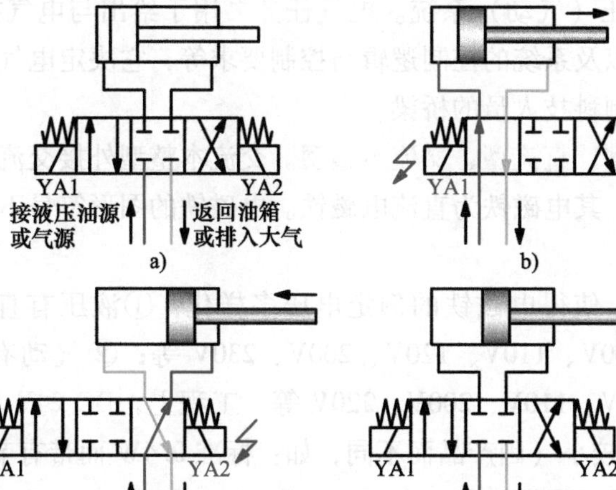

图 4-13　电磁换向阀控制缸

a）初始状态　b）缸外伸　c）缸回程　d）缸停止

表 4-4　动作顺序表

动作	YA1	YA2
缸外伸	+	−
缸回程	−	+
缸停止	−	−

动作顺序表与电气任务书：

1）动作顺序表描述了流体传动系统的动作顺序及实现方法，它是由设备工艺决定的。

动作顺序表的变形即为动作顺序图，可在图中给出位移、速度等信息。

2）YA 表示电磁铁，从 1 开始连续编号。

3）“+”表示施加激励（受到激励），如电磁铁得电（即通电）、手动换向阀和行程换向阀受到激励。换向阀通常为单稳阀（只有一个常位），也有双稳阀（有两个常位，且最后工作的机能位是当前的常位，示例：表 4-6 元件 7、图 6-11c）。对于单稳阀，在动作期间必须保持激励（通过电路或程序等），例如，缸外伸时 YA1 需始终保持激励，否则阀会切回常位。对于双稳阀，在动作期间可以保持激励也可以不保持激励。

4）“-”表示撤除激励（未受激励），如电磁铁失电（即断电、不得电）、手动换向阀和行程换向阀撤除激励。“-”同样重要，例如，缸回程时 YA1 务必撤除激励（通过电路或程序等），若不撤除则 YA2 得电时，阀因 YA1、YA2 同时得电而不能换向（本例会切到常位）；再如，缸停止时若 YA1、YA2 都得电，既不节能也不可靠（示例：YA1 突然故障），因此 YA1、YA2 必须都撤除激励。

5）当动作顺序表只有电磁铁（例如，没有手动换向阀、行程换向阀等）时，可称为电磁铁动作顺序表。电磁铁动作顺序表是电气任务书的重要组成，它是电气控制系统的控制逻辑，控制器如 PLC（programmable logic controller，可编程控制器）、工控机（工业控制计算机）等以此逻辑控制液压（气动）系统。电气任务书用于给出与电气控制有关的元件明细及其功能和参数描述，以及系统的控制逻辑与控制要求等，它决定电气控制系统的设计，是连通流体传动与电气控制科技人员的桥梁。

电磁铁可分为交流型、直流型、交流本整型。交流本整型外接交流电而本机整流即其电磁铁组件带有整流器件，其电磁铁为直流电磁铁。电磁铁的图形符号不体现交流型、直流型和交流本整型。

多元化的全球需求，使得电磁铁的额定电压多样化：①液压有直流 12V、24V、48V、96V、110V 等，交流 100V、110V、120V、200V、230V 等；②气动有直流 3V、5V、6V、12V、24V 等，交流 100V、110V、200V、220V 等。工程上，DC 24V 较为常用。消耗功率液压为 30W 左右，气动较小（因产品而不同，如：标准 0.4W 而带有节电回路 0.1W，标准 1.55W 而带有节电回路 0.55W）。

电磁换向阀因有电磁铁这种电-机械转换器，便于与电气控制结合实现自动化，因此应用广泛。

4. 液(气)控和电液（电-气）换向阀

换向阀的额定流量小时，阀芯直径小，液动力小，阀芯可用电磁铁直接驱动，这种换向阀是电磁换向阀。当额定流量大时，阀芯直径大，液动力大，此时电磁铁无法直接驱动阀芯，电磁铁该如何间接控制阀芯？流体传动输出力大，可用电磁换向阀工作口的液(气)压力来推动该阀芯，这种换向阀就是电液（电-气）换向阀。

液(气)控换向阀是用液(气)压力驱动阀芯的换向阀，见图 4-14 的彩色图形符号。显然，流体力（液压力或气压力）施加于阀芯左侧，左位工作；流体力施加于阀芯右侧，右位工作；阀未受激励时，常位工作。液(气)控换向阀可以实现遥操作，示例：用操作台的手动换向阀控制主机旁的液(气)控换向阀，用挖掘机驾驶室的手柄控制阀控制机罩内的液控换向阀（多路阀）实现工作机构的复杂空间动作。

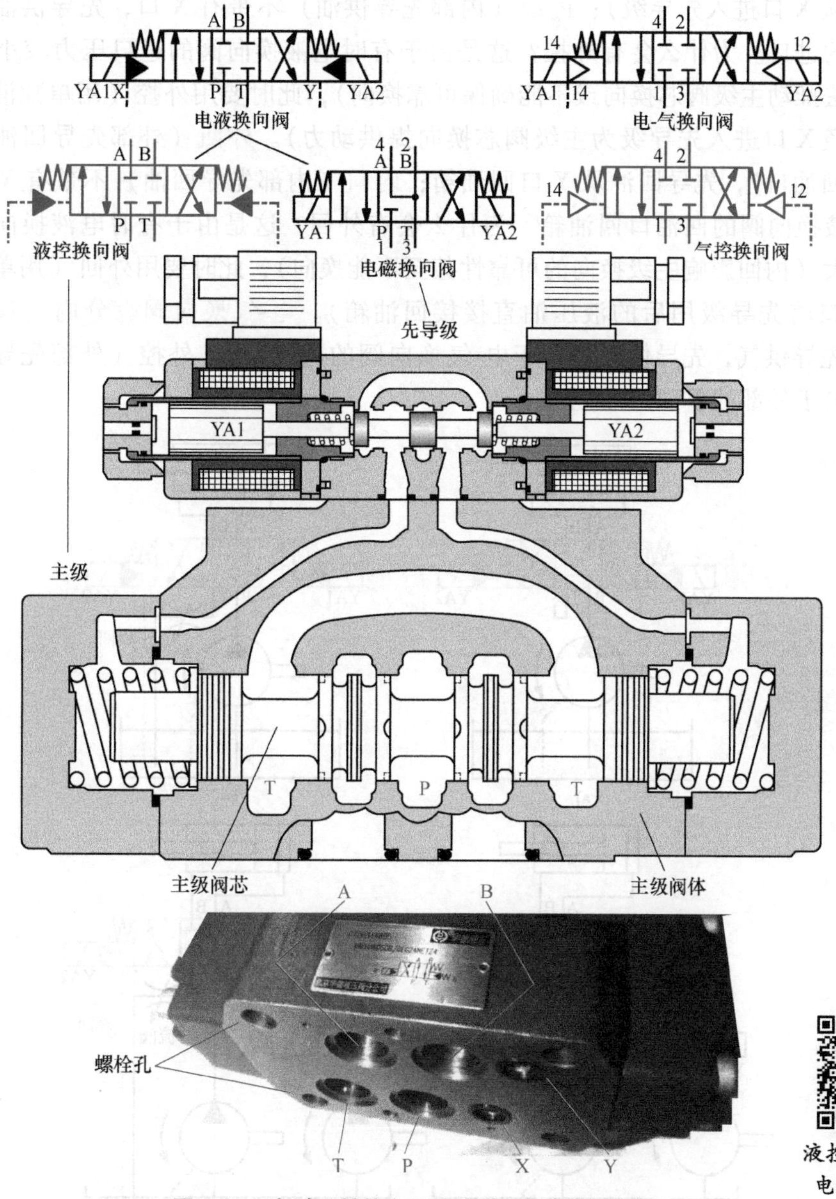

图 4-14　液（气）控换向阀和电液（电-气）换向阀

液控换向阀与电液换向阀

电-气换向阀

电液（电-气）换向阀是用电磁换向阀工作口操控液（气）控换向阀换向的先导式（pilot-operated，又称先导控制）换向阀。图 4-14 中，液控换向阀的上方集成一只电磁换向阀即为电液换向阀。气控换向阀的一端或两端集成一只或两只电磁换向阀则为电-气换向阀。电磁换向阀作为先导（pilot）阀即先导级，是被人们操纵用于提供控制信号的阀；液（气）控换向阀是主阀即主级，主级由先导级控制，控制了先导级就相当于控制了主级。

如图 4-14、图 4-15 所示，电液换向阀有 4 种类型：内控内回、内控外回、外控内回、外控外回。外控（外部先导供油）带有 X 口（先导供油口），先导供油来自于外部的单独供给（从 X 口进入先导级）；内控（内部先导供油）不带有 X 口，先导供油来自于电液换向阀的进口。为什么会有外控？这是由于有时电液换向阀的进口压力较小（内控的液压力无法推动主级阀芯换向或不能确保可靠换向），此时要用外控（用单独液压泵输出的压力油经 X 口进入先导级为主级阀芯换向提供动力）。外回（外部先导回油）带有 Y 口（先导回油口），先导回油从 Y 口回油箱；内回（内部先导回油）不带有 Y 口，先导回油从电液换向阀的回油口回油箱。为什么会有外回？这是由于有时电液换向阀的回油口压力较大（内回影响主级换向的可靠性甚至不能换向），此时要用外回（用单独的回油管路接 Y 口将先导级用后的液压油直接接回油箱）。电-气换向阀也分内控和外控：内控（内部先导供气，先导供气来自于电-气换向阀的进气口）、外控（外部先导供气，先导供气来自于外部的单独供给）。

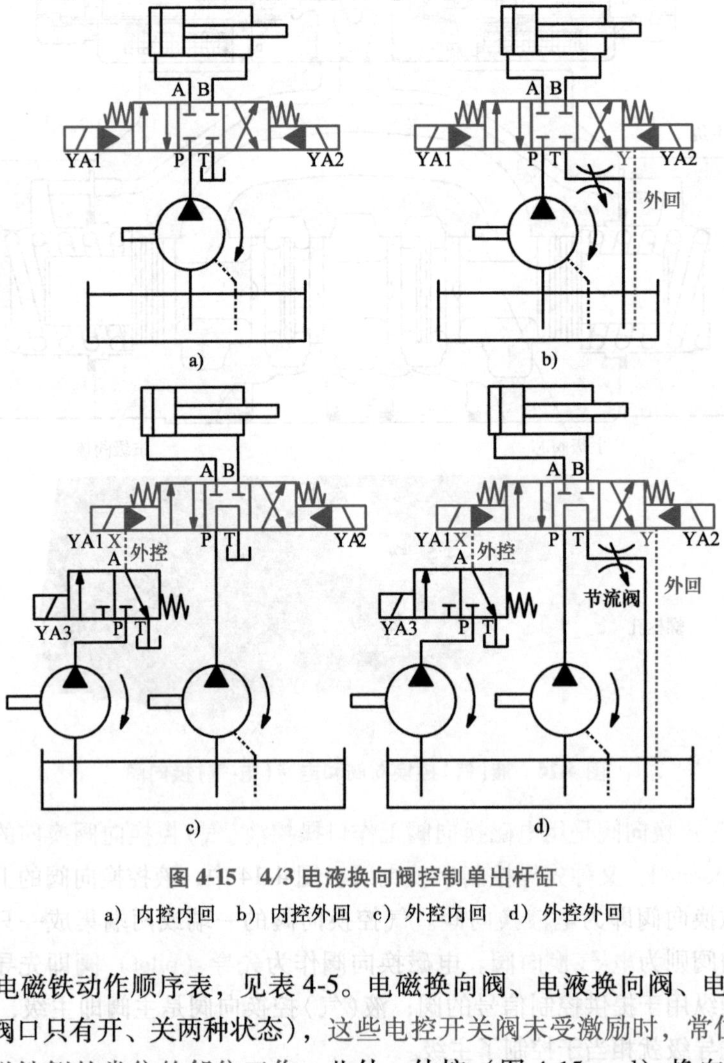

图 4-15 4/3 电液换向阀控制单出杆缸

a）内控内回 b）内控外回 c）外控内回 d）外控外回

图 4-15 的电磁铁动作顺序表，见表 4-5。电磁换向阀、电液换向阀、电-气换向阀均为电控开关阀（阀口只有开、关两种状态），这些电控开关阀未受激励时，常位工作；电磁铁得电时，该电磁铁侧的常位的邻位工作。此外，外控（图 4-15c、d）换向时还需 YA3 得电（单独液压泵输出的压力油经 3/2 电磁换向阀为主级阀芯换向提供动力）。

表 4-5 电磁铁动作顺序表

动作	YA1	YA2	YA3
缸外伸	+	−	+
缸回程	−	+	+
缸停止	−	−	−

流体传动简图中，管路的线型有两种：

1）实线表示主管路，包括：压力管路、工作管路、回油管路等。

2）虚线表示非主管路，包括：先导管路、泄油管路等。

表 4-6 为电液（电-气）换向阀等示例。

表 4-6 电液（电-气）换向阀等示例

序号	图形符号	描述
1	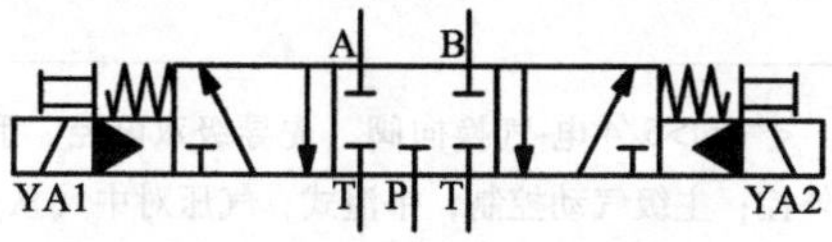	<液压>5/3 电液换向阀［先导级双电磁铁控制（双电控），手动越权，内控内回；主级液压控制，O 型中位，弹簧对中］
2	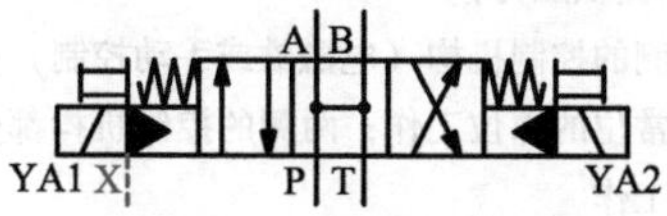	<液压>4/3 电液换向阀（先导级双电控，手动越权，外控内回；主级液压控制，H 型中位，弹簧对中）
3	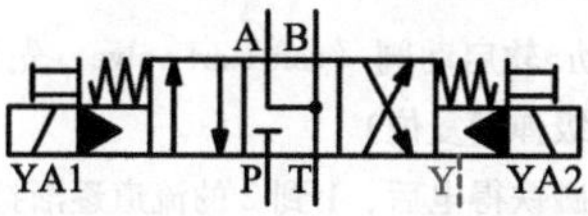	<液压>4/3 电液换向阀（先导级双电控，手动越权，内控外回；主级液压控制，Y 型中位，弹簧对中）
4	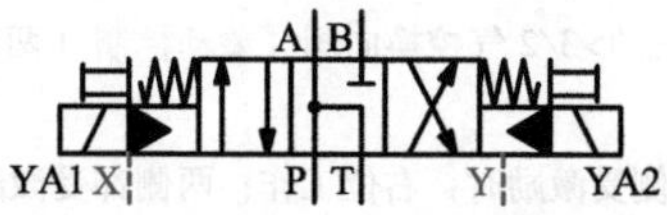	<液压>4/3 电液换向阀（先导级双电控，手动越权，外控外回；主级液压控制，K 型中位，弹簧对中）
5	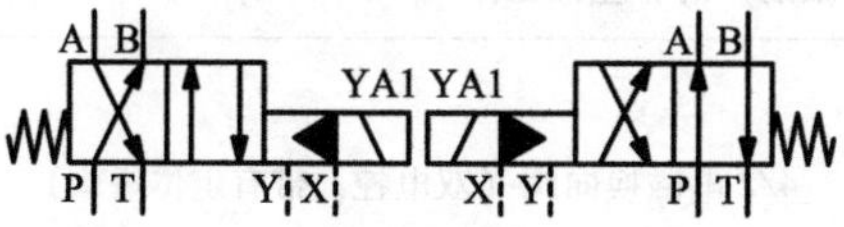	<液压>4/2 电液换向阀［先导级单电磁铁控制（单电控），外控外回；主级液压控制，弹簧复位］
6	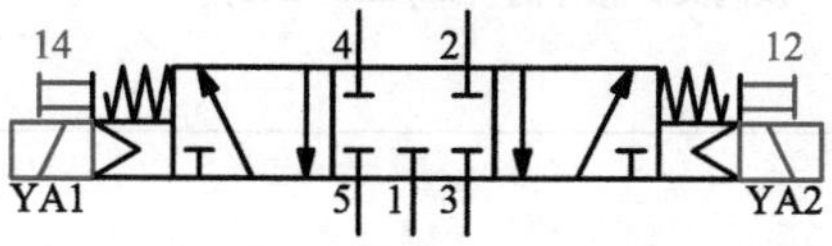	<气动>5/3 电-气换向阀（先导级双电控，手动越权，内控；主级气动控制，中封式，弹簧对中）
7	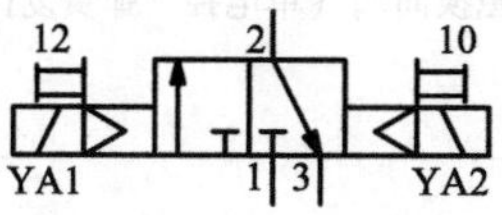	<气动>3/2 电-气换向阀（先导级双电控，手动越权，内控；主级气动控制） 该双电控二位阀为双稳阀
8	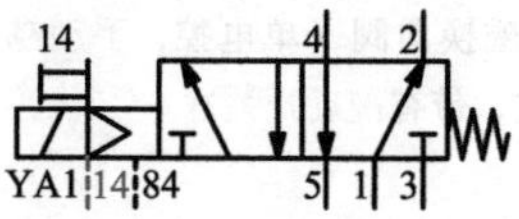	<气动>5/2 电-气换向阀（先导级单电控，手动越权，外控；主级气动控制，弹簧复位） 84 表示先导排气口，可以不标注

（续）

序号	图形符号	描　述
9	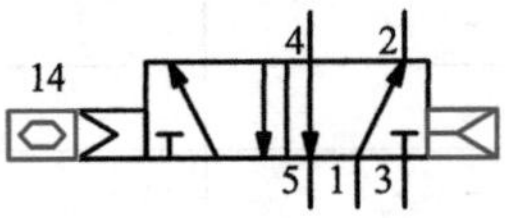	<气动>5/2 电-气换向阀［先导级单电控，压电控制，内控；主级气动控制，气压复位（从阀进气口 1 提供压力）］
10	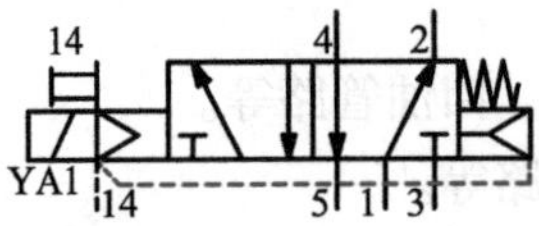	<气动>5/2 电-气换向阀［先导级单电控，手动越权，外控；主级气动控制，弹簧和气压复位（从先导供气口 14 提供压力）］
11	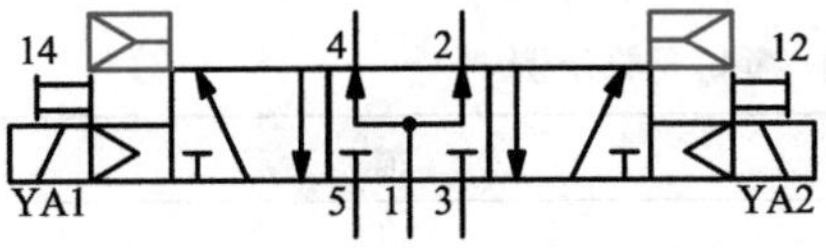	<气动>5/3 电-气换向阀（先导级双电控，手动越权，内控；主级气动控制，中压式，气压对中）
12	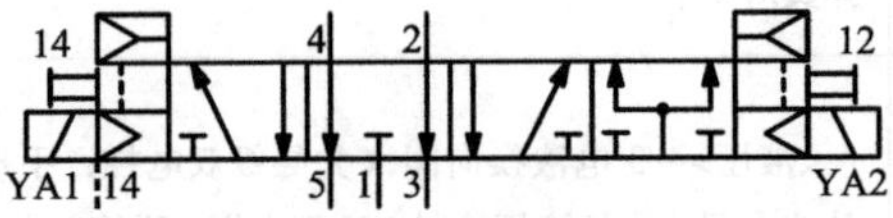	<气动>5/4 电-气换向阀［先导级双电控，手动越权，外控；主级气动控制，中泄式，气压对中（从先导供气口 14 提供压力）］ 一侧的控制机构（电磁铁或手动控制）受激励时，该侧的常位的邻位工作；两侧的控制机构都受激励时，最右位工作
13	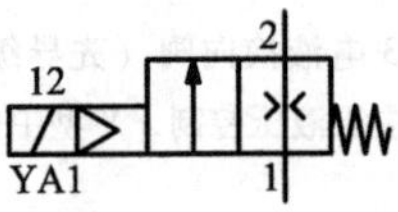	<气动>软启动阀（soft-start valve，先导级单电控，内控；主级弹簧复位） 电磁铁得电后，1 到 2 的流道逐渐打开
14	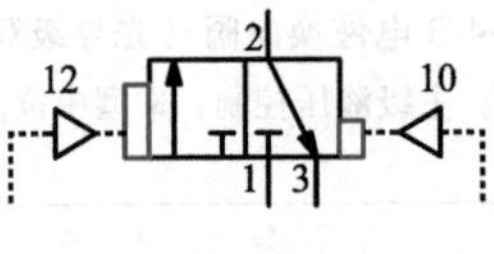	<气动>3/2 气控换向阀［差动控制（两端控制面积不同）］ 右侧受激励时，右位工作；两侧都受激励（或左侧受激励）时，左位工作
15	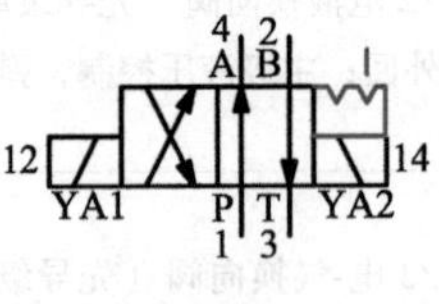	4/2 电磁换向阀（双电控，带有定位机构） 该阀又称脉冲阀（impulse valve）
16	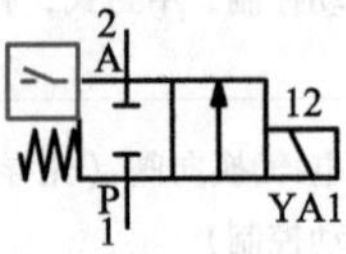	2/2 电磁换向阀（单电控，弹簧复位，带有位置开关）
17	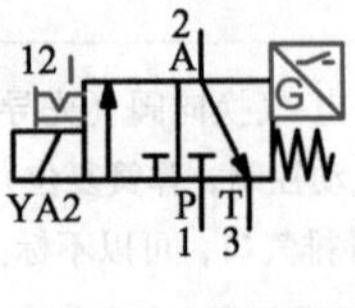	3/2 电磁换向阀（单电控，手动越权带有定位机构，弹簧复位，带有接近开关）

（续）

序号	图形符号	描　述
18	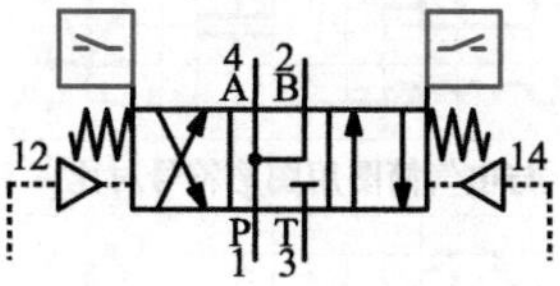	4/3 气控换向阀（气压控制，P 型中位或中压式，弹簧对中，带有位置开关） 气动和液压的换向阀都有气控型式
19	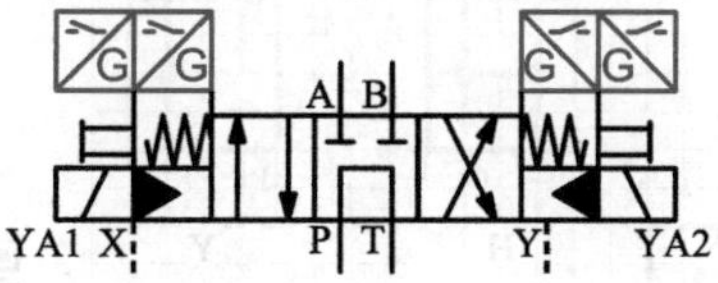	<液压>4/3 电液换向阀（先导级双电控，手动越权，外控外回，带有接近开关；主级液压控制，M 型中位，弹簧对中，带有接近开关）

实际工程中有时需要监控阀的运行状态，对于带有位置开关或接近开关的阀，可将位置开关或接近开关作为反馈信号，阀芯动作、阀芯未动作（或动作未到位）得到的状态反馈信息分别为“1”和“0”；对于不带有位置开关或接近开关的，可以用中间继电器控制电磁铁，将中间继电器的辅助触点作为反馈信号。

继电器

4.1.4 图形符号的模数、绘制、要素布置规则及取向

1. 模数 M

模的意思是规范、标准，如楷模、模型等。模数是指标准的尺寸系列，例如齿轮模数、建筑模数等。

GB/T 16901.2—2013 规定：（机、电、流体传动等）所有技术文件用图形符号应以模数（module size）为单位。在纸上或媒体上呈现时，从以下系列中选取模数 M：1.8、2、2.5、3.5、5、7、10、14、20，单位均为 mm，线宽为 0.1M。

复位弹簧、箭头、回油箱的模数示例，如图 4-16 所示。

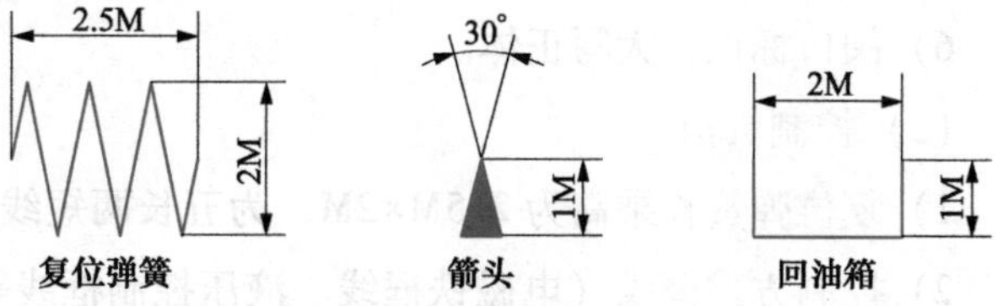

图 4-16　模数示例

在计算机辅助设计系统中，可根据纸件、屏幕呈现的需要，赋予 M 一个具体尺寸值，通过函数性计算即可呈现出图形符号的最终表达。

GB/T 786.1—2021 的纸件中，图形符号是按模数 M 为 2mm 绘制的。

2. 图形符号绘制

下面以图 4-17 所示的<液压>4/3 电磁换向阀和 4/3 电液换向阀为例，说明图形符号的绘制思路与方法，所依据的标准是 GB/T 16901.2—2013 和 GB/T 786.1—2021。

图 4-17 中，网格为 1M×1M，图形符号的基本要素及应用规则如下。

（1）机能

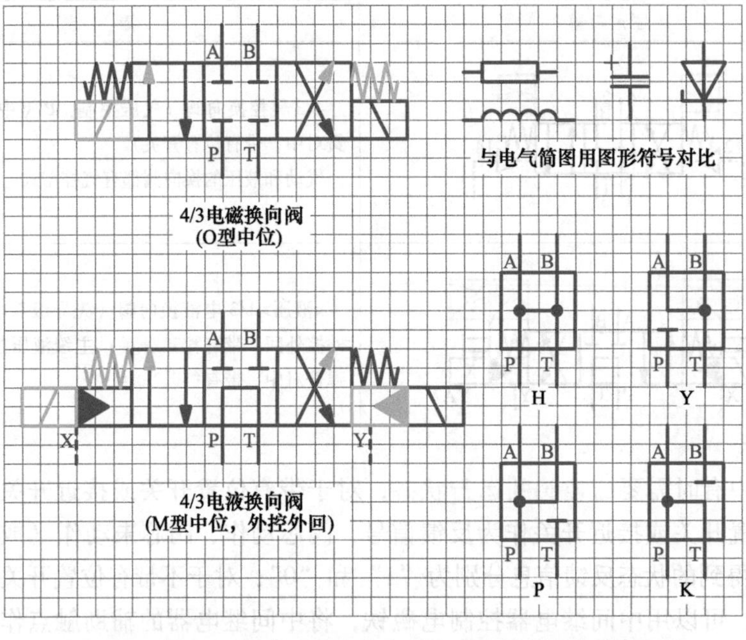

图 4-17 高清大图（放大看细节）

图 4-17 <液压>4/3 电磁换向阀和 4/3 电液换向阀的绘制标准

1）机能位框线的长乘高为 4M×4M，适用于四口及以下的换向阀。（主阀口更多的换向阀，框线长度可随需要改变，其规则是：相邻阀口的最小距离为 2M 以保证阀口标识的标注空间，如五口阀机能位框线的长乘高为 6M×4M。）

2）表示流向的箭头，如图 4-16 所示。用 AutoCAD、Microsoft Office Visio 等软件绘图时，先绘制三角形再填充。

3）表示阀内流道封闭的线段，长度为 1M。

4）元件内流道的连接点，直径为 0.5M。（元件外的管路连接点，直径为 0.75M。）

5）阀口线段，长度为 2M，主阀口用实线，辅助阀口用虚线。

6）阀口标识，大写正体。

（2）控制机构

1）复位弹簧长乘高为 2.5M×2M，为五长两短线且各线段与中心线夹角相等。

2）控制方式框线（电磁铁框线、液压控制框线等）长乘高为 3M×2M。[五星红旗（详见《中华人民共和国国旗法》）和许多国家国旗也是长与高为三与二之比的长方形。]

3）表示电磁铁线圈的斜线，其中心在控制方式框线正中。

4）表示流体力作用方向的正三角，边长为 2M。

3. 控制机构等要素的布置规则

控制机构（包括弹簧）和其他要素（如位置开关、接近开关、测量传感器、信号转换器、集成电子器件等）的布置规则，见表 4-7。了解这些规则，有助于读图，理解图形符号。

表 4-7 要素布置规则

布置规则	示 例
左右对称与底部优先： 1）同样的控制机构作用于两侧时，它们的顺序必须对称放置 2）在满足左右对称的前提下，要素必须从底部（是指进口所在的底部）优先开始布置 3）两侧相互作用的控制机构，在一条中心线上布置	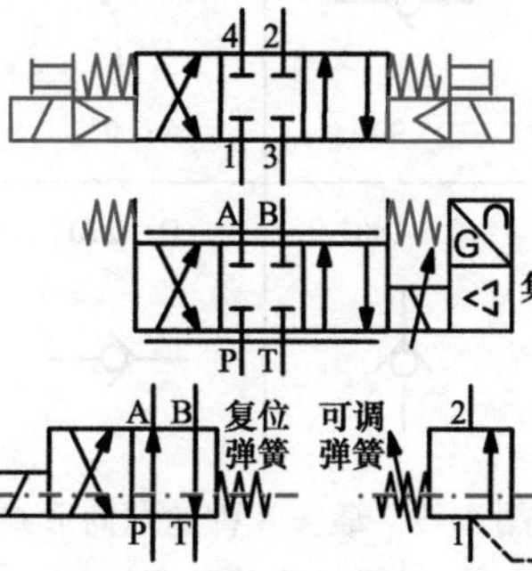
并联： 各要素并联工作时，自底部向上的布置顺序为： 1）液控、气控、电控 2）弹簧 3）手控、机控 4）其他要素 当并联要素放不下时，可将作用位置的线段向上延长	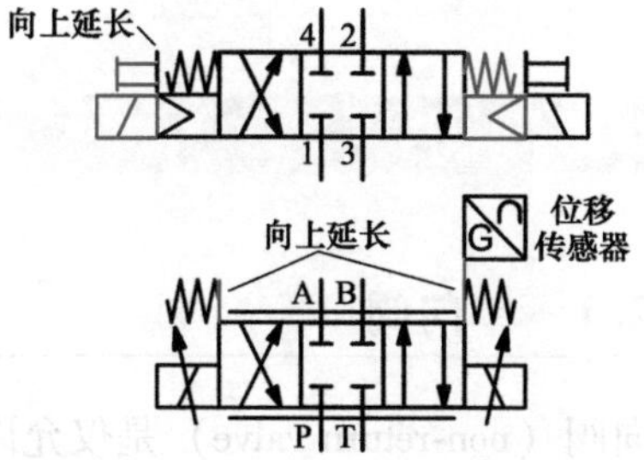
串联： 两个或以上控制机构串联工作时，必须依照控制顺序布置	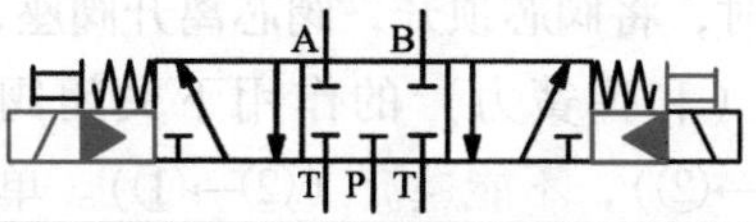

4. 图形符号的取向

GB/T 16901. 1—2008 规定：在实际应用中，为满足有关流向和阅读方向的需求，（机、电、流体传动等）所有技术文件用图形符号可采用不同的取向形式（可通过以 90°为增量的旋转或/和镜像的方式生成，当图形符号包含文本时应按规定调整文本的位置和阅读方向），图形符号的不同取向形式均表示同一个图形符号。

由于图形符号具有不同的几何外形，因此图形符号的取向形式（variants of graphical symbols）可多达 8 种（见图 4-18）、4 种（见图 4-19）或 2 种（见图 4-20）。

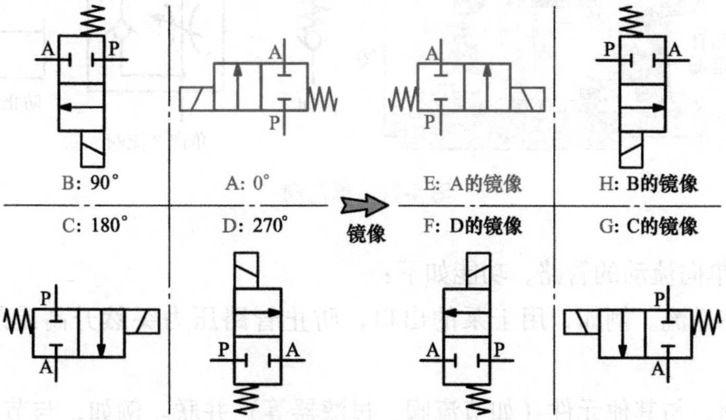

图 4-18 最多 8 种的取向形式（示例为 2/2 电磁换向阀）

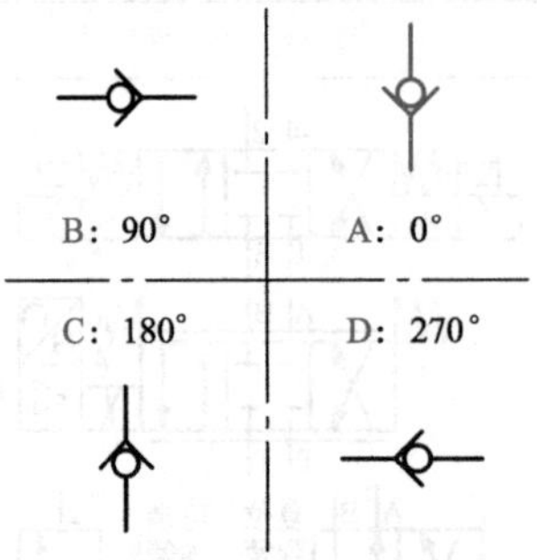

图 4-19　最多 4 种的取向形式
（示例为单向阀）

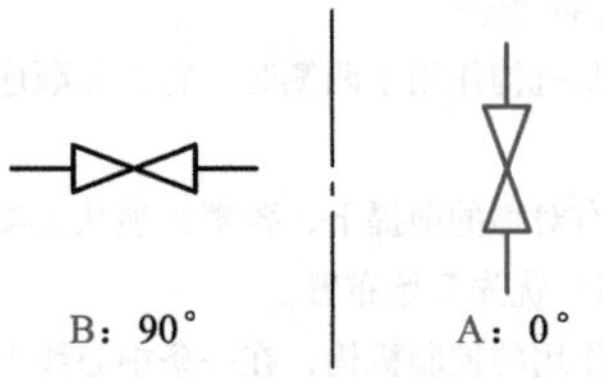

图 4-20　最多 2 种的取向形式
（示例为截止阀）

4.2 单向阀

4.2.1　单向阀

单向阀（non-return valve）是仅允许在一个方向上流动的阀，如图 4-21 所示。当流体从①流入时，将阀芯顶开，阀芯离开阀座，于是流体从①流向②；当流体从②流入时，阀芯在流体力（和弹簧力）的作用下关闭阀口，流体不能流向①。综上，单向阀仅能正向流动（①→②），不能逆流（②→①）。单向阀有两种：带或不带弹簧。

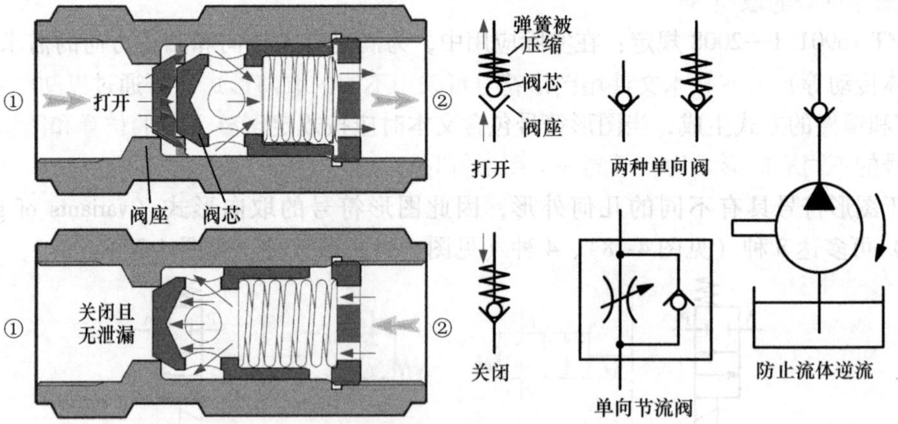

图 4-21　单向阀

单向阀用于单向流动的管路，功能如下：

1）防止流体逆流。例如，用于泵的出口，防止管路压力突然升高或泵在停机时流体逆流。

2）作旁通阀，与其他元件（如节流阀、过滤器等）并联。例如，与节流阀并联组成单向节流阀。

4.2.2 液(气)控单向阀

液(气)控单向阀如图4-22所示。当先导口无压力流体流入时，则其相当于单向阀，仅能正向流动，不能逆流。当先导口流入压力流体时，压力流体推动活塞右移，活塞上的推杆将单向阀阀芯顶开，此时可逆流；只要先导口一直有压力流体，就可一直逆流。综上：先导口没有压力流体流入时，仅能正向流动；先导口有压力流体流入时，可双向流动。

双液(气)控单向阀如图4-23所示，当一路流体正向流动时（如左路①→②），流体在顶开这侧阀芯的同时，推动活塞移动顶开另一侧阀芯，使另一路流体可逆向流动（如右路②→①）；只有在两路流体都没有正向流动时，双液(气)控单向阀才关闭（左、右阀芯均关闭）。

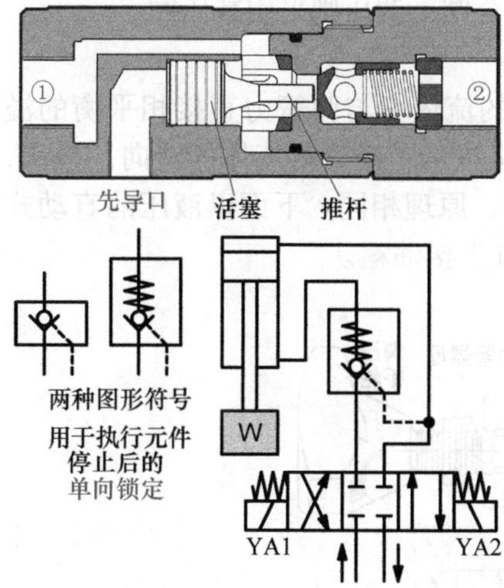

图4-22 液(气)控单向阀

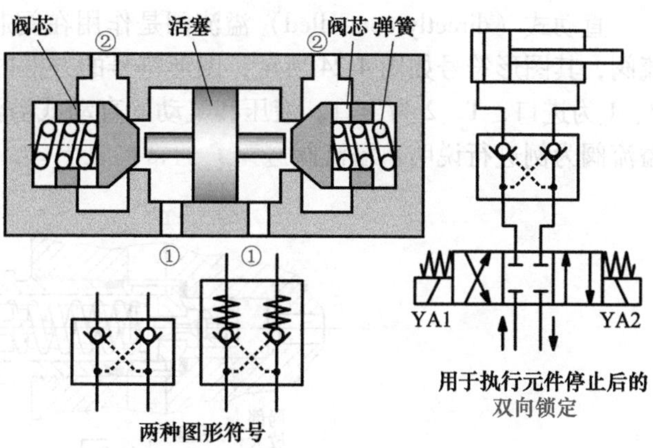

图4-23 双液(气)控单向阀

用换向阀中位（液压的O、M型，气动的中封式）将执行元件的进、出口封闭，可以实现执行元件锁定，但这种锁定方式往往不够可靠，只适用于锁定时间短且要求不高的场合，这是因为滑阀存在间隙泄漏，长时间的泄漏会使执行元件在外力作用下窜动。此时，可用液(气)控单向阀锁定执行元件，液(气)控单向阀在关闭时，压力流体会将阀芯紧紧地压于阀座，阀芯和阀座间没有泄漏间隙。液(气)控单向阀的功能就是执行元件停止后的更长时间更可靠锁定，见表4-8。

表4-8 液(气)控单向阀的功能

项目	液(气)控单向阀	双液(气)控单向阀
执行元件运动时	不起作用，可视为无	同左
执行元件停止时（换向阀工作口封闭或没有压力）	单向锁定执行元件 图4-22中，换向阀在中位时，缸在外力作用下也不会向下窜动	双向锁定执行元件 图4-23中，换向阀在中位时，缸在外力作用下也不会左右窜动

4.3 压力控制阀

4.3.1 溢流阀

溢流阀（pressure-relief valve）是当达到设定压力（set pressure）时通过将过多流量排走（液压溢流阀排入油箱，气动溢流阀排入大气）来限制进口压力的压力控制阀。设定压力是指压力控制元件被调整到的压力，可根据系统要求调整设定压力的大小，溢流阀的设定压力由调压弹簧手动调节。溢流阀限制其进口压力不超过设定压力（当进口压力小于设定压力时，溢流阀阀口关闭而不起作用；当进口压力达到设定压力时，溢流阀阀口开启而溢流，进口压力始终等于设定压力）。在液压系统中，溢流阀可以调压，可以作背压阀、安全阀（起过载保护作用）；在气动系统中，溢流阀一般作安全阀，调压则采用减压阀。

1. 直动式溢流阀

直动式（directly controlled）溢流阀是作用在阀芯上的流体力与弹簧力直接相平衡的溢流阀，其图形符号如图4-24所示，图形符号的方框内箭头指示了溢流时流体的流向，显然，P、1为进口，T、2为出口。液压和气动的直动式溢流阀，原理相同。下面以液压的直动式溢流阀为例进行说明。溢流阀进口P通常接泵出口，出口T接油箱。

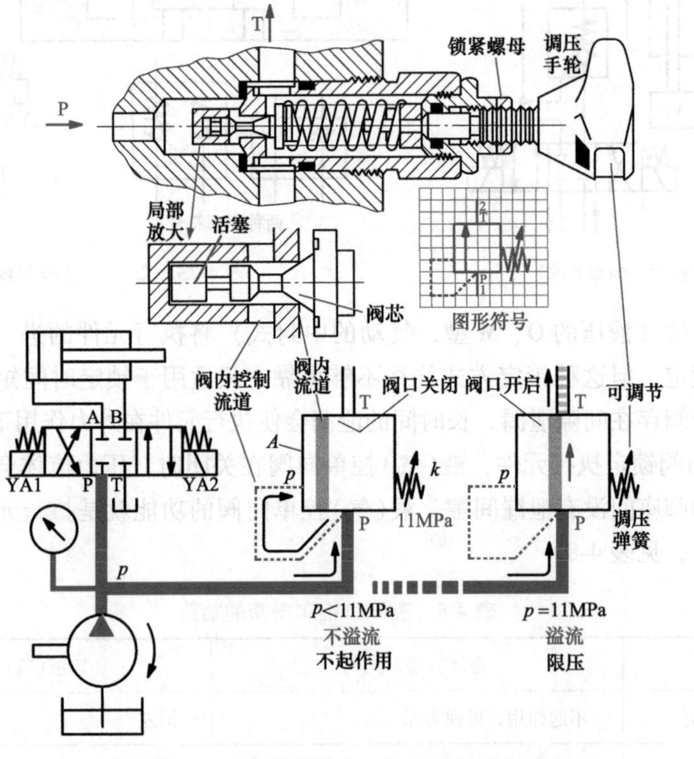

图4-24 直动式溢流阀的图形符号与工作原理

以设定压力 $p_s=11\text{MPa}$ 为例，其设定过程为：先旋出调压手轮，再起动泵，压力为 p 的流体从P口进入溢流阀，并通过阀内控制流道作用在阀芯上，阀芯作用面积为 A，因而阀芯左侧受到的液压力为Ap，而阀芯右侧则受到调压弹簧的弹簧力，由于泵出口油路被换向阀O型中位封闭，液压油必然从溢流阀溢流，然后逐渐旋进调压手轮（调压弹簧压缩量逐渐变大）并同时观察压力表读数上升，达到$p_s=11\text{MPa}$时将调压手轮锁紧以防误操作。此时，调压弹簧压缩量为x_s，阀芯两侧受到的作用力相等，即$Ap_s=kx_s$（k为调压弹簧刚度），溢流阀设定压力p_s为

$$p_s=\frac{kx_s}{A} \tag{4-4}$$

式中，p_s为设定压力；A为阀芯作用面积；k为调压弹簧刚度；x_s为在设定压力为p_s时调压弹簧的压缩量。

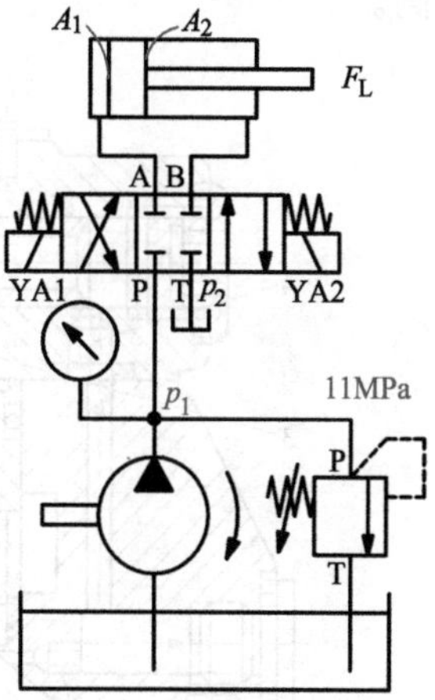

图4-25 直动式溢流阀限压

设定压力调定好之后，即可投入运行。如图4-25所示，缸底作用面积$A_1=0.2\text{m}^2$，缸有杆端作用面积$A_2=0.1\text{m}^2$，缸外伸和回程时的负载力均恒为$F_L=1\text{MN}$。缸外伸和回程时，回油压力p_2均为0。广义负载力产生压力：①缸外伸时，负载力F_L在溢流阀进口产生的压力为$p_1=F_L/A_1=5\text{MPa}$；②缸回程时，$p_1=F_L/A_2=10\text{MPa}$；③缸停止时，$p_1=11\text{MPa}$。可见，缸外伸和回程时，溢流阀的进口压力小于设定压力，溢流阀不溢流（阀口关闭），不起作用；缸停止时，泵出口油路被换向阀O型中位封闭，压力逐渐上升（若没有溢流阀则会一直上升，直至管路或元件爆破），溢流阀的作用是限制其进口压力，当溢流阀进口压力达到设定压力时，溢流阀溢流，多余的液压油从出口T排入油箱，进口压力不再上升并一直等于设定压力（直到缸再次外伸或回程）。

例4-1 图4-26中，YA1、YA2失电，试分析泵出口压力。

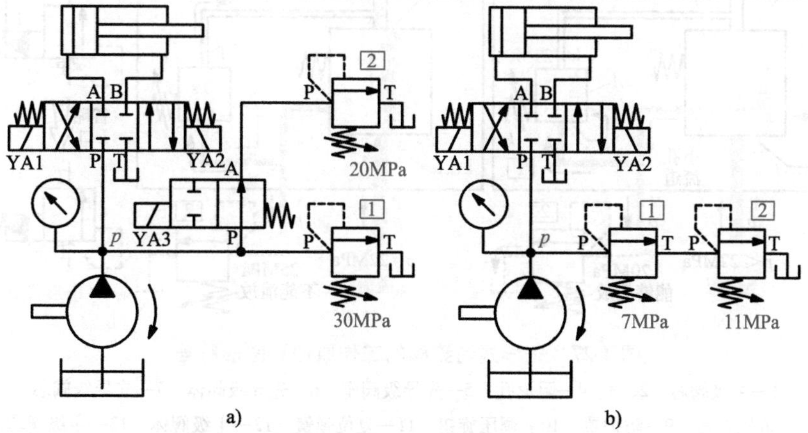

图4-26 例4-1图

解 图4-26a，①YA3得电使阀2被阻断在回路之外，YA1和YA2失电使泵出口油路封闭，阀1溢流，因此，泵出口压力$p=30\text{MPa}$；②YA3失电，压力达到20MPa时阀2溢流，压力不再上升，阀1不起作用，因此，泵出口压力$p=20\text{MPa}$。可见，受压流体向低压泄放（venting to a lower pressure），即并联取小，例如木桶短板效应。

图 4-26b，阀 2 的 T 口压力为 0，阀 2 的 P 口压力即阀 1 的 T 口压力为 11MPa，则阀 1 的 P 口压力为 18MPa（溢流阀设定压力事实上是溢流时的进出口压差），此即为泵出口压力。可见，串联求和。

2. 先导式溢流阀

先导式溢流阀如图 4-27 所示。先导式溢流阀由先导阀和主阀上下叠加组成，先导级是起调压限压功能的直动式溢流阀，主级是多余流体的溢流通道。先导式溢流阀进口 P 通常接泵出口，出口 T 接油箱。先导式溢流阀的限压功能与直动式溢流阀相同，但调压精度更高。

先导式溢流阀

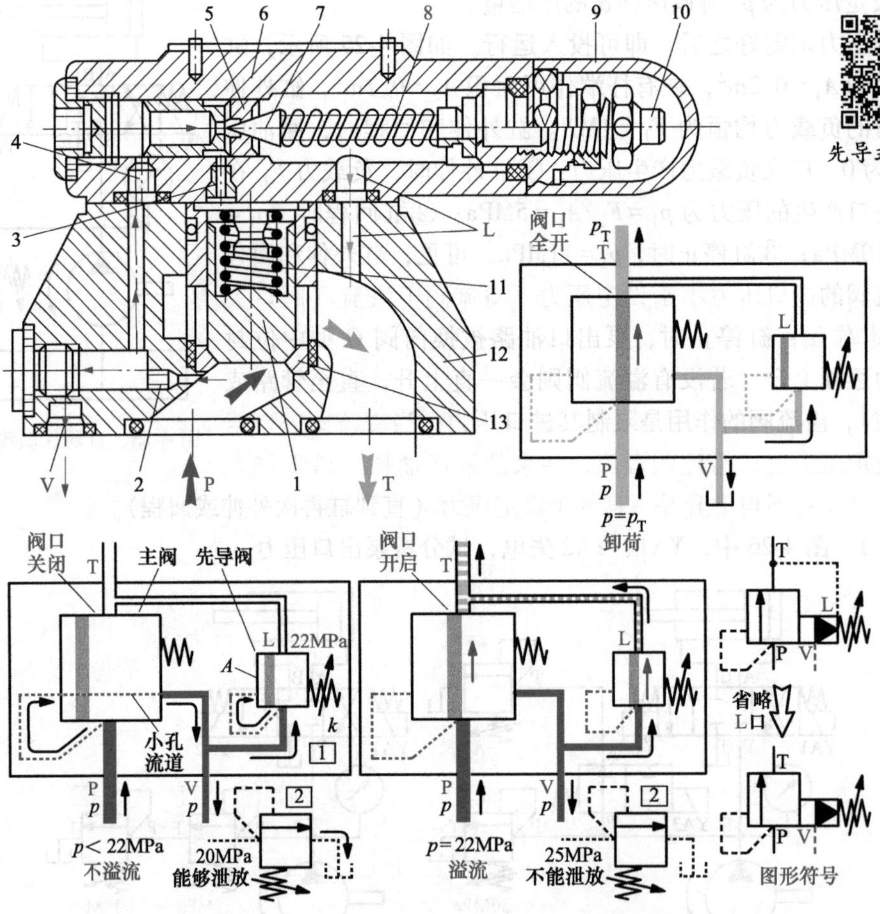

图 4-27 先导式溢流阀的工作原理和图形符号

1—主级阀芯 2、3、4—阻尼孔 5—先导级阀座 6—先导级阀体 7—先导级阀芯 8—调压弹簧 9—防护罩 10—调压旋钮 11—复位弹簧 12—主级阀体 13—主级阀套

压力为 p 的流体从 P 口进入溢流阀，经小孔流道穿过主阀后作用在先导级阀芯上，先导级阀芯的作用面积为 A，其左侧受到的液压力为 Ap，而右侧则受到调压弹簧的弹簧力。以设定压力 $p_s=22\text{MPa}$ 为例，其设定过程与直动式溢流阀相同，达到设定压力 p_s（如 22MPa）时，调压弹簧的压缩量为 x_s，先导级阀芯两侧受到的作用力相等即 $Ap_s=kx_s$（k 为调压弹簧刚度），先导式溢流阀设定压力 p_s 为

$$p_s = \frac{kx_s}{A} \tag{4-5}$$

式中，p_s 为设定压力；A 为先导级阀芯作用面积；k 为调压弹簧刚度；x_s 为在设定压力为 p_s 时调压弹簧压缩量。

先导式溢流阀的图形符号中再一次出现了三角。在流体传动中，三角表示流体力（液压力或气压力）的作用方向，图 4-28 中作用方向均向右。

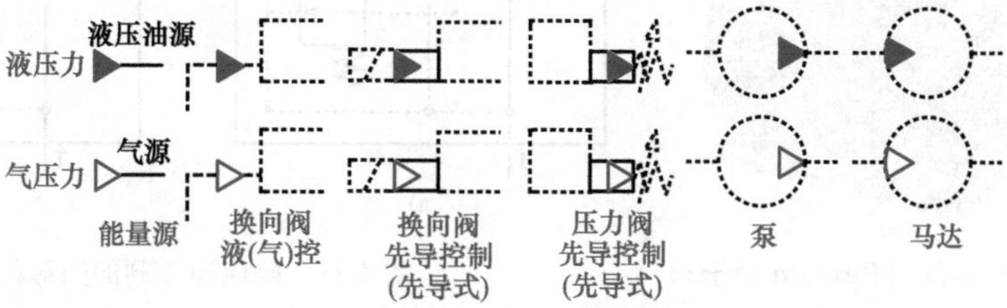

图 4-28　三角的含义

先导式溢流阀的图形符号中，L 可省略，V 不外接时可省略。L 为泄油口，是用来使先导阀弹簧腔内液压油直接返回油箱（以使阀能正常工作）的阀口。V 是依靠向低压泄放而起作用的外控口。V 口有不接油箱和接油箱两种情况：

1）若 V 口不接油箱，则 P、V 连通且压力相等，此情况可用来实现多级调压（本地调压或远程调压）。图 4-29 可实现三级调压：①电磁铁都失电时，泵出口压力 $p = 22\text{MPa}$；②YA1 得电时，$p = 5\text{MPa}$；③YA2 得电时，V 口外接溢流阀的设定压力小于先导式溢流阀（20MPa<22MPa，V 口能够泄放，见图 4-27），$p = 20\text{MPa}$（由外接溢流阀限压）。如果将溢流阀 2 的设定压力调定为 25MPa（>22MPa，V 口不能泄放，见图 4-27），则 YA2 得电时，$p = 22\text{MPa}$（由先导式溢流阀限压），溢流阀 2 不起作用，系统变为二级调压。这里的三级调压、二级调压是有级调压（step pressure regulating），与之相对的是无级（continuously）调压。V 口外接溢流阀只有其设定压力低于先导式溢流阀时才起作用（即依靠向低压泄放而起作用）。

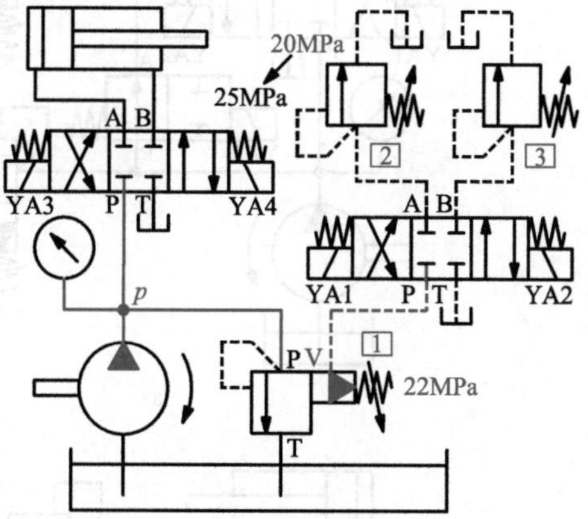

图 4-29　三级调压

2）若 V 口接油箱，则 P、T 连通且压力相等，此情况可用来实现泵卸荷。电磁溢流阀是用电磁换向阀控制 V 口液压油自由流入油箱而实现泵卸荷和阻断 V 口而实现调压的一种先导式溢流阀，它既能卸荷又能调压，由 2/2 电磁换向阀与先导式溢流阀上下叠加而成，如图 4-30 所示。

电磁溢流阀的图形符号如图 4-31 所示。图 4-31a 为常开型电磁溢流阀，得电建立压力（电磁铁得电时阻断 V 口，此时电磁溢流阀相当于先导式溢流阀），失电卸荷（电磁铁失电，V 口接油箱，泵卸荷）；图 4-31b 为常闭型电磁溢流阀，失电建立压力，得电卸荷。

图 4-30　电磁溢流阀（Rexroth 力士乐）

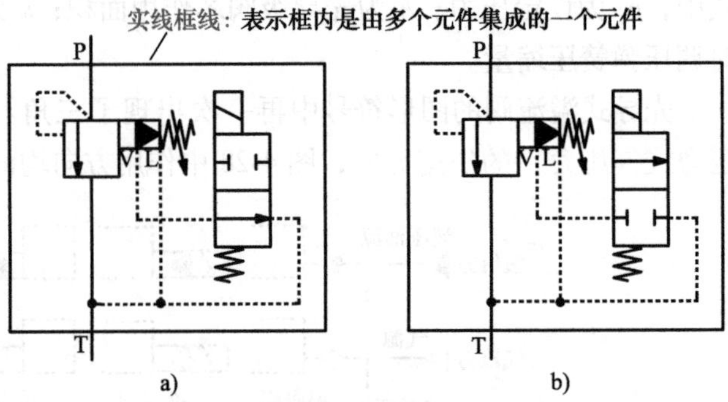

图 4-31　电磁溢流阀的图形符号

a）常开阀　b）常闭阀

例 4-2　图 4-32 中，YA1、YA2 失电，试分析泵出口压力。

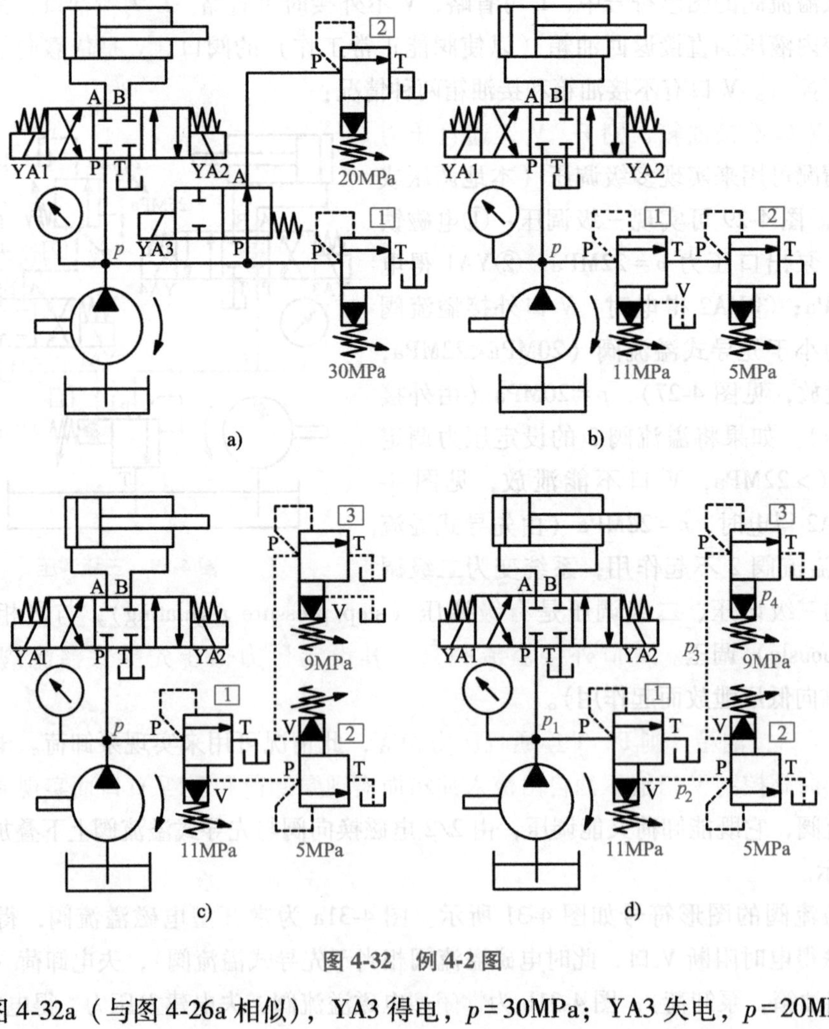

图 4-32　例 4-2 图

解　图 4-32a（与图 4-26a 相似），YA3 得电，$p=30$MPa；YA3 失电，$p=20$MPa。

图 4-32b，阀 1 的 V 口接油箱，则阀 1 的 P、T 连通且压力相等，因此，$p=5$MPa。（若阀 1 的 V 口不接油箱即回路图中删除阀 1 的 V 口虚线和回油箱，则 $p=16$MPa，与图 4-26b 相似。）

图 4-32c，阀 3 的 V 口接油箱，则阀 3 的 P、T 连通且压力相等；进而可得，阀 2 的 V 口（经阀 3 的 P、T 口）接油箱，阀 2 的 P、T 连通且压力相等；进而可得，阀 1 的 V 口（经阀 2 的 P、T 口）接油箱，阀 1 的 P、T 连通且压力相等。因此，$p=0$。

图 4-32d，3 只阀的 V 口都不接油箱，则它们各自的 P、V 连通且压力相等，有 $p_1=p_2$（阀 1）、$p_2=p_3$（阀 2）、$p_3=p_4$（阀 3），即 3 只阀的 P、V 连通且压力相等（$p_1=p_2=p_3=p_4$），连通的受压流体向低压泄放，找到最低压力 5MPa。因此，泵出口压力 $p_1=5$MPa。

4.3.2 减压阀

减压阀是将较高的进口压力调节并降低到符合使用要求的出口压力（降压调压），并使出口压力稳定（稳压）的压力控制阀，它通过限制进口流量来控制出口压力不超过设定压力，减压阀的设定压力由调压弹簧手动调节。如图 4-33 所示，溢流阀和减压阀都是用来控制容腔内的压力，溢流阀控制的是进口所在容腔的压力，通过溢流限制压力，溢出的液压油直接流回油箱，溢出的压缩空气直接排入大气；减压阀控制的是出口所在容腔的压力，通过限制流入容腔的流量来限制压力。

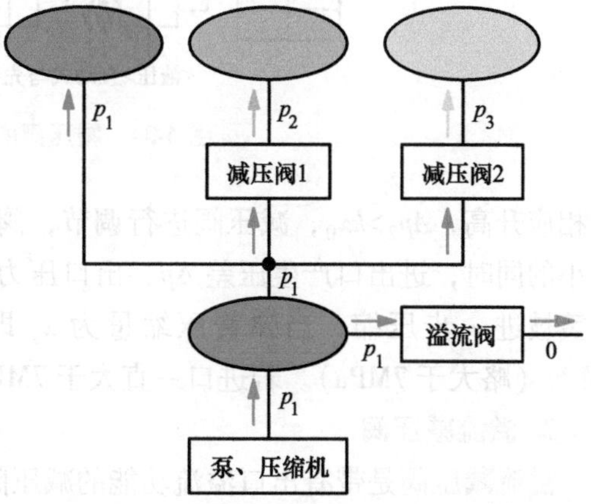

图 4-33 减压阀的功能及与溢流阀的区别

减压阀主要用于降低并稳定系统中某一支路的流体压力，使用一个流体动力源能同时提供两个或以上不同压力的输出。图 4-33 中，流体动力源提供的压力为 p_1，通过两只减压阀可分别将压力从 p_1 降到 p_2、p_3，一方面较低的压力 p_2、p_3 可供较小负载回路使用，另一方面压力 p_2、p_3 更稳定（不易受 p_1 变化影响）。

1. 减压阀

减压阀的工作原理和图形符号如图 4-34 所示，液压和气动的减压阀的原理相同，下面以液压减压阀为例进行说明。泵出口压力由直动式溢流阀限定（≤21MPa），夹紧缸所在回路的压力由直动式减压阀限定（≤7MPa），P 为进口，A 为出口，L 为泄油口（是用来使弹簧腔内液压油直接返回油箱以使阀能正常工作的阀口）。

直动式减压阀与先导式减压阀的调压特点（以设定压力 7MPa 为例）相同，如下：

1）当进口压力 $p_1 \leqslant 7$MPa 时，液压力 $Ap_2 \leqslant$ 弹簧力 kx_0（x_0 为弹簧预压缩量），阀芯不动（减压阀不起调节作用），阀口全开（进出口没有压差），出口压力等于进口压力，即 $p_2=p_1$。

2）当进口压力 $p_1>7$MPa 时，由于进口压力升高，在减压阀未进行调节时出口压力 p_2

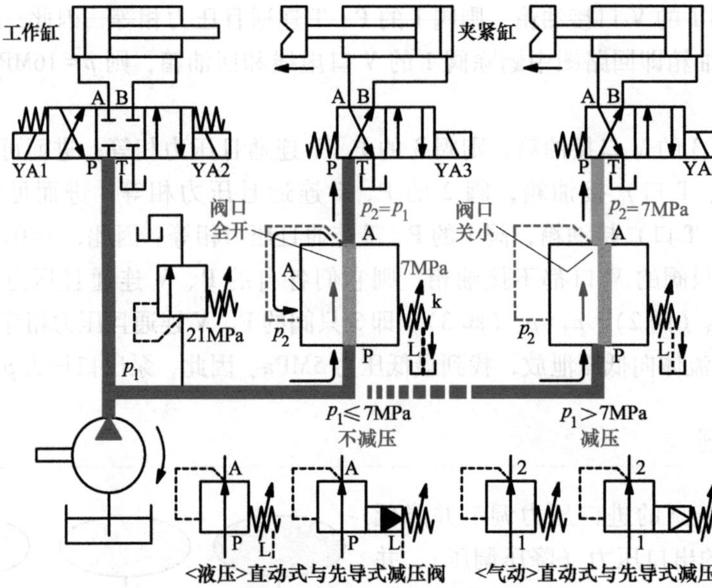

图 4-34　减压阀的工作原理和图形符号

也相应升高，$Ap_2>kx_0$，减压阀进行调节，阀口关小、限制流入的流量而起减压作用，阀口关小的同时，进出口产生压差 Δp，出口压力 p_2 相应降低（$p_2=p_1-\Delta p$），阀口关小的同时，弹簧被进一步压缩，当弹簧压缩量为 x_s 即 $Ap_2=kx_s$（x_s 略大于 x_0）时达到平衡，p_2 = 7MPa（略大于 7MPa）。若进口一直大于 7MPa 则出口就一直基本等于 7MPa。

2. 溢流减压阀

溢流减压阀是带有出口溢流功能的减压阀，通过溢流来防止出口压力超过设定压力。溢流减压阀的调压作用与减压阀相同（都是减压并稳压），但有更稳定的出口压力。

如图 4-35 所示，不带有逆流功能的溢流减压阀（图形符号为单向流动箭头）不可逆流；带有逆流功能的溢流减压阀（图形符号为双向流动箭头）能够逆流，工作情况如下：

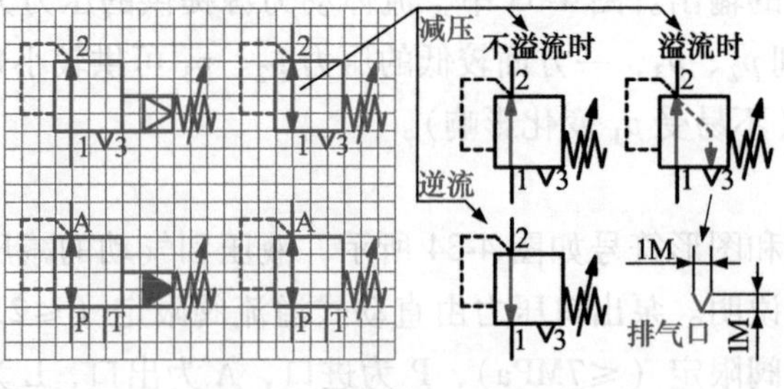

图 4-35　溢流减压阀示例

1）减压（从阀口 1 向阀口 2 流动时）。①减压但不溢流时，只有从阀口 1 向阀口 2 的流动，阀口 2 基本为设定压力，阀口 3 没有气体流出，此时相当于减压阀；②减压并且溢流时，在从阀口 1 向阀口 2 流动的过程中，阀口 2 压力瞬间升高时（因负载或用气变化），此时有少量气体从阀口 2 流向阀口 3 排入大气，以维持阀口 2 为设定压力，此时稳压性能优于减压阀。阀口 3 为排气口。

2）逆流（从阀口 2 向阀口 1 流动时）。气体从阀口 2 进入时，则会从阀口 1 流出（若此时阀口 2 超过设定压力，会有少量气体从阀口 3 排入大气）。

图 4-36 中，有两只溢流减压阀。转动阀 3 旋柄使其阀口 1 和 2 连通，压缩空气经溢流减压阀 4 调压后供回路使用；当回路停止工作后，转动阀 3 旋柄使其阀口 1 封闭（气源停止供气）、阀口 2 和 3 连通（回路释放残压，回路中残余压缩空气经溢流减压阀 4 的阀口 2 逆流到阀口 1，并从阀 3 排气口排入大气）。用溢流减压阀 5 将压力从 p_1 降为 p_2 且 $A_1p_2=A_2p_1$，可实现用换向阀的中压中位使单出杆缸锁定（中位时缸两端的力平衡），缸外伸时压缩空气从溢流减压阀 5 的阀口 1 流向阀口 2，缸回程时则从溢流减压阀 5 的阀口 2 逆流到阀口 1。元件 1 和 2 见表 5-4。

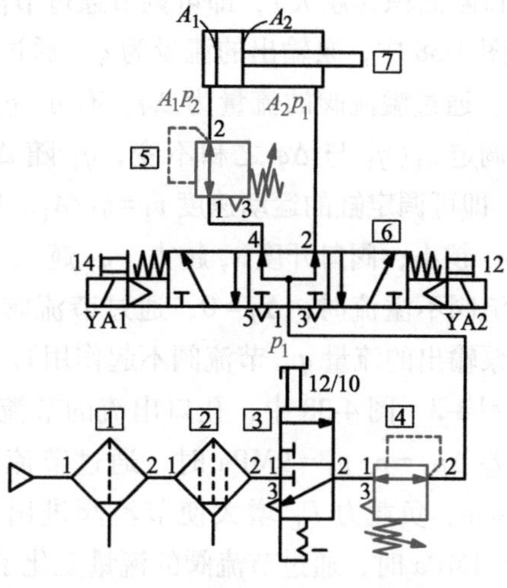

图 4-36 溢流减压阀应用示例

1—手动排水过滤器 2—油雾分离器 3—3/2 换向阀 4、5—溢流减压阀 6—5/3 换向阀 7—单出杆缸

4.4 流量控制阀

图 4-37 为节流阀、单向节流阀及锐边节流阀。旋转节流阀调节手轮，带动阀芯上下移动，使阀口开度 x_v 改变，从而实现对流体流量的调节。x_v 最大时，不起节流作用；x_v 变小时，流动阻力变大，流量减小；x_v 为 0 时，阀口关闭。单向节流阀则是一个方向节流而另一个方向自由流动。节流阀细分为节流阀、锐边节流阀，其区别是后者很大程度上与黏度无关。

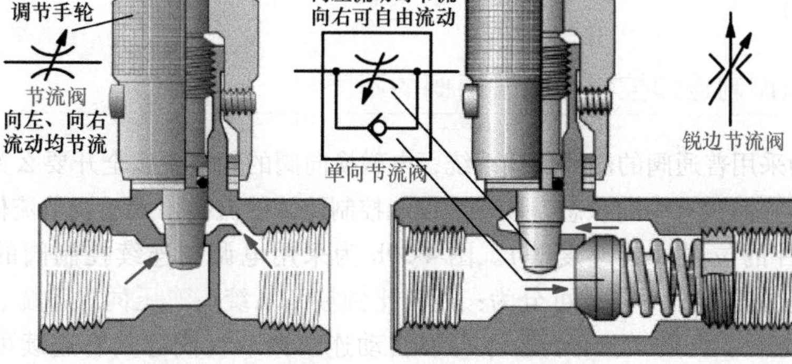

图 4-37 节流阀、单向节流阀及锐边节流阀

由孔口出流公式可知，通过节流阀孔口的流量 $q=C_dA\sqrt{2\Delta p/\rho}$，当流量系数 C_d、孔口的进出口压差 Δp、流体密度 ρ 一定时，改变节流阀的阀口开度 x_v（阀口开度 x_v 越大则阀口

的开口断面积 A 越大)，即可调节通过节流阀的流量 q。

图 4-38 中，泵输出的流量为 q，通过节流阀的流量为 q_1，通过溢流阀的流量为 Δq，有 $q=q_1+\Delta q$，转动手轮可调定 q_1(q_1 与 Δq 之和不变，q_1 随 Δq 的变化而改变)，即可调定缸的运动速度 $v_1=q_1/A_1$。阀口开度 x_v 越小，q_1 越小；阀口开度 x_v 越大，q_1 越大（当 x_v 调大到使溢流阀不溢流时，$\Delta q=0$，通过节流阀的流量始终为定量泵输出的流量 q，节流阀不起作用)。

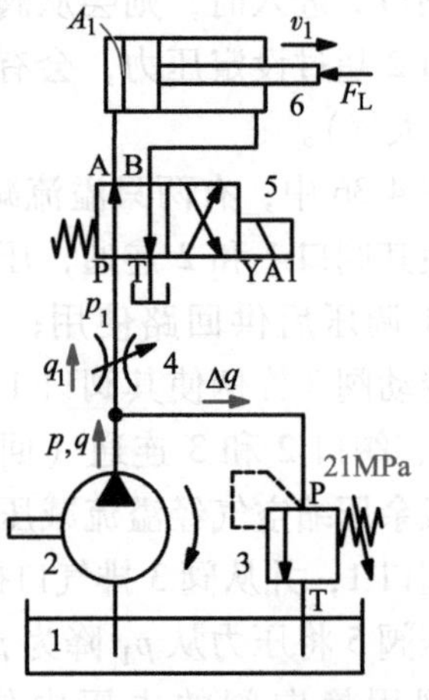

图 4-38　节流调速原理

1—油箱　2—定量泵　3—溢流阀　4—节流阀　5—换向阀　6—缸

例 4-3　图 4-38 中，孔口出流的节流阀，当其进出口压差 $\Delta p_a=p-p_1=9\text{MPa}$ 时，通过节流阀的流量 $q_a=90\text{L/min}$；负载力 F_L 增大使节流阀进出口压差减小为 $\Delta p_b=1\text{MPa}$ 时，通过节流阀的流量变化了多少？

解　通过节流阀的流量 q_a、q_b 分别为

$$q_a=C_dA\sqrt{\frac{2\Delta p_a}{\rho}},q_b=C_dA\sqrt{\frac{2\Delta p_b}{\rho}}$$

有

$$q_b=q_a\sqrt{\frac{\Delta p_b}{\Delta p_a}}=90\text{L/min}\times\frac{1}{3}=30\text{L/min}$$

因而流量的变化为

$$q_b-q_a=30\text{L/min}-90\text{L/min}=-60\text{L/min}\quad(\text{流量减少了 }60\text{L/min})$$

4.5 电调制连续控制阀

电调制连续控制阀（electrically modulated continuous control valve）是响应连续的输入电信号以连续方式控制系统能量流的阀，包括比例控制阀（proportional control valve）和伺服阀（servo-valve)。

4.5.1 电调制连续控制阀与普通阀的不同

图 4-39a 为采用普通阀的流体传动系统，电磁换向阀的阀口要么全开要么关闭（流量要么最大要么为 0）而没有中间状态，该系统仅能控制流体的流向，无法调节流体的流量，无法控制执行元件的位置（或速度等)。图 4-39b 为采用电调制连续控制阀的流体传动系统（根据传动介质和阀的不同，可分为：液压比例控制系统、液压伺服系统、气动比例控制系统、气动伺服系统)，阀口开度 x_v 可以自动连续调节（阀芯具有连续可变的工作位置)，可以实现自动控制流体的流向、自动成比例地连续调节流体的流量，能够快速且准确地控制执行元件的位置（或速度等)。如果图 4-39a 中加上节流阀，虽能控制流量但负载变化时会影响控制效果且不能自动调节，可见这两种系统有本质不同。虽然这两种系统都是流体传动系统，但图 4-39b 能够自动调节，因而业内习惯将其称为液压（气动）控制系统，而

将图 4-39a 称为液压（气动）传动系统。

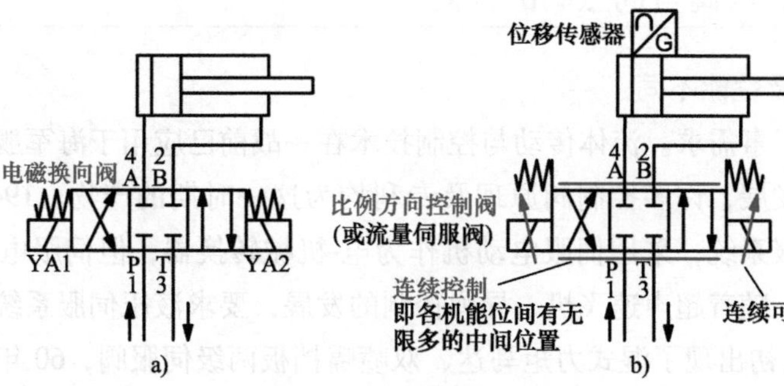

图 4-39 阀控缸系统

a）采用普通阀 b）采用电调制连续控制阀

若接入控制器（如 PLC、工控机等）和反馈，则图 4-39b 系统的控制框图（本书框图省略“+”）如图 4-40 所示，根据被控量的不同，可分为位置控制、速度控制和力控制等。可见，图 4-39b 为开环或闭环控制系统，而图 4-39a 为开关控制。电调制连续控制阀在流体传动系统中作为控制元件（控制流量、压力、流向），但在整个控制系统中作为信号转换与放大元件，它将电气控制部分与流体传动部分连接起来，实现信号的转换与放大，将小功率的微弱电气输入信号转换成大功率的液压能或气压能，而且阀本身为提高控制性能而通常内部带有反馈而形成闭环控制系统。

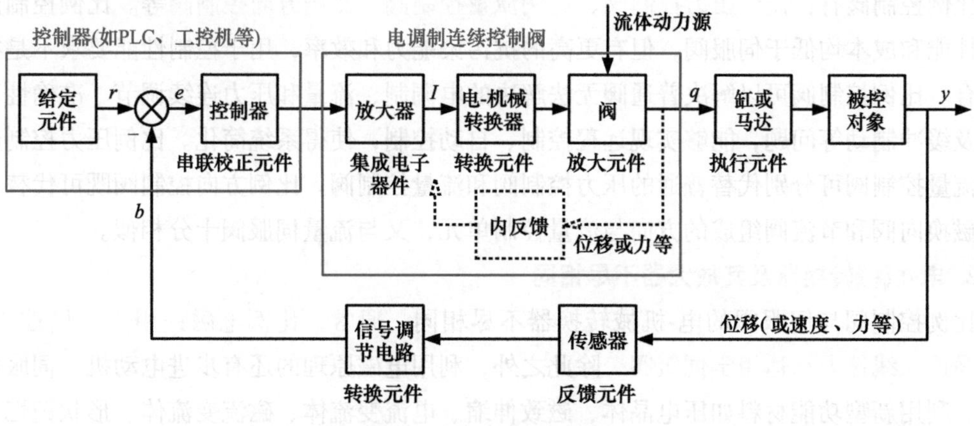

图 4-40 系统的控制框图

液压（气动）比例控制系统、伺服系统的特点是：

1）能够实现自动调节，有稳、快、准的性能指标要求。

2）精度高而响应快，性能优于普通阀系统。

3）既可以用于随动控制（伺服控制），又可以用于定值控制、程序控制。

4）比例控制系统既有开环控制，也有闭环控制；伺服系统均为闭环控制。实现输出与输入的线性关系，是线性系统的要求，因而从控制原理的角度看，二者没有区别，都属于成比例地连续控制，但由于二者的发源、技术及应用的不同，人们总习惯于将比例控制系统和伺服系统区分开。

4.5.2　比例控制阀与伺服阀的异同

1. 发源、功用及性能不同

伺服阀发源于军事需求。流体传动与控制技术在一战前已应用于海军舰船操舵装置，在二战前突飞猛进地发展，许多控制阀原理及专利均为这一时期的产物。1940 年底，首先在飞机上应用液压伺服系统，采用伺服电动机作为电-机械转换器，但伺服电动机惯量大而限制了系统响应速度。随着超声速飞机、导弹控制的发展，要求液压伺服系统响应速度越来越快，20 世纪 50 年代初出现了湿式力矩马达、双喷嘴挡板两级伺服阀，60 年代为解决湿式力矩马达将传动介质中铁磁微粒吸附在气隙的问题而出现了干式力矩马达，使得伺服阀性能趋于完善，开始向民用工业推广。伺服阀通常被视为高端阀，用于获得机器的最大性能，具有卓越的瞬态响应性能、突出的控制精度等优点，用于响应快速、精度要求高的场合，但其抗污染能力差、加工精度要求高、制造和维护的成本较高、能量损失（阀压降）较大。伺服阀有：流量伺服阀（同时控制方向和流量）、压力伺服阀（同时控制方向和压力）等。

比例控制阀发源于工业需求。20 世纪 60 年代出现了世界上最早的比例控制阀，70 年代初 YUKEN（油研）公司申请了比例压力控制阀和比例流量控制阀的专利。早期的比例控制阀相当于用比例电磁铁代替普通阀的手调机构或电磁铁，控制形式为开环。后来逐渐发展为带有内反馈的结构，使其控制性能有了很大提高。比例控制阀被视为用于基本应用的全方位阀，比例控制阀有：比例压力控制阀、比例流量控制阀、比例方向控制阀等。比例控制阀的控制性能和成本均低于伺服阀，但有更高的抗污染能力和效率，用于控制性能要求不是很高的场合。比例控制阀可以解决普通阀无法解决的电调制、流量和压力连续调节、准确性、快速性及缓冲制动等问题，能够实现远程控制、自动控制，使得系统简化。比例压力控制阀和比例流量控制阀可分别代替普通的压力控制阀和流量控制阀。比例方向控制阀既可代替由普通电磁换向阀和节流阀组成的方向与流量控制单元，又与流量伺服阀十分相似。

2. 电-机械转换器及其放大器不尽相同

比例控制阀与伺服阀的电-机械转换器不尽相同。通常，比例电磁铁用于比例控制阀，力矩马达、线性力马达用于伺服阀。除此之外，利用电磁原理的还有步进电动机、伺服电动机等。利用新型功能材料如压电晶体、磁致伸缩、电流变流体、磁流变流体、形状记忆合金等的电-机械转换器正在发展、开始应用。比例控制阀和伺服阀的电-机械转换器见表 4-9，其中，第 1、3 个是目前使用最为广泛的电-机械转换器，压电控制在气动中已产品化。

表 4-9　比例控制阀和伺服阀的电-机械转换器

序号	图形符号	描　述
1	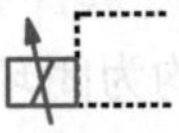	带有一个线圈的电-机械转换器（连续控制），包括单线圈比例电磁铁（动作指向阀芯）、单线圈线性力马达、单线圈力矩马达等
2	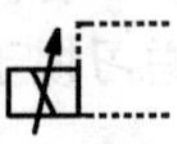	单线圈比例电磁铁（动作背离阀芯）

（续）

序号	图形符号	描　述
3	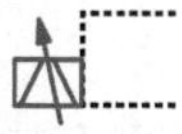	带有两个线圈的电-机械转换器（连续控制），包括双线圈力矩马达等
4	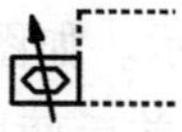	使用压电控制的电-机械转换器（连续控制）
5	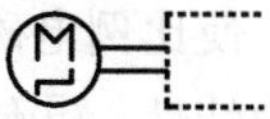	使用步进电动机的电-机械转换器

放大器的功能是驱动电-机械转换器，比例控制阀和伺服阀的放大器分别称为比例放大器、伺服放大器，不同类型的放大器有一定差别，图 4-41 为放大器的一般构成，它一般包含以下几部分（根据产品不同，也常省略某些部分）。

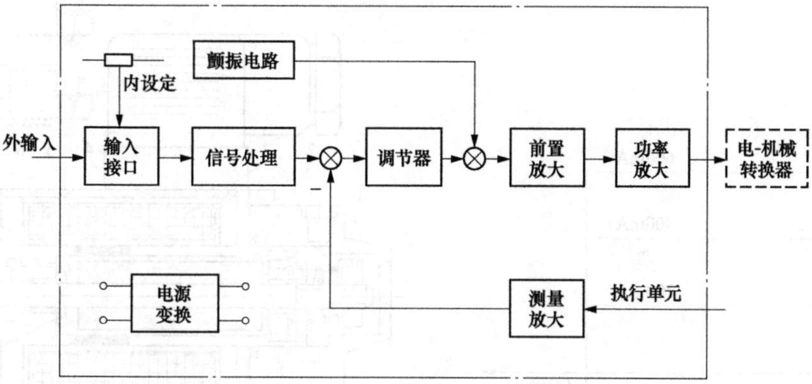

图 4-41　放大器的一般构成

1）用以产生各处电路所需直流电压的电源变换电路。

2）满足各种外部设备需要的输入接口，如模拟量输入接口、数字量输入接口等。

3）用于改善阀或系统动态品质的调节器，如 PID（Proportional Integral Derivative，比例积分微分）、PI（比例积分）、PD（比例微分）调节器等。

4）为适应不同控制对象与工况要求的信号处理电路，如斜坡发生器、阶跃发生器、平衡电路、初始电流设定电路等。

5）为防止阀芯卡滞、减小静摩擦力影响、提高分辨率的颤振信号发生器，在控制信号中叠加颤振信号（波形可用正弦波、三角波或方波），使阀芯处于低幅值（使峰间值刚好填满游隙）高频（避免与阀的谐振频率重合）的运动状态，通常取颤振信号的幅值 I_0 和频率 f_0（是否需要叠加颤振信号及其幅值和频率应以阀的说明书为准）分别为

$$I_0 = \pm(0.075 \sim 0.125)I_n \qquad (4\text{-}6)$$

$$f_0 = (8 \sim 10)f_{-3dB}$$

式中，I_n 为电-机械转换器额定电流，单位为 mA 或 A；f_{-3dB} 为阀的幅频宽，单位为 Hz。

6）功率放大电路和测量放大电路等。

4.5.3 比例压力控制阀与比例流量控制阀

1. 比例电磁铁

与电磁铁（普通阀用电磁铁）相比，比例电磁铁具有恒定输出力特性（比例电磁铁的输出力与输入电信号成比例且与衔铁位置无关），如图 4-42a 所示。如图 4-42b 所示，为实现这种特性，比例电磁铁的技术关键有：①利用隔磁环，导套的前后两段由导磁材料制成，中间为一段非导磁材料（隔磁环），由于这一特殊的结构设计，使比例电磁铁形成特殊的磁路（可用 ANSYS Maxwell 软件仿真优化），从而获得恒定输出力特性；②使用限位片，通过限位片将衔铁行程限制在具有恒定输出力特性的区段，以免进入非恒定输出力特性区段；③有调零机构，由弹簧和调节螺钉组成的调零机构，可在一定范围内对比例电磁铁乃至比例控制阀的稳态特性曲线进行调整。

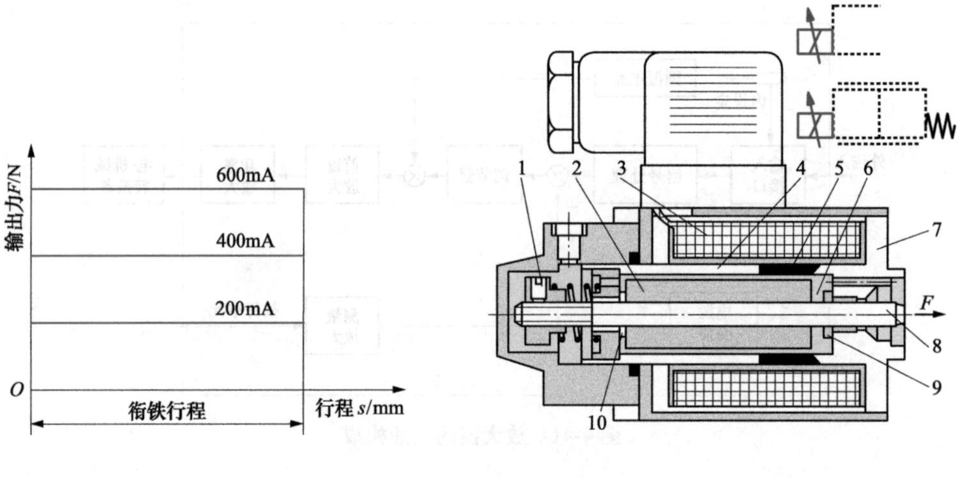

a)　　b)

图 4-42　比例电磁铁的特性与结构

a）特性　b）结构

1—调零机构　2—衔铁　3—线圈　4—导套　5—隔磁环　6—工作气隙　7—极靴　8—推杆　9、10—限位片

如果期望比例电磁铁的衔铁能停在行程中的任意位置且该位置与输入电信号成比例，这种特性可通过比例电磁铁与布置在阀芯另一侧或两侧的弹簧配合获得，使得阀芯位移 x_v 与比例电磁铁的输出力成比例，即阀芯位移 x_v 与输入电信号成比例。

不同厂家的比例电磁铁的额定电压、额定电流和指令输入不尽相同，例如：不带有集成电子器件的比例控制阀，其比例电磁铁的额定电压有 DC 24V，额定电流有 1.05A；带有集成电子器件的比例控制阀，供电电压有 DC 24V，指令输入有 0~10V、4~20mA 等。工程中应以比例控制阀及其放大器的说明书为准。

2. 比例压力控制阀

比例压力控制阀是用比例电磁铁取代调压弹簧、按输入电信号的大小来控制压力的阀。表 4-10 给出了比例溢流阀和比例溢流减压阀示例。

表 4-10 比例溢流阀和比例溢流减压阀示例

序号	普通压力控制阀	比例压力控制阀	描 述
1	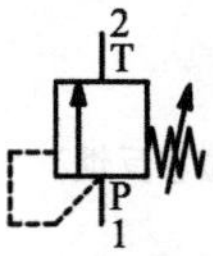	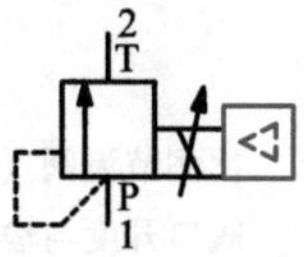	直动式比例溢流阀（比例电磁铁输出力与流体作用力平衡，带有集成电子器件） 集成电子器件（integrated electronics）是指放大器等，带有集成电子器件是指放大器等与阀封装于一体
2	同上	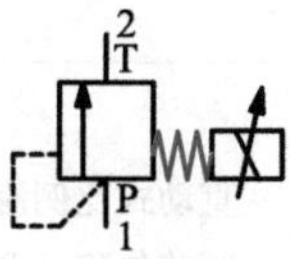	直动式比例溢流阀（比例电磁铁输出力通过传力弹簧与流体作用力平衡） 该元件不带有集成电子器件，即放大器与阀是分立的
3	同上	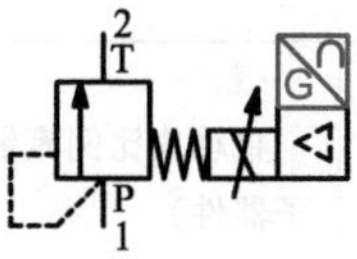	直动式比例溢流阀（带有比例电磁铁位移反馈和集成电子器件） 测量传感器或信号转换器，见表 5-1 该集成电子器件包括放大器、传感器的电路
4	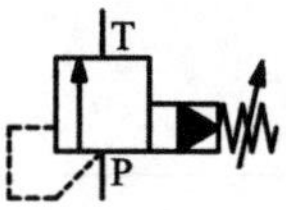	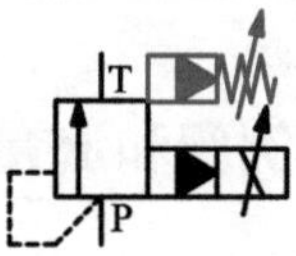	<液压>先导式比例溢流阀（附加先导级可实现手动调压或最高压力下溢流功能） 先导式比例溢流阀图片
5	同上		<液压>先导式比例溢流阀（带有比例电磁铁位移反馈）
6	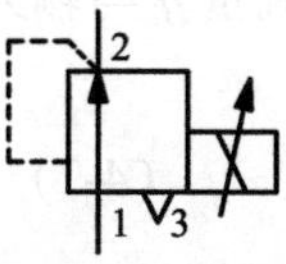	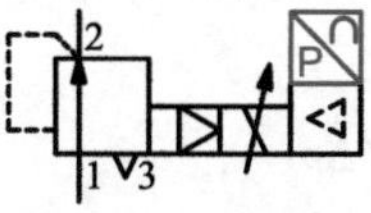	<气动>先导式比例溢流减压阀（带有压力反馈和集成电子器件） 应用示例见图 6-46

比例压力控制阀的功能较普通压力控制阀有明显的增强，体现在：

1）普通压力控制阀的设定压力与弹簧力成比例，比例压力控制阀用比例电磁铁取代调压弹簧，设定压力与比例电磁铁的输出力、线圈电流成比例，连续改变比例电磁铁的输入电信号大小，即可连续地无级调节系统压力（普通压力控制阀仅能有级调压），且压力变化过程平稳、冲击小。

2）由于输入为电信号，因而可进行远距离的无级调节和程序控制。

3）可以构成压力负反馈系统，或与其他控制元件构成复合控制系统（如压力控制与流量控制）。

3. 比例流量控制阀

比例流量控制阀的输出流量与比例电磁铁线圈电流成比例。比例流量控制阀示例见表 4-11。比例流量控制阀仅能控制流量而不能控制流向。

表 4-11　比例流量控制阀示例

序号	图形符号	描　述
1		比例节流阀（带有比例电磁铁位移反馈） 阀口开度与输入电信号成比例
2	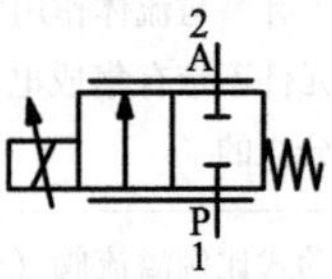	直动式比例流量控制阀 阀芯位移（和阀口开度）与输入电信号成比例
3	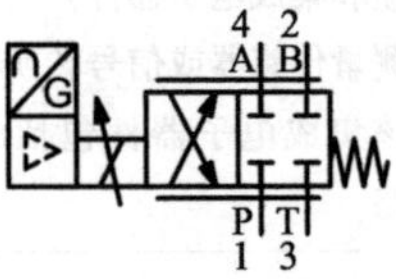	直动式比例流量控制阀（带有比例电磁铁位移反馈和集成电子器件） 阀芯位移（和阀口开度）与输入电信号成比例

4.5.4　比例方向控制阀、伺服比例阀和流量伺服阀

随着伺服阀向民用工业下沉，出现了工业伺服阀（如主级阀芯没有阀套）；之后，20 世纪 90 年代出现了高频响比例方向控制阀。这两种阀统称为伺服比例阀。比例方向控制阀、伺服比例阀和流量伺服阀，这三种阀能够按输入电信号的极性和幅值大小，同时对流体的流向和流量进行控制（从而实现对执行元件运动方向和速度的控制），是具有方向控制功能和流量控制功能的复合控制阀，在阀压降恒定条件下，这三种阀的流量 q 与输入电流 I 成比例，即

$$q = KI\sqrt{\Delta p} \tag{4-7}$$

式中，K 为阀的设计参数；Δp 为阀压降，有

$$\Delta p = p_P - p_T - p_L \tag{4-8}$$

阀压降示例

式中，p_P、p_T、p_L 分别为阀的供油压力（P 口压力）、回油压力（T 口压力）和负载压降（A、B 口压差的绝对值即 $p_L = |p_A - p_B|$）。

这三种阀示例见表 4-12。

表 4-12　比例方向控制阀、伺服比例阀和流量伺服阀示例

序号	图形符号	描　述
1	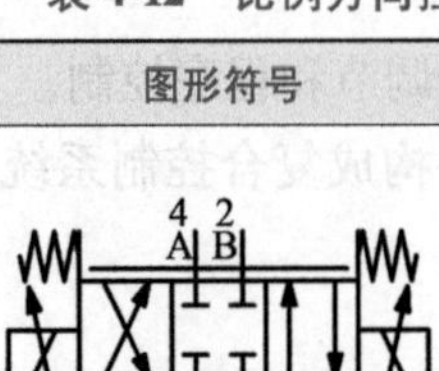	直动式比例方向控制阀（弹簧对中）

（续）

序号	图形符号	描　述
2	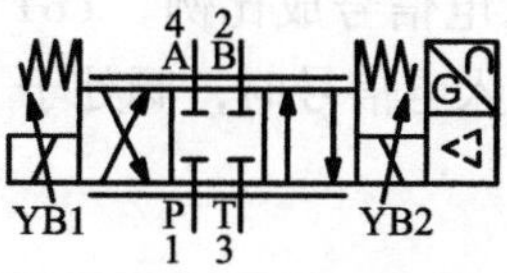	直动式比例方向控制阀（阀芯位置闭环控制，弹簧对中，带有集成电子器件）
3	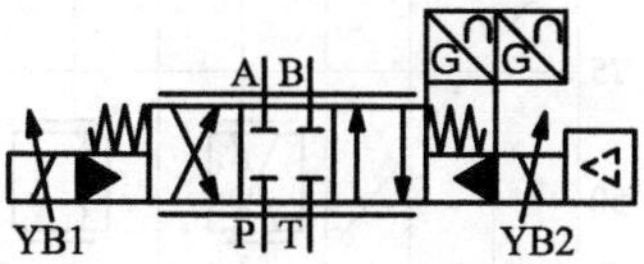	<液压>先导式比例方向控制阀（主级和先导级位置闭环控制，主级弹簧对中，带有集成电子器件）
4	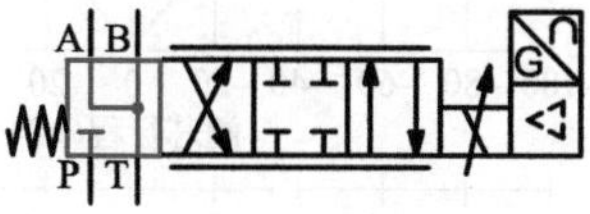	<液压>单级伺服比例阀（阀芯位置闭环控制，弹簧复位，带有安全位和集成电子器件） 安全位在控制范围以外的机能位表示，断电后自动切换到安全位
5	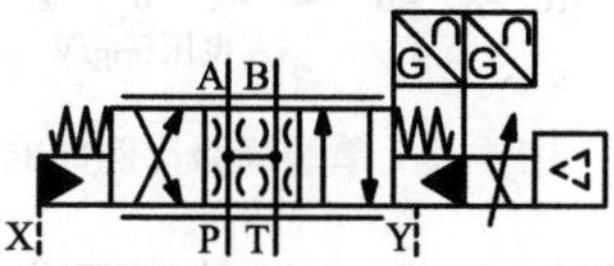	<液压>二级伺服比例阀（主级和先导级位置闭环控制，主级弹簧对中，先导级外控外回，带有集成电子器件） 中位：零遮盖或负遮盖
6	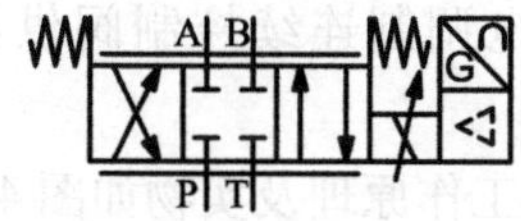	<液压>单级伺服阀（阀芯位置闭环控制，弹簧对中，带有集成电子器件） 中位：零遮盖或正遮盖 遮盖
7	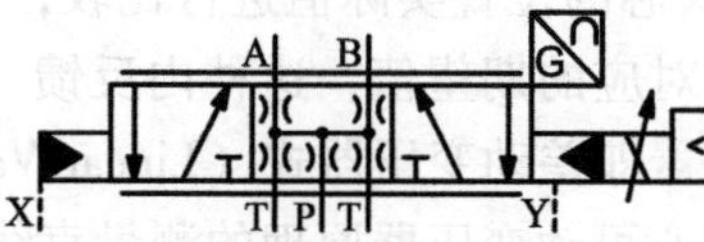	<液压>二级伺服阀（主级位置闭环控制，主级液压对中，先导级外控外回，带有集成电子器件）
8	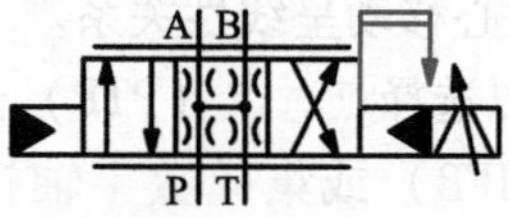	<液压>二级伺服阀［主级阀芯位置机械反馈（mechanical feedback，MFB）到先导级，主级液压对中］
9	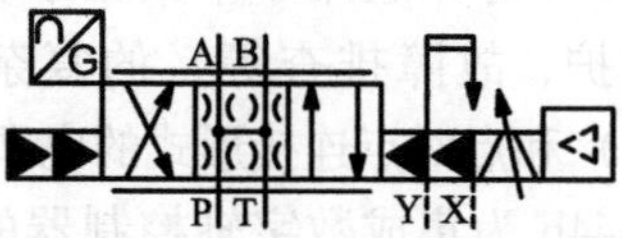	<液压>三级伺服阀（主级位置闭环控制，主级液压对中，第二级阀芯位置机械反馈到先导级，带有集成电子器件）

1. 比例方向控制阀

表 4-12 中元件 1~3 为比例方向控制阀。以元件 1 为例，比例电磁铁 YB1、YB2 未受激励时，阀在中位；有输入电信号时，阀口开度与输入电信号成比例。YB1 有输入电信号时，阀处于 P→B、A→T（或 1→2、4→3）；当 YB2 有输入电信号时，阀处于 P→A、B→T（或 1→4、2→3）。

2. 伺服比例阀

表 4-12 中元件 4~5 为伺服比例阀。元件 4 为单级伺服比例阀，其液压级只有一级，见图 4-44 中的先导阀，其电气插头为 6 针+PE：A 连接+24V，B 为电源/信号地，C 为使能（≥11V），D、E 为指令输入（I_{DE}=4~20mA 或 U_{DE} = ±10V），F 为阀芯位移检测（I_{FB}=4~20mA 或 U_{FB}=±10V）。如图 4-43 所示，当指令输入 I_{DE}=12mA（或 U_{DE}=0V）时，阀在零位；当 I_{DE}=4~12mA（或 U_{DE}=-10~0V）时阀处于 P→B、A→T，当 I_{DE}=12~20mA（或 U_{DE}=0~+10V）时阀处于 P→A、B→T，且阀口开度的变化与指令输入的变化成比例。当供电电压 U_{AB}<15V 或使能电压小于 11V 或 I_{DE}<2mA 或断电时，该阀具有失效安全（fail-safe）功能而进入安全位。需要了解更多内容，可查看恒立液压 4WRPEH、Rexroth 4WRPEH、atos（阿托斯）DLHZO-TEB/TES 产品说明书。液压零位（hydraulic null）是指电调制连续控制阀供给的控制流量为 0（A、B 口流量为 0 或相等）的状态。

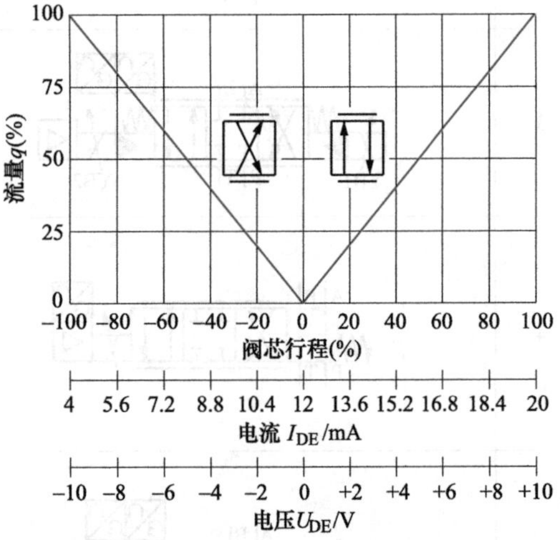

图 4-43　单级伺服比例阀的控制原理

元件 5 为二级伺服比例阀，其液压级有两级，其工作原理及实物如图 4-44 所示。该阀的主级没有阀套，先导级有阀套，两级都带有采用 LVDT 位移传感器的位移反馈，集成电子器件将给定输入与主级阀芯的位置实际值进行比较，调节电-机械转换器的输出使得阀芯位置达到输入对应的期望值，这种内反馈提高了阀的控制精度和响应速度。LVDT 位移传感器即差动变压器式（Linear Variable Differential Transformer，LVDT）位移传感器，是基于铁心可动变压器原理的测量直线位移的传感器，它由 1 个一次线圈、2 个二次线圈、铁心、线圈骨架等部件组成。当铁心由中间向两边移动时，二次侧两个反向串接线圈输出电压之差与铁心移动呈线性关系。

LVDT

需要说明的是，使用电调制连续控制阀时，既可以选择点对点（PTP）连接形式的阀，也可以选择带有集成现场总线（Integrated Field Bus，IFB）或集成数字轴控制器（Integrated digital Axis Controller，IAC）的阀。集成现场总线的阀（总线连接/服务接口有 Sercos、EtherCAT、EtherNet/IP、PROFINET RT、CANopen、VARAN 等）适用于中大型系统，可以降低产品全寿命周期工作（包括设计、安装、调试、维护、故障排查等）的复杂度。电控开关阀（即普通电控阀，如电磁、电液、电-气换向阀等）和点对点连接形式的电调制连续控制阀，也可以使用带有现场总线功能的控制器产品。图 4-44b 为集成数字轴控制器的二级伺服比例阀，集成电子器件左侧从上到下依次为：2 个现场总线接口（X7E1、X7E2），模拟/数字接

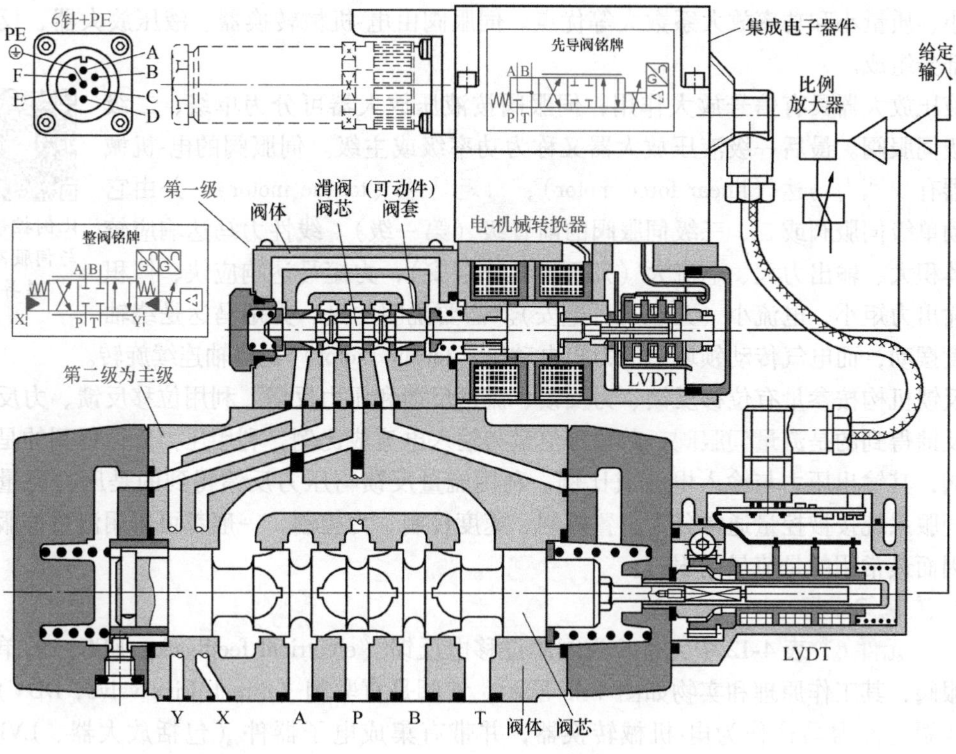

a)

b)

二级伺服比例阀实物

图 4-44　二级伺服比例阀

a）工作原理　b）实物（Rexroth 4WRLD）

口（XH2）；右侧从上到下依次为：2 个模拟量传感器接口（X2M1、X2M2），数字量传感器接口（X8M），主级 LVDT 接口（X8A）。现场总线接口和模拟/数字接口都可以作为控制指令输入接口和向上一级控制器反馈实际值的接口，现场总线接口还可以作为控制器参数设置接口。

3. 伺服阀

伺服阀有机地结合了精密机械、电子技术和流体传动技术，具有控制精度高、响应快、体积小、质量小和功率放大系数大等优点。伺服阀由电-机械转换器、液压放大器、反馈机构三部分组成。

液压放大器具有信号放大作用，伺服阀按液压放大器可分为单级、二级和三级伺服阀。最后一级液压放大器又称为功率级或主级。伺服阀的电-机械转换器有线性力马达（linear force motor）、力矩马达（torque motor），并由它们驱动单级伺服阀或二、三级伺服阀的前置级（第一级）。线性力马达响应较快、体积大、输出力大、电流大（几百至几千毫安）；力矩马达响应快、体积小、输出力矩小、电流小（几至几百毫安）。需要说明的是，力矩马达是绕轴小角度摆动，而电气传动领域中的力矩电动机（torque motor）是绕轴连续旋转。

比例控制阀与伺服阀的差异

反馈机构按参量有位移反馈、力反馈、流量反馈和压力反馈。利用位移反馈、力反馈或流量反馈得到的是流量伺服阀，其输出流量与输入电流成比例。利用压力反馈得到的是压力伺服阀，其输出压力与输入电流成比例。利用流量反馈与压力反馈得到的是压力流量伺服阀。伺服系统按被控量通常分为位置控制、速度控制、力控制，一般都可以用流量伺服阀实现，因而最常用的是流量伺服阀。

4. 流量伺服阀

（1）元件6　表4-12中元件6为阀芯位移电反馈（electrical feedback，EFB）的单级流量伺服阀，其工作原理和实物如图4-45所示。该阀是直驱阀（direct drive valve，DDV），采用单线圈线性力马达作为电-机械转换器，并带有集成电子器件（包括放大器、LVDT电路），电气插头为6针+PE，其工作原理：①当线圈未受激励时（指令输入 $U_{DE}=0V$、$I_{DE}=12mA$ 或 $I_{DE}=0mA$），衔铁在永久磁铁和弹簧的共同作用下处于中间位置，阀芯处于中位；②当线圈受到激励时（$U_{DE}=-10\sim0V$、$I_{DE}=4\sim12mA$ 或 $I_{DE}=-10\sim0mA$），线圈产生的控制磁通与永久磁铁产生的固定磁通相互作用，使右侧气隙的磁通增加而左侧减少，这种不平衡使衔铁朝着更强磁通的方向即向右移动，使阀处于P→B、A→T；③改变线圈中电压或电流方向（$U_{DE}=0\sim+10V$、$I_{DE}=12\sim20mA$ 或 $I_{DE}=0\sim+10mA$），即可使阀处于P→A、B→T。元件6也可以是数字控制阀（digital control valve，DCV），这种阀的集成电子器件体积更大，带有模拟量接口和现场总线接口，布线更简单，利于灵活集成和高生产率，具有远程诊断和运行状态检测等功能，例如出错提醒（低电压告警等）、运行时间、上电时间、阀芯指令及实际运行值等。在此基础上，出现了轴控阀（axis control valve，ACV），使得控制闭环在阀上完成（而不是在PLC等控制器上），这种阀的集成电子器件还包含了闭环控制器。“轴”的概念是从运动控制、电动机受控轴的概念引申得来，它表示运动控制的某一被控对象及其参数的集合。MOOG（穆格）伺服阀提供多种接口，如X1～X12。以MOOG D636为例，其电气接口有电源插头X1（6针+PE或11针+PE，符合DIN EN 175201-804）、数字信号接口X2（如编码器接口等）、现场总线接口X3和X4等。

（2）元件7　表4-12中元件7为主级阀芯位移电反馈的二级流量伺服阀，其工作原理及实物如图4-46所示。该阀以射流管阀为第一级，射流管阀由单线圈力矩马达控制，带有集成电子器件，电气插头为6针+PE。力矩马达未受激励时（指令输入 $U_{DE}=0V$ 或 $I_{DE}=0mA$），衔铁在2个永久磁铁作用下处于中间位置，射流管处于接收器两个并列接收孔的中间对称位置，两接收孔分配的流量相等，射流动能转换成压力能，两接收孔的恢复压力相等，两接收孔分别与滑阀阀芯两侧油腔连通，滑阀阀芯在两侧相等的液压力作用下处于中位。

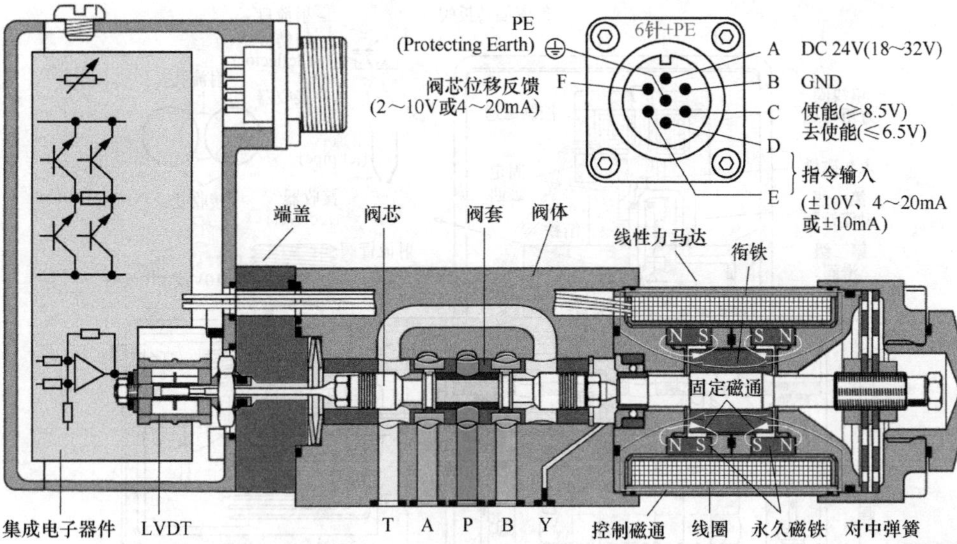

a)

DDV 剖切

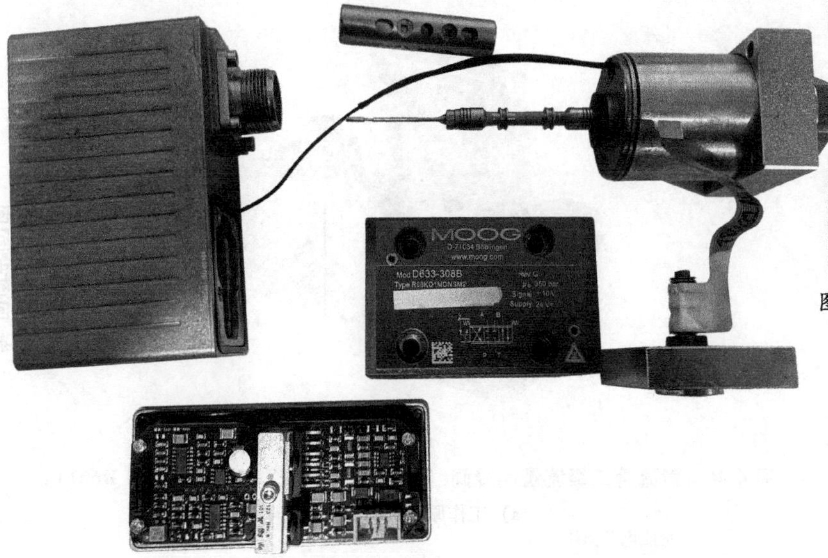

图 4-45b 高清大图

b)

图 4-45　单级流量伺服阀（航天十八所 SFZ141，MOOG D633、D636）

a）工作原理　b）MOOG D633 拆解（依次是：集成电子器件的罩和 6 针+PE 插头，阀套，阀芯及其左侧安装的 LVDT 铁心和右侧的线性力马达，铆装铭牌的阀体，带有软排线的 LVDT 线圈及端盖，集成电子器件及罩的侧端盖）

力矩马达受到激励时（$U_{DE}=-10\sim0$V 或 $I_{DE}=-10\sim0$mA），其线圈产生的控制磁通与永久磁铁产生的固定磁通相互作用，使衔铁向左偏移，进而带动射流管向左偏移，使左接收孔的流量高于右接收孔，左接收孔接收动能增大、压力升高而右接收孔压力降低，滑阀阀芯在其两侧压差作用下向右移动直至达到受力平衡后停止运动而保持其位移量，阀处于 P→B、A→T，阀芯停止时两侧所受的液压力与阀芯所受的稳态液动力相等。反之（$U_{DE}=0\sim+10$V 或 $I_{DE}=0\sim+10$mA），阀处于 P→A、B→T。该阀自身具有主级阀芯闭环控制，其框图如图 4-47 所示。

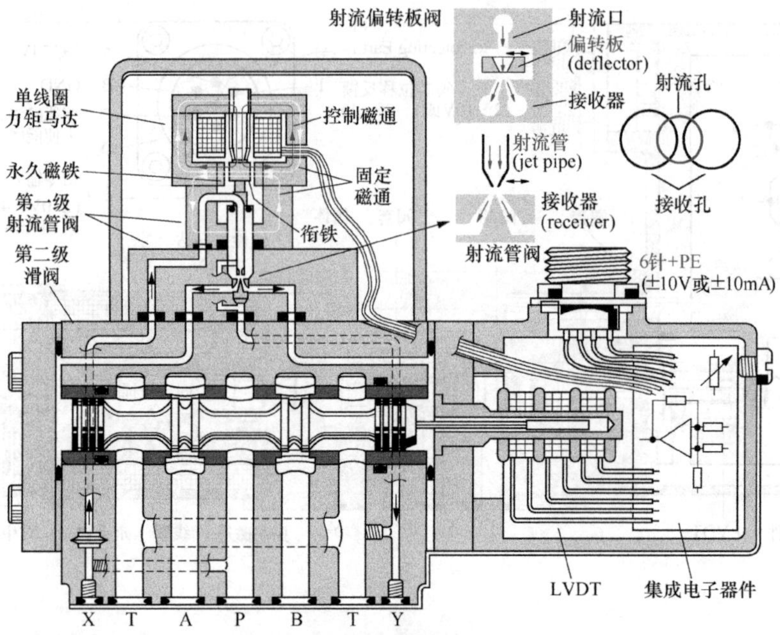

a)

b)

射流伺服阀
实物

图 4-46 射流管二级流量伺服阀（航天十八所 SFD234、MOOG D661）

a）工作原理 b）实物

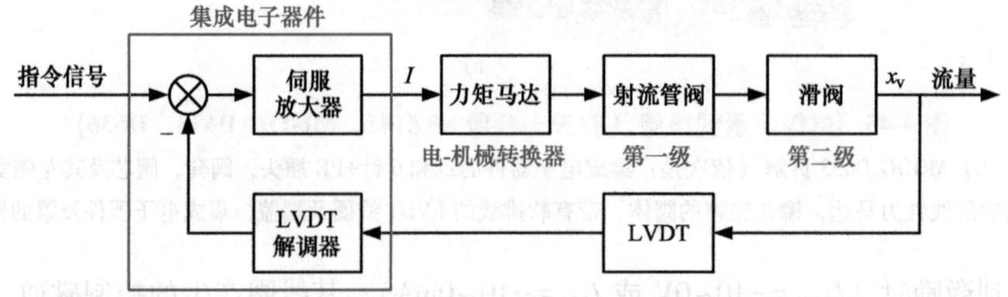

图 4-47 射流管伺服阀自身的闭环控制框图

（3）元件 8 表 4-12 中元件 8 为主级阀芯位移机械反馈的二级流量伺服阀，其工作原理及实物如图 4-48 所示，该阀的第一级是一只对称的喷挡阀，由可靠性冗余的双线圈力矩马达驱动（对于可靠性要求更高的伺服阀还有三线圈力矩马达），不带有集成电子器件，电

气插头为 4 针；第二级为滑阀，阀芯阀套为 440C 马氏体型不锈钢，微小型伺服阀（如中航

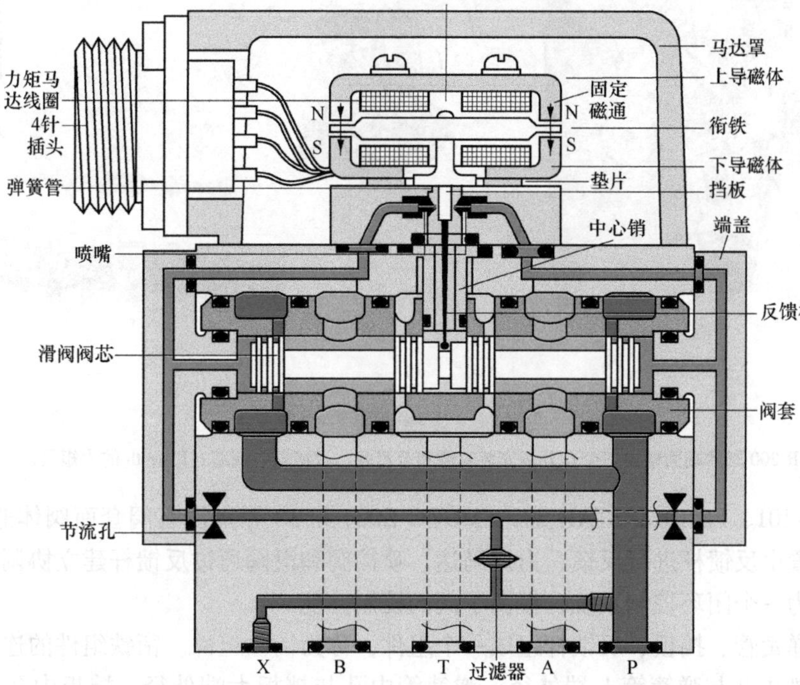

a)

工作原理

b)

图 4-48b 高清大图

图 4-48 喷挡伺服阀

a）工作原理（MOOG G761） b）额定流量 7L/min 的 STAR 200 拆解（第 1 列：阀，力矩马达的 2 个线圈及罩；第 2 列：衔铁组件，上、下导磁体，过滤器，2 个节流孔，2 个 O 型密封圈；第 3 列：2 个气隙调整垫片，用于更换过滤器的端盖，阀芯，参照物，喷挡阀和滑阀的集成组件；第 4 列：2 个永久磁铁，阀体两端用于安装节流孔、过滤器和阀芯的 2 个端盖）

图 4-48c 及衔铁组件等

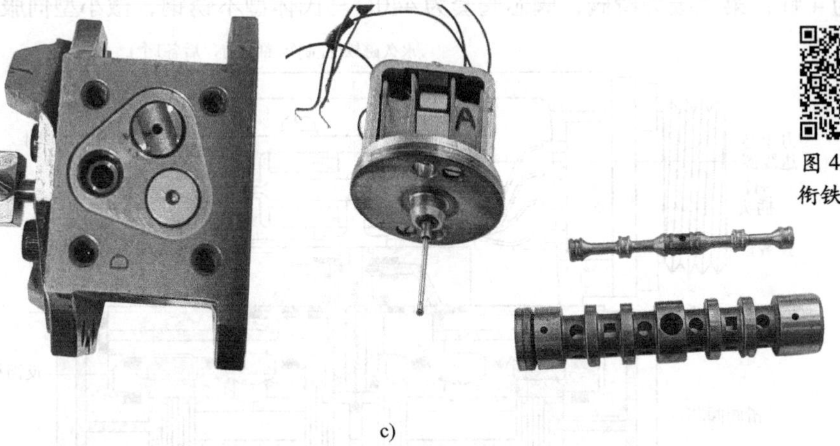

c)

图 4-48　喷挡伺服阀（续）

c）实物（STAR 200 阀体端面槽内三个孔分别安装喷嘴和节流孔、过滤器、阀芯；Rexroth 的力矩马达、阀芯和阀套）

六〇九所 FF-101、FF-102，STAR 200，MOOG E024 和 30 等）没有阀套而阀体兼阀套作用。滑阀阀芯位置由反馈杆进行反馈，力矩马达、喷挡阀和滑阀通过反馈杆建立协调关系，使伺服阀本身成为一个闭环控制系统，提高了阀的控制性能。

衔铁、弹簧管、挡板、反馈杆组成一个组件，称为衔铁组件。衔铁组件的连接形式为过盈配合（衔铁中孔与弹簧管上端外径，弹簧管中孔与挡板大端外径，挡板中孔与反馈杆圆柱部）或焊接。衔铁（armature）左右对称（前后也对称），中部固定在弹簧管上端。弹簧管是衔铁的弹性支座，采用弹性合金或铍青铜，可作弯转运动，弹簧管薄壁处的厚度约为 0.06mm，弹簧管及下端的法兰盘为一体加工，法兰盘用螺钉紧固在阀体上。挡板和反馈杆有分为两件的分开式结构和一体加工的整体式结构。反馈杆下端带有反馈珠，两者为一体加工或焊接，反馈珠为直径约 1mm 耐磨硬质合金。

双线圈力矩马达由衔铁组件，前、后永久磁铁，上、下导磁体，左、右控制线圈，左、右气隙调整垫片及外罩壳等组成。力矩马达结构上左右对称且前后对称。衔铁的左右两臂上各套有一个控制线圈，两臂的端部与上下导磁体形成 4 个工作气隙 a、b、c、d，通过垫片厚度的调整使得 4 个气隙相等。

如图 4-48a 所示，当线圈未受激励时，永久磁铁在 4 个气隙中形成大小相等的固定磁通，衔铁两端在 4 个气隙中所受电磁吸力相等而保持在中间位置，挡板处于两个喷嘴的中间位置，阀芯两侧压力相等，反馈珠和阀芯都处于中间位置。

压力为 p_p 的 P 口（或 X 口）压力油分流出两小股，经两个相同的节流孔分别作用在阀芯两侧和喷嘴上，并经喷挡阀两个间隙后，再合流并返回油箱；当喷挡阀的左、右间隙相等时，阀芯左右两侧压力相等，即 $p_{c1}=p_{c2}$；当喷挡阀右间隙小（液阻大）而左间隙大（液阻小）时，$p_{c2}>p_{c1}$；反之，则 $p_{c2}<p_{c1}$。

如图 4-49a 所示，线圈在图示控制电流（A 和 C“+”、B 和 D“-”）作用下产生图示的控制磁通，固定磁通和控制磁通相互作用，使气隙 b、c 磁通增加而电磁吸力大，气隙 a、d 磁通减小而电磁吸力小，产生与输入电流成比例的电磁转动力矩，使衔铁逆时针转动，衔铁组件中的其他零件（弹簧管、挡板、反馈杆）也随衔铁相应转动，挡板向右偏移，喷挡阀右间隙减小、左间隙增大，$p_{c2}>p_{c1}$，阀芯向左移动，反馈珠（与阀芯的中槽啮合）也随之向左移动，使反馈杆进一步变形（见图4-49b）而使挡板偏移变小，当阀芯受力平衡时，阀芯停止运动而保持其位移量，阀处于P→B、A→T。此时：①力矩马达的力矩平衡，即由弹簧管和反馈杆弹性变形形成的弯曲力矩与力矩马达的电磁转动力矩大小相等、方向相反，衔铁停止转动并保持在此转角上；②阀芯受力平衡，促使阀口开启的阀芯两侧压差所形成的液压力，等于促使阀口关闭的反馈杆对阀芯的作用力与阀芯所受的稳态液动力之和；③阀芯位移与控制电流成比例，在恒定的阀压降下，流过阀的流量与阀芯位移成比例。

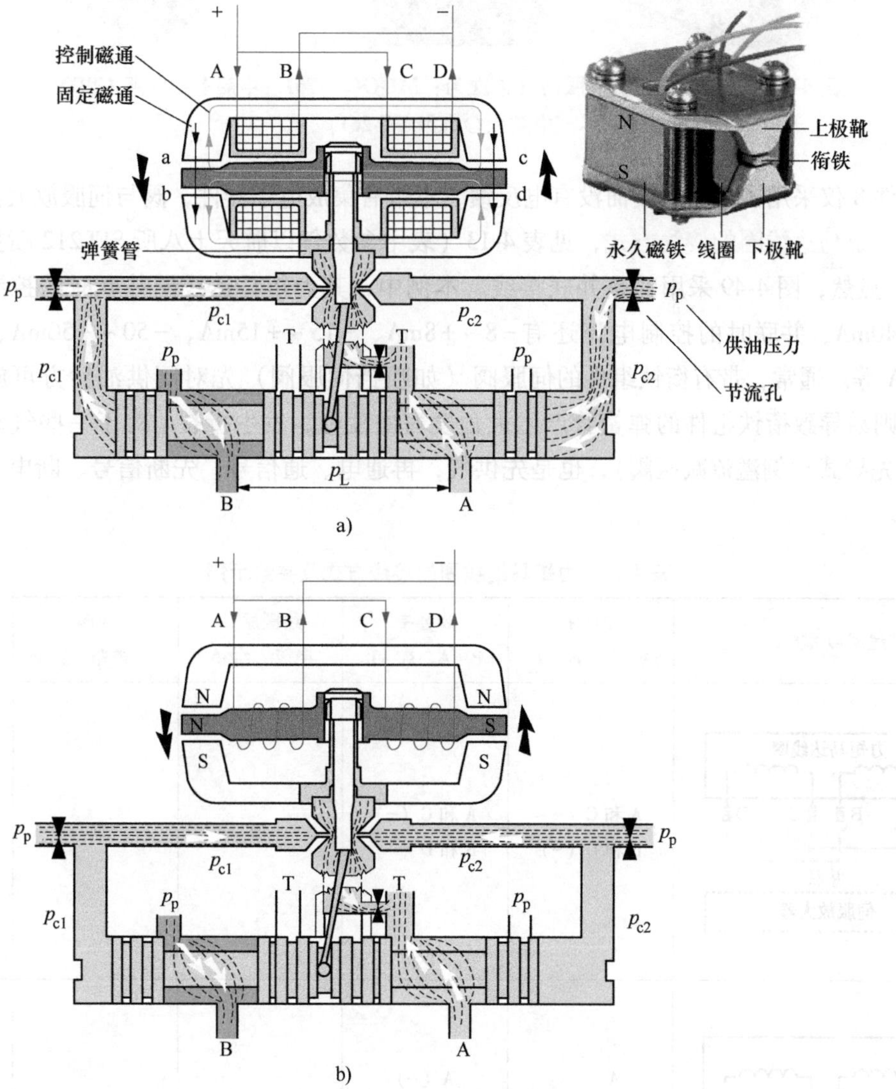

图 4-49 喷挡伺服阀工作过程

元件8还可以是以射流管阀或射流偏转板阀为前置级的二级流量伺服阀（见图4-50），前者如中船七〇四所的CSDY、CSDM射流管伺服阀，采用双线圈力矩马达和反馈杆机械反馈，功率级为滑阀；后者如中航六〇九所的 FF-260、FF-261 射流偏转板伺服阀，采用双线圈力矩马达和反馈杆机械反馈，功率级为滑阀，射流管阀是射流管运动而射流偏转板阀是偏转板运动，见图 4-46a。

图 4-50　三种二级流量伺服阀（依次为：MOOG G761、中船七〇四所 CSDM、中航六〇九所 FF-261）

元件 8 仅采用了机械反馈而没有电反馈，不带有集成电子器件，阀与伺服放大器是分立的，其力矩马达线圈的接线方式，见表 4-13（表中参数仅以航天十八所 SFL212 喷挡伺服阀为例）。显然，图 4-49 采用的是并联接线。本例中，其力矩马达线圈并联时的控制电流为 −40～+40mA，并联时的控制电流还有 −8～+8mA、−15～+15mA、−50～+50mA、−200～+200mA 等。通常，带有衔铁组件的伺服阀（如喷挡伺服阀）先对阀供油后方可施加电信号，否则易导致衔铁组件的弹簧管产生大角度弯曲变形，发生折裂。对于一些气动精密元件（如先导式比例溢流减压阀），也是先供气，再通电、通信号，先断信号、断电，最后停止供气。

表 4-13　力矩马达线圈的接线方式及参数示例

线圈接线方式	阀处于 P→B、A→T	阀处于 P→A、B→T	线圈额定 电流 I_n/mA	线圈 电阻/Ω	线圈 电感/H
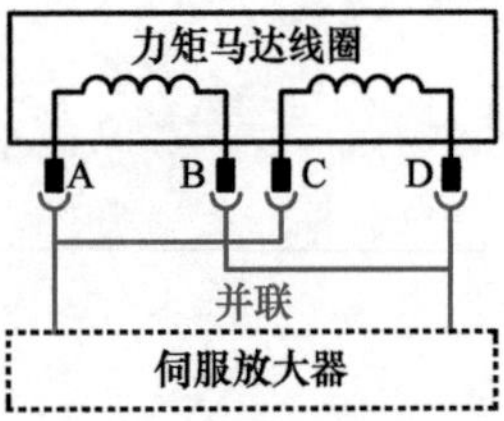	A 和 C（+） B 和 D（−）	A 和 C（−） B 和 D（+）	40	50	0.5
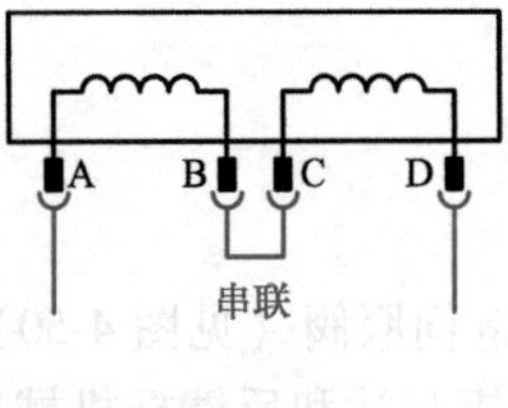	A（+） D（−） B、C 短接	A（−） D（+） B、C 短接	20	200	2

（续）

线圈接线方式	阀处于 P→B、A→T	阀处于 P→A、B→T	线圈额定电流 I_n/mA	线圈电阻/Ω	线圈电感/H
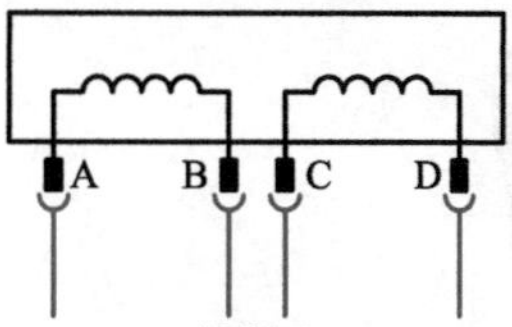 单线圈	A（+） B（-） 或 C（+） D（-）	A（-） B（+） 或 C（-） D（+）	40	100	1
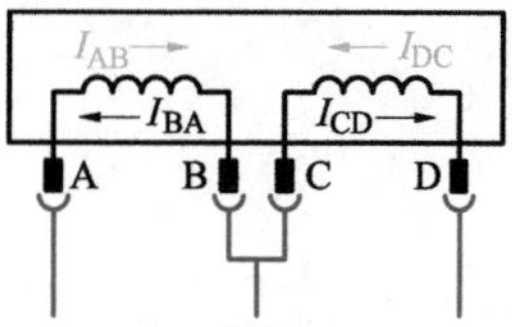 差接	$I_{AB}>I_{DC}$ 或 $I_{CD}>I_{BA}$	$I_{AB}<I_{DC}$ 或 $I_{CD}<I_{BA}$	—	—	—

由于力矩马达的4个工作气隙不可能做到完全相等和对称，单线圈接线往往导致伺服阀的流量不对称度加大，因此不推荐。其他连接方式不存在影响流量不对称性的问题，推荐用并联接线，并联具有余度作用（如果一个线圈失效，另一个线圈仍能使阀正常工作），且并联时的电感比串联小，调节阀口开度的控制电流变化时所受影响小。有些产品还有差接接线，其特点是不易受放大器和电源电压变动影响。力矩马达线圈的电流要通过伺服放大器进行控制，示例见图6-37。

通常，电磁铁、不带有集成电子器件的马达罩在阀上有多个安装方位，可根据现场安装与布线条件进行调整，但调整方位时要在清洁环境下进行，尤其要避免力矩马达吸附颗粒或铁磁杂质。

（4）元件9　表4-12中元件9为三级流量伺服阀，其工作原理如图4-51所示。该阀相当于在二级流量伺服阀的下面又叠加了第三级，使得额定流量更大。

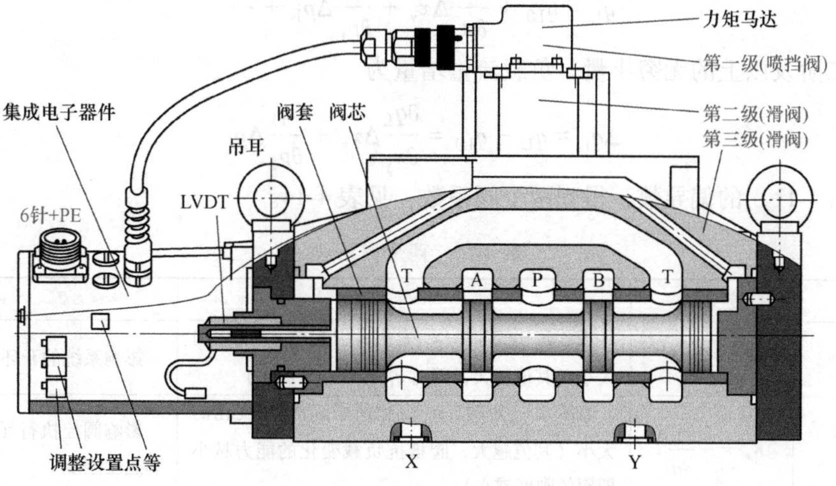

a)

图4-51　三级流量伺服阀

a）工作原理（Rexroth 4WSE3E32）

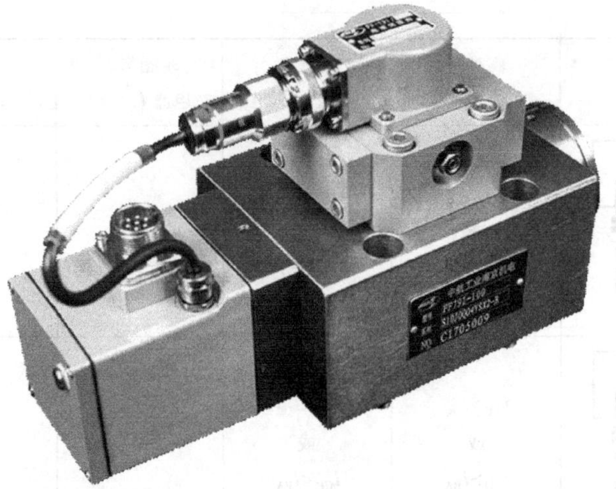

b)

图 4-51　三级流量伺服阀（续）

b）实物（中航六〇九所 FF-791）

4. 5. 5　阀系数

滑阀通常有两个工作口（阀口 A、B）在工作，一个工作口的流量和压力分别为 q_A、p_A，另一个则为 q_B、p_B，如图 4-53 所示，定义负载流量 q_L 为两个工作口流量的均值即 $q_L=(q_A+q_B)/2$，负载压降 $p_L=|p_A-p_B|$。

滑阀的负载流量 q_L 是阀芯位移 x_v 及负载压降 p_L 的函数，即

$$q_L=f(x_v,p_L) \tag{4-9}$$

将式（4-9）在工作点按泰勒级数展开，得

$$q_L=q_{L0}+\frac{\partial q_L}{\partial x_v}\Delta x_v+\frac{\partial q_L}{\partial p_L}\Delta p_L+\cdots \tag{4-10}$$

忽略二阶及以上的无穷小量，负载流量增量为

$$\Delta q_L=q_L-q_{L0}=\frac{\partial q_L}{\partial x_v}\Delta x_v+\frac{\partial q_L}{\partial p_L}\Delta p_L \tag{4-11}$$

由式（4-11）的偏导数，得到两个阀系数，见表 4-14。

表 4-14　两个阀系数

阀系数	定义式	含　义	影　响
流量增益 K_q	$K_q=\frac{\partial q_L}{\partial x_v}$	表示 p_L 一定时，x_v 变化所引起的 q_L 变化的大小（其值越大，阀对 q_L 的控制越灵敏）	影响系统的开环增益
流量-压力系数 K_c	$K_c=-\frac{\partial q_L}{\partial p_L}$	表示 x_v 一定时，p_L 变化所引起的 q_L 变化的大小（其值越大，阀抵抗负载变化的能力越小即阀的刚度越小）	影响阀控执行元件的阻尼比和速度刚度

K_c 公式中带有负号，其目的是使 K_c 为正数。这是因为：p_L 增大，导致阀压降 Δp 减小（恒压源供油、泵出口压力 p_p 恒定，回油压力恒为 p_T，有 $\Delta p=p_p-p_T-p_L$），进而使 q_L 降

低，即$\partial p_L/\partial q_L$总为负值。

根据表4-14定义，式（4-11）的压力-流量方程就变为

$$\Delta q_L = K_q \Delta x_v - K_c \Delta p_L \tag{4-12}$$

由于式（4-9）适用于所有结构的控制阀，因而式（4-12）适用于负载流量可线性化的所有控制阀，它们可以是各种结构的。

阀系数的数值随工作点的变化而变化。由于滑阀经常工作在零位（即$x_v=0$、$p_L=0$、$q_L=0$）附近，零位附近的滑阀特性对反馈控制系统更为重要。在零位为工作点的阀系数称为零位阀系数。相对于其他工作点，在零位时的K_q最大，系统的开环增益也最高；而K_c最小，所以系统的阻尼比也最低。因此零位是稳定性最差的点，系统在零位能稳定，则在其他工作点也能稳定。故通常在进行系统分析时以零位阀系数作为阀的性能参数。

4.5.6 阀控缸数学模型

比例伺服缸（即比例/伺服控制液压缸）是用于比例伺服控制、有动态特性要求的液压缸，其要求见GB/T 32216—2015《液压传动　比例/伺服控制液压缸的试验方法》。比例伺服缸具有如下特点：

1）比例伺服缸从减小摩擦力、死区考虑，采用低摩擦密封装置，以提高控制精度和稳定性；而普通缸从减小泄漏、成本控制考虑，其密封装置的摩擦力较大。

2）如图4-52所示，比例伺服缸为减小管路中流体惯性的影响，通常将电调制连续控制阀和比例伺服缸集成为整体式结构，以提高响应速度；为减小工作环境对缸位移传感器的影响，常将位移传感器（通常为磁致伸缩位移传感器）内置于缸内。还可以进一步集成，如集成缸、位移传感器、阀、蓄能器、泵、电动机等，成为一个完整的液压系统，典型应用有作动器、促动器等。

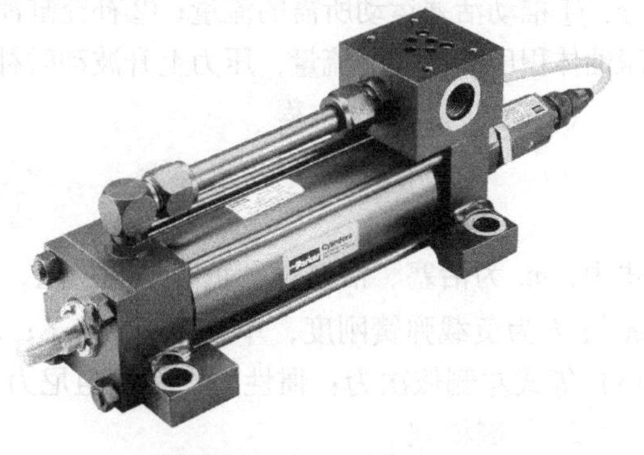

图4-52　集成油路块和位移传感器的比例伺服缸（Parker派克汉尼汾）

作动器示例

科普之窗 歼击机

电调制连续控制阀控制对称缸（本例为活塞杆直径相同的双作用双出杆缸）如图4-53所示。对于流量伺服阀，通常有：负载压降$p_L=2(p_p-p_T)/3$，阀压降$\Delta p=p_p-p_T-p_L=(p_p-p_T)/3$，单阀口压降为$(p_p-p_T)/6$。

图4-53中，x_v、F_L分别为给定输入和扰动输入；x_p为输出；p_L、q_L为中间变量。这些变量的时域形式为$x_v(t)$、$F_L(t)$、$x_p(t)$、$p_L(t)$、$q_L(t)$，简写为x_v、F_L、x_p、p_L、q_L；复域形式为$X_v(s)$、$F_L(s)$、$X_p(s)$、$P_L(s)$、$Q_L(s)$，简写为X_v、F_L、X_p、P_L、Q_L。

1. 时域方程组

（1）阀的流量方程　式（4-12）中，用变量符号表示变量增量，得

$$q_L = K_q x_v - K_c p_L \tag{4-13}$$

式中，K_q 为流量增益，单位为 $m^2 \cdot s^{-1}$；x_v 为阀芯位移，单位为 m；K_c 为流量-压力系数，单位为 $m^3 \cdot s^{-1} \cdot Pa^{-1}$；$p_L$ 为负载压降，$p_L = |p_A - p_B|$，单位为 Pa。

（2）缸的流量连续方程

$$A_p \frac{dx_p}{dt} + C_{tp} p_L + \frac{V_t}{4\beta_e} \frac{dp_L}{dt} = q_L \tag{4-14}$$

式中，A_p 为液压缸的作用面积，单位为 m^2；x_p 为液压缸活塞位移，单位为 m；C_{tp} 为液压缸总泄漏系数，单位为 $m^3 \cdot s^{-1} \cdot Pa^{-1}$；$V_t$ 为液压缸总容积，$V_t=V_1+V_2$，单位为 m^3；β_e 为液压油的体积模量，单位为 Pa。由式（4-14）可见，从阀进入缸的流量 q_L，分成 3 部分：①推动活塞运动所需的流量；②补充缸泄漏所需的流量；③补充压力波动引起缸容腔内液压油体积压缩所需的流量，压力上升波动时补充流量为正，压力下降波动时补充流量为负。

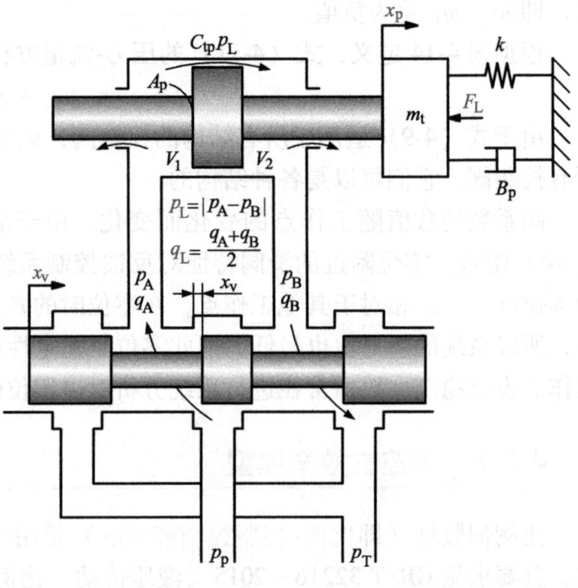

图 4-53　电调制连续控制阀控制对称缸

（3）缸的力平衡方程

$$m_t \frac{d^2x_p}{dt^2} + B_p \frac{dx_p}{dt} + kx_p + F_L = A_p p_L \tag{4-15}$$

式中，m_t 为活塞、活塞杆和负载的总质量，单位为 kg；B_p 为黏性阻尼系数，单位为 $N \cdot s \cdot m^{-1}$；k 为负载弹簧刚度，单位为 $N \cdot m^{-1}$；F_L 为作用在负载上的外力，单位为 N。式（4-15）等式左侧依次为：惯性力、黏性阻尼力、弹性力和外力。

2. 复域模型

式（4-13）、式（4-14）和式（4-15）的拉普拉斯变换式，分别为

$$Q_L = K_q X_v - K_c P_L \tag{4-16}$$

$$A_p s X_p + C_{tp} P_L + \frac{V_t}{4\beta_e} s P_L = Q_L \tag{4-17}$$

$$m_t s^2 X_p + B_p s X_p + k X_p + F_L = A_p P_L \tag{4-18}$$

由式（4-16）、式（4-17）和式（4-18），利用框图简化或梅逊公式，可求得传递函数 X_p/X_v、X_p/F_L，但结果较为复杂。

当 $k=0$、$B_p=0$ 时，可求得传递函数 $X_p(s)/X_v(s)$，即

$$\frac{X_p(s)}{X_v(s)} = \frac{\frac{K_q}{A_p}}{s\left(\frac{s^2}{\omega_h^2} + \frac{2\zeta_h s}{\omega_h} + 1\right)} \tag{4-19}$$

式中，ω_h 为液压固有角频率（单位为 $rad \cdot s^{-1}$），$\omega_h = \sqrt{\frac{k_h}{m_t}}$，$k_h$ 为液压弹簧刚度（单位为

$N\cdot m^{-1}$），它是缸两腔完全封闭由于液体体积模量所形成的液压弹簧的刚度，$k_h=\dfrac{4\beta_e A_p^2}{V_t}$；$\zeta_h$ 为液压阻尼比，$\zeta_h=\dfrac{K_c+C_{tp}}{A_p}\sqrt{\dfrac{\beta_e m_t}{V_t}}$。

需要说明的是，流体传动系统可以采用 MATLAB/Simulink、AMESim 等软件进行仿真。

4.5.7 比例控制阀和伺服阀的性能指标

电调制连续控制阀的性能指标及试验方法，参见 GB/T 15623 等标准。

1. 静态性能指标

比例控制阀和伺服阀的规格可用额定压力 p_n、额定流量 q_n、额定电流 I_n 来表示。

1）额定压力 p_n　额定工作条件下的进口压力。

2）额定流量 q_n　在规定的阀压降下，对应于额定电流的负载流量。

3）额定电流 I_n　为产生额定流量而对线圈任一极性所规定的输入电流（不包括零偏电流）。

比例控制阀和伺服阀的静态特性可用在稳态工况下，输入信号从 0 增加到额定值，再从额定值减小到 0 的一个循环工作过程中，被控参数压力或流量随输入信号的变化关系来描述。图 4-54 为某伺服阀的流量曲线。

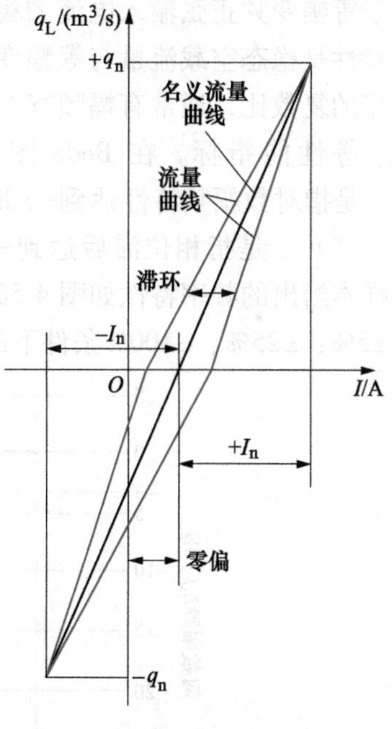

图 4-54　流量曲线

流量曲线是输出流量与输入电流呈回环状的曲线，是在额定阀压降和负载压降为 0 的情况下，使输入电流在正、负额定电流之间以阀的动态特性不产生影响的循环速度作一完整循环所描绘出来的连续曲线。额定流量 q_n 与额定电流 I_n 之比称为额定流量增益 K_{Qn}［单位为 $m^3\cdot s^{-1}\cdot A^{-1}$ 或 $L\cdot min^{-1}\cdot mA^{-1}$］，即

$$K_{Qn}=\frac{q_n}{I_n} \tag{4-20}$$

基于流量曲线，可得到以下静态指标。

1）滞环（hysteresis）是由特性曲线表示的现象，该特性曲线有两个分支：一个分支，称为上升分支，用于增加输入变量的值；另一个分支，称为下降分支，用于减少输入变量的值。在正负额定电流之间，以小于动态特性起作用的速度循环（通常不大于 0.1Hz），产生相同流量的正向和反向控制电流之差的最大值占额定电流 I_n 的百分比即为滞环（例如 0.1%、0.2%）。阀的电-机械转换器磁滞、机械游隙和摩擦力是滞环产生的原因。

2）液压零偏（null bias）是使阀处于液压零位所需要的输入电流值（不计阀的滞环影响），以额定电流 I_n 的百分比表示（例如 0.5%）。

3）分辨率（resolution ratio）是能使输出流量或压力发生微小变化所需输入电流的变化量 ΔI 与额定电流 I_n 的百分比。

4）零漂（null shift） 由于运行工况的变化，环境因素或输入信号的长期影响，而导致零偏的变化，以其对额定电流 I_n 的百分比表示。通常规定有温度零飘、压力零飘等。示例：温度变化 55K 时，温度零飘小于 1.5%。

2. 动态性能指标

比例控制阀和伺服阀的动态性能常用阶跃响应和频率特性来评价，对应有时域指标和频域指标。

（1）时域指标 阶跃响应是指在不同供油压力下，当阀的电流阶跃输入为额定电流 I_n 时，阀芯行程（对应输出量为 0~100%）随时间的变化关系。时域指标通常有上升时间 t_r、调整时间（建立时间）t_s、最大超调量 M_p 或 $\sigma_p\%$ 等指标。以 Rexroth 4WS2EM6 型流量伺服阀为例，其不同供油压力下的额定电流阶跃响应如图 4-55 所示。

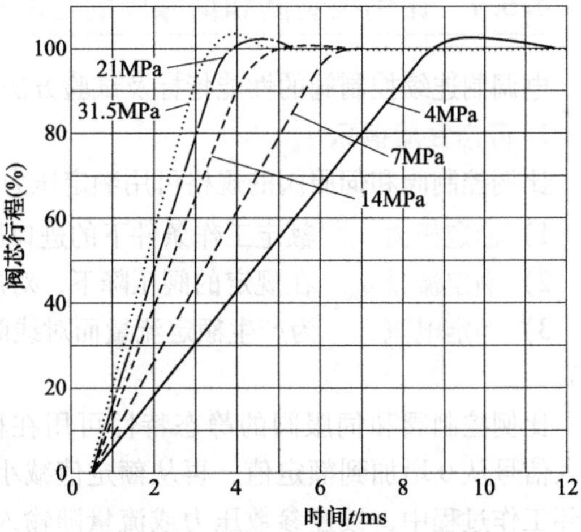

图 4-55 流量伺服阀的阶跃响应

（2）频域指标 频率响应是指空载流量对于等幅变频正弦输入电流的稳态响应。频率特性是稳态空载流量与等幅变频正弦输入电流的复数比，通常有幅频宽 $f_{-3\text{dB}}$ 和相频宽 f_{-90° 等性能指标。在 Bode 图上，幅频宽 $f_{-3\text{dB}}$ 是指对数幅频特性达到-3dB 时的频率，相频宽 f_{-90° 是指相位滞后达到-90°时的频率。以 Rexroth 的 4WS2EM6 型流量伺服阀为例，其样本给出的频率特性如图 4-56 所示。图 4-56 中的三条曲线分别是输入信号幅值为额定值的±5%、±25%、±100%条件下的频率特性。

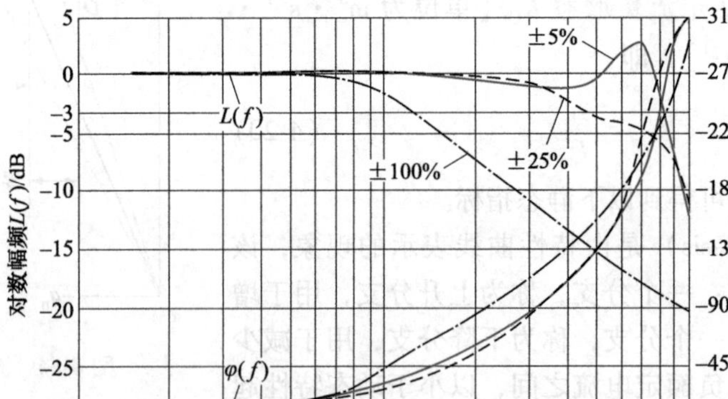

图 4-56 流量伺服阀的频率特性

需要注意，这里的 Bode 图横坐标为频率 f（单位为 Hz），其与角频率（又称圆频率）ω 的关系为：$\omega=2\pi f$，角频率的单位为 rad/s。例如，某惯性环节 $G(s)=1/(Ts+1)$，其时间常数为 T，转折角频率为 $\omega_T=1/T$；$L(\omega)=20\lg|G(j\omega)|=-20\lg\sqrt{T^2\omega^2+1}$，$L(\omega_b)=L(0)-3$，

经计算求得截止频率 $\omega_b = 1/T$ rad/s，则其幅频宽 $f_{-3dB} = 1/(2\pi T)$ Hz。

若伺服阀的固有角频率 ω_{sv}（通常取 $2\pi f_{-90°}$、$2\pi f_{-3dB}$ 小者）与伺服系统的固有角频率 ω_h 接近，即 $\omega_{sv} \approx \omega_h$，伺服阀可视为二阶环节，即伺服阀传递函数 $G_{sv}(s)$ 为

$$G_{sv}(s) = \frac{Q(s)}{I(s)} = \frac{K_Q}{\dfrac{s^2}{\omega_{sv}^2} + \dfrac{2\zeta_{sv}s}{\omega_{sv}} + 1} \tag{4-21}$$

式中，ζ_{sv} 为伺服阀的阻尼比；K_Q 为实际流量增益即实际阀压降下实际流量 q 与额定电流 I_n 之比。

若实际的阀压降与额定阀压降不同，则阀对应于额定电流 I_n 的实际流量为

$$q = q_n\sqrt{\frac{\Delta p}{\Delta p_n}} \tag{4-22}$$

式中，q、q_n 分别为对应于额定电流 I_n 的实际流量和额定流量；Δp、Δp_n 分别为实际阀压降和额定阀压降。额定电流 I_n、额定流量 q_n 和额定阀压降 Δp_n 可查阅样本。

若 $\omega_{sv} = (3 \sim 5)\omega_h$，伺服阀可视为惯性环节，即

$$G_{sv}(s) = \frac{Q(s)}{I(s)} = \frac{K_Q}{\dfrac{2\zeta_{sv}s}{\omega_{sv}} + 1} \tag{4-23}$$

若 $\omega_{sv} > 5\omega_h$，伺服阀可视为比例环节，即

$$G_{sv}(s) = \frac{Q(s)}{I(s)} = K_Q \tag{4-24}$$

即忽略伺服阀动态过程。

当伺服阀视为比例环节时，阀芯位移 x_v 为

$$x_v = K_{em}I \tag{4-25}$$

式中，I 为电-机械转换器的输入电流；K_{em} 为阀芯位移 x_v 对电-机械转换器输入电流 I 的增益。

由式（4-19），求得传递函数 $X_p(s)/I(s)$ 为

$$\frac{X_p(s)}{I(s)} = \frac{X_p(s)}{X_v(s)}\frac{X_v(s)}{I(s)} = \frac{\dfrac{K_qK_{em}}{A_p}}{s\left(\dfrac{s^2}{\omega_h^2} + \dfrac{2\zeta_h s}{\omega_h} + 1\right)} = \frac{\dfrac{K_Q}{A_p}}{s\left(\dfrac{s^2}{\omega_h^2} + \dfrac{2\zeta_h s}{\omega_h} + 1\right)} \tag{4-26}$$

电-机械转换器的输入信号一般为电流信号 I，而控制器输出多为电压信号 U，放大器对控制电压信号 U 进行电压/电流变换及功率放大，电信号转换频率很高，因而视为比例环节即 $I = K_eU$（K_e 为放大器增益），因而有

$$\frac{X_p(s)}{U(s)} = \frac{X_p(s)}{I(s)}\frac{I(s)}{U(s)} = \frac{\dfrac{K_QK_e}{A_p}}{s\left(\dfrac{s^2}{\omega_h^2} + \dfrac{2\zeta_h s}{\omega_h} + 1\right)} \tag{4-27}$$

习　题

4-1　表 4-15 中，根据中位机能与控制功能的对应关系，在对应单元格画“○”。

表 4-15　中位机能特性

控制功能	液压换向阀						气动换向阀		
	O	Y	P	M	H	K	中封	中泄	中压
执行元件停止									
执行元件浮动									
差动缸差动									
卸荷									

4-2　请列出阀芯控制机构的 5 种基本型式和 4 种常用的电-机械转换器。

4-3　请在空白网格上绘制图形符号。

1）4/3 电磁换向阀（P 型中位）

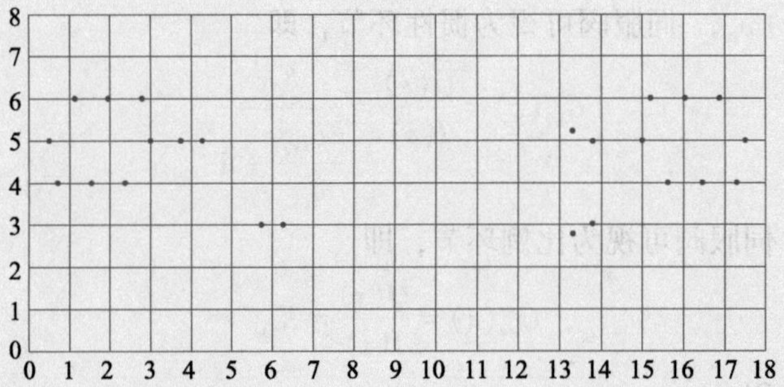

手工绘图

2）4/3 电磁换向阀（K 型中位）

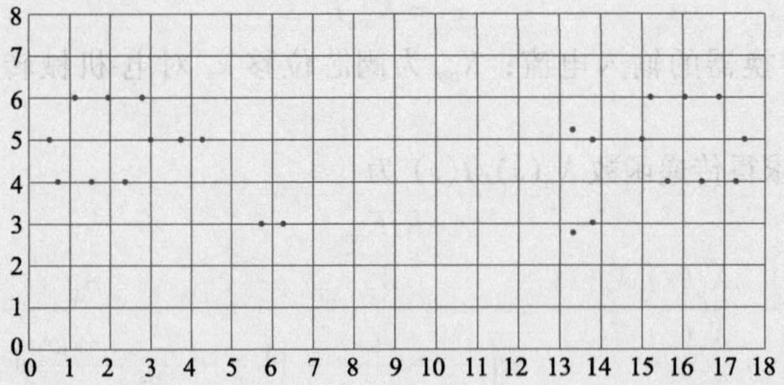

3）4/3 电液换向阀（O 型中位，内控内回）

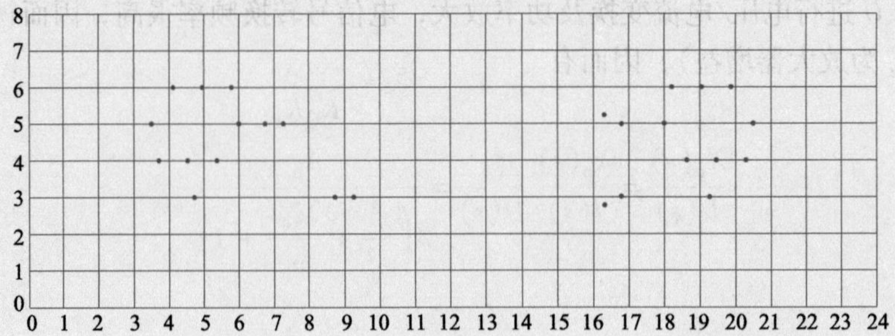

4）4/3 电液换向阀（Y 型中位，内控外回）

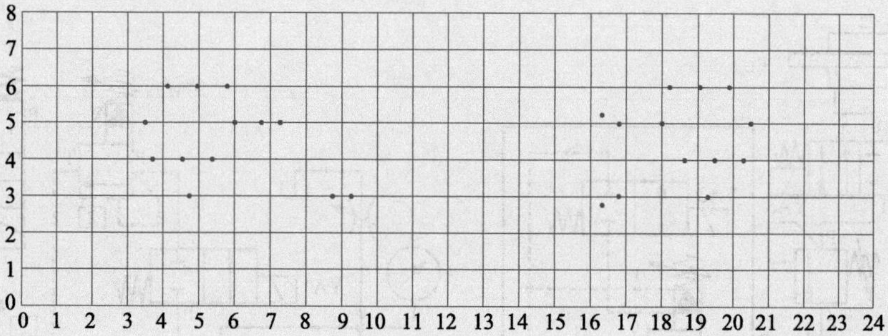

5）4/3 电液换向阀（M 型中位，外控内回）

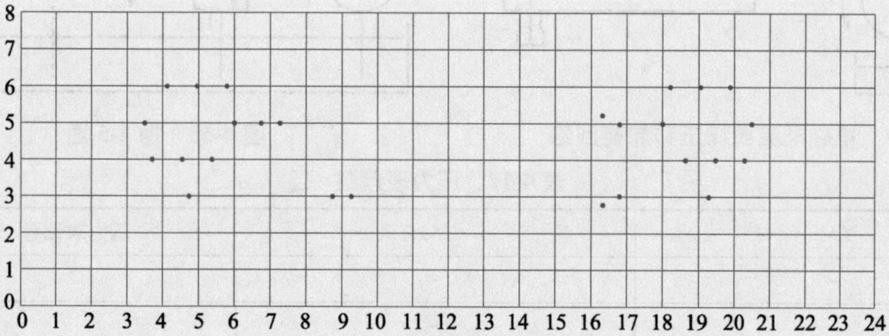

6）4/3 电液换向阀（H 型中位，外控外回）

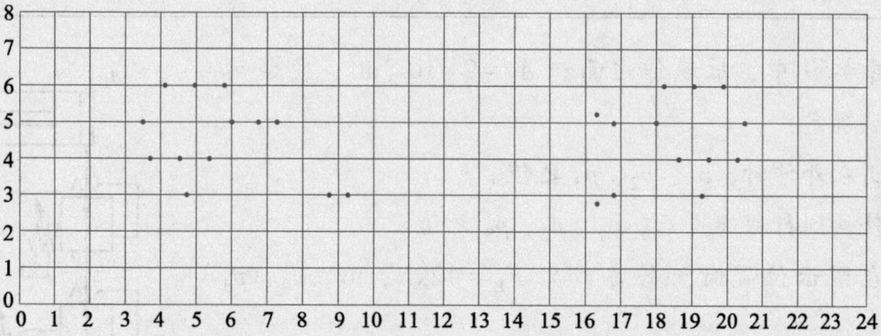

计算机绘图

4-4　图 4-57 为电磁溢流阀调压和卸荷回路，缸底作用面积 $A_1=0.2\text{m}^2$，有杆端作用面积 $A_2=0.1\text{m}^2$，缸外伸和回程时的负载力均恒为 $F_L=3\text{MN}$。试填写电磁铁动作顺序表及各动作时压力表读数（表 4-16）。（卸荷停止是指泵卸荷且缸停止。）

表 4-16　电磁铁动作顺序表及各动作时压力表读数

动作	YA1	YA2	YA3	压力表读数/MPa
缸外伸				
缸回程				
卸荷停止				

4-5　针对图4-58所示的系统，请填写在节流阀关闭时的压力表读数（表4-17）。

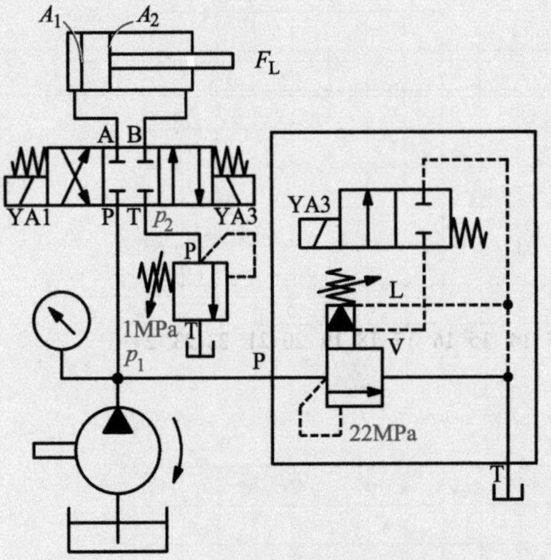

图4-57　电磁溢流阀调压和卸荷回路

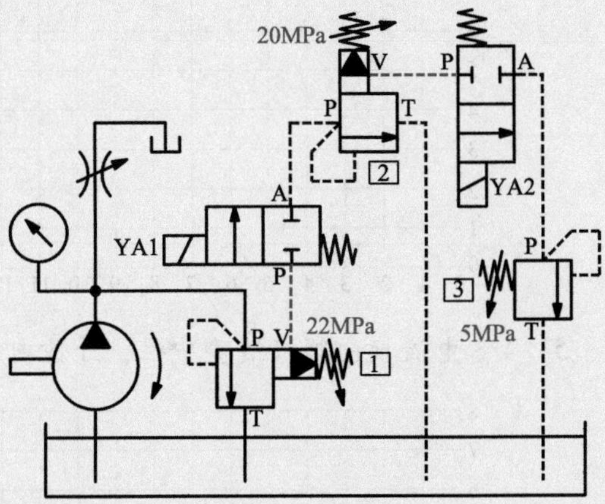

图4-58　题4-5图

表4-17　压力表读数

YA1	YA2	压力表读数/MPa
−	−	
−	+	
+	−	
+	+	

4-6　图4-59中，缸底作用面积 $A_1=2\times10^{-3}\,m^2$，负载力 $F_L=6kN$。试确定：

1）缸正在外伸时，p_1、p_2、p_3 之值。

2）缸外伸到行程终点后，p_1、p_2、p_3 之值。

3）缸在图示位置时，若负载力 $F_L=12kN$，p_1、p_2、p_3 之值。

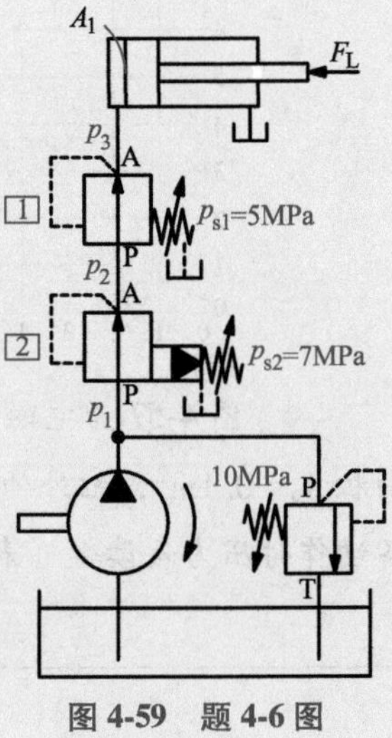

图4-59　题4-6图

4-7　请指出图4-60中各阀是常开阀还是常闭阀，各阀所有阀口的流体流向，以及先导式阀中先导控制的流体力作用方向。

4-8　①手动换向阀、②行程换向阀、③电磁换向阀、④电液换向阀、⑤电-气换向阀、⑥节流阀、⑦比例控制阀、⑧伺服阀，这8种阀中哪些能实现电气自动控制。

4-9　电调制连续控制阀中，具有方向控制功能和流量控制功能的复合控制阀有哪些？

4-10　力矩马达的组成有哪些？双线圈力矩马达的接线方式有哪些？

4-11　列出伺服阀控制对称缸的时域方程组。

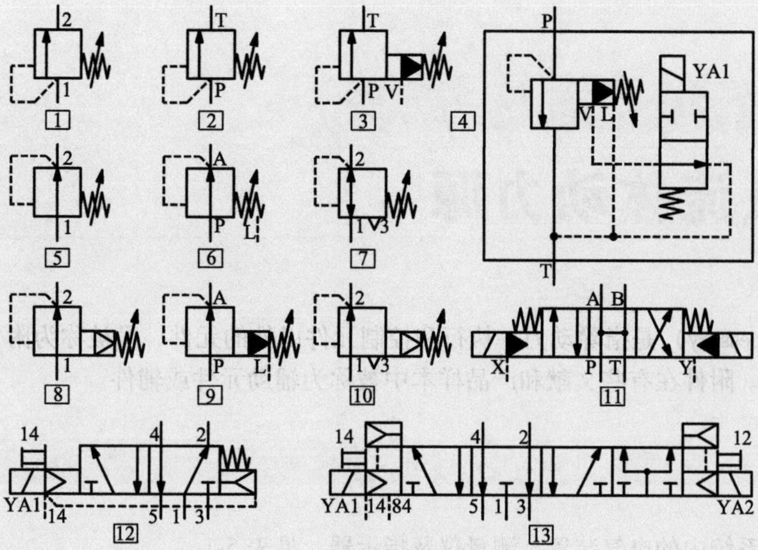

图 4-60 题 4-7 图

4-12 分析图 4-61 所示液压伺服系统的稳定性，计算系统的幅值穿越角频率 ω_c、相位穿越角频率 ω_g、相位裕度 γ、幅值裕度 K_g(dB)，并分析若稳定性裕度不满足工程要求该如何校正。

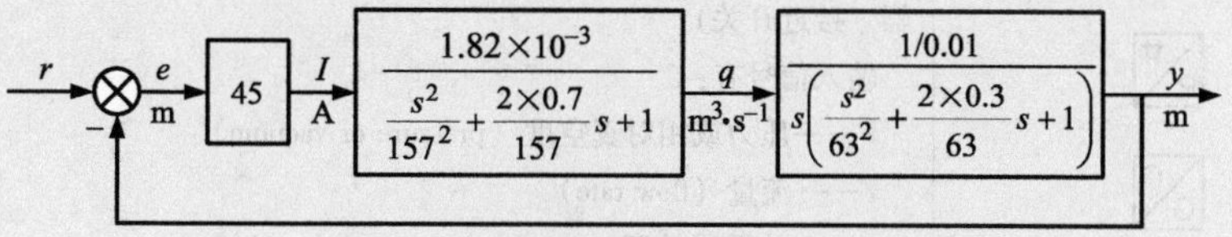

图 4-61 题 4-12 图

第 4 章习题详解及课程思政

第 5 章

附件及流体动力源

附件（accessory）是指除动力、执行和控制元件以外的元件，虽被称为附件，但却是系统不可缺少的。附件在有些文献和产品样本中被称为辅助元件或辅件。

5.1 电气装置、测量仪及指示器

流体传动系统中的电气装置、测量仪及指示器，见表 5-1。

表 5-1 电气装置、测量仪及指示器

序号	图形	描述
1		测量传感器或信号转换器（把输入信号转换成电气数字量、电气模拟量或电气开关信号，图示依次为：数字量输出的压力传感器、模拟量输出的位移传感器、接近开关） 输入信号有： P——压力或相对真空度（pressure or vacuum） F——流量（flow rate） G——位置或长度（gauging position or length） L——液位（level） S——速度或频率（speed or frequency） T——温度（temperature） W——重力或力（weight or force）
2		机电式位置开关、行程开关（用以反映运动部件行程的位置开关）
3	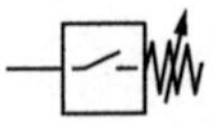	压力开关（流体压力控制的带有电气或电子开关的元件，当压力达到设定值时发讯）
4	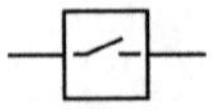	压差开关（当压差达到设定值时发讯，开关量输出信号）
5		压力表

（续）

序号	图　形	描　述
6		压差表（differential-pressure gauge）
7	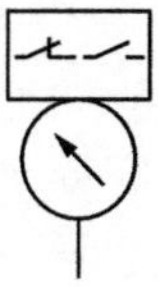	电接点压力表（contact pressure gauge）
8	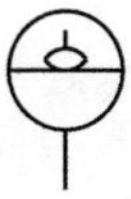	液位指示器
9	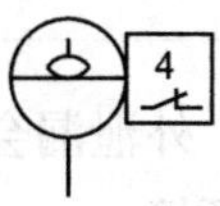	带有4个常闭触点的液位开关 液位开关是带有电气触点的液位控制装置，当液位达到设定值时引发触点动作
10	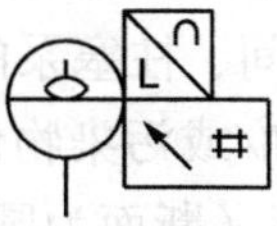	带有模拟信号输出和数字显示功能的电子液位监控器
11		温度计
12	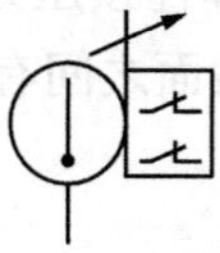	带有2个可调电气常闭触点（electrical break-contact）的电接点温度计（contact thermometer）
13	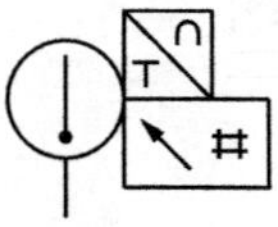	带有模拟信号输出和数字显示功能的电子温度监控器
14	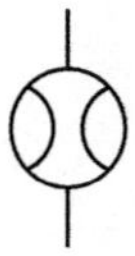	流量计（flow meter）

（续）

序号	图形	描述
15	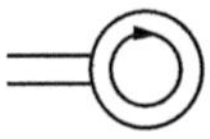	转速计（tachometer）
16	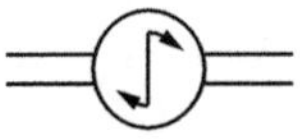	转矩仪（torque meter）

5.2 密封与连接

5.2.1 密封

液压和气动系统如果密封不良，会出现不允许的内、外泄漏。内、外泄漏会降低系统的容积效率，甚至使工作压力达不到要求值，而液压油外泄漏还会污染环境。

密封可分为间隙密封和接触密封。间隙密封是靠相对运动件配合面之间的微小间隙来进行密封，优点是摩擦力小。示例：滑阀的阀芯与阀体（或阀套）之间、柱塞泵的柱塞与缸体之间。接触密封是使用密封件的密封，密封件的功能是防止泄漏和/或污染物侵入，用于除间隙密封以外的场合。密封件有：①由耐油橡胶制成的O形密封圈（断面为圆形），如图5-1所示，O形密封圈安装在两个密封面之间的密封沟槽内时，沟槽尺寸小于密封圈圆形断面的尺寸，装配后密封圈有一定的预压缩量，这就是O形密封圈具有良好密封能力的原因。②断面为唇形的唇形密封圈，包括Y形密封圈、小Y形密封圈、V形密封圈等。③由两个以上密封元件组成的组合密封圈，如O形密封圈与断面为矩形的聚四氟乙烯塑料滑环组成的组合密封圈，滑环紧贴密封面起密封作用，O形密封圈为滑环提供弹性预压力。O形密封圈主要用于静密封（密封面之间无相对运动），也可用于动密封（密封面之间有相对运动）。唇形密封圈和组合密封圈用于动密封。

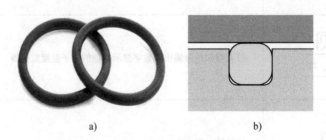

a)　　　　b)

图5-1　O形密封圈

a）实物　b）装配后的压缩状态

5.2.2 连接

1. 配管

在流体传动系统中，元件的油口（气口）通过配管相互连接。配管（piping）是允许流体在元件之间流动的管接头、快换接头、硬管和/或软管的组合。硬管（tube）有无缝钢管、不锈钢无缝管和铜管。软管有橡胶软管、尼龙管和塑料管，软管可吸收振动，可允许执行元件移动。快换接头是不用工具即可接合或分离的管接头，见表 5-2。软管总成（hose assembly）是装配有管接头的软管，见图 3-18。

表 5-2 快换接头

图形	描　述	图形	描　述
	快换接头（不带有单向阀，断开状态）		快换接头（不带有单向阀，连接状态）
	快换接头（带有一只单向阀，断开状态）		快换接头（带有一只单向阀，连接状态）
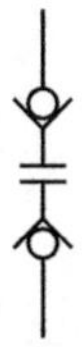	快换接头（带有两只单向阀，断开状态）		快换接头（带有两只单向阀，连接状态）

2. 液压的阀块总成与气动的阀岛

如图 5-2 所示，液压的油路块（manifold block）是可以安装液压阀并根据回路图在其内加工有流道使相应阀口连通的立方基体；阀块总成（manifold assembly）是油路块及安装在其上的液压阀的整个总成，阀块总成上的元件之间不再需要管路连接，结构紧凑，泄漏点少，可靠性高。增材制造（3D 打印）用到流体传动与控制领域，可以实现流道优化，减少管接头数量和泄漏点，减少体积与质量，提高集成度。

如图 5-3 所示，气动的阀岛（valve manifold）是包括电气连接的阀块总成或集成阀组。最早的阀岛产生于 1989 年，仅是集成了阀，后来集成电气连接并经历了多针 I/O 模块、现场总线、物联网等阶段。现在的气动阀岛高度集成，已成为数字控制终端，相当于融合了诸多数量的气动、电气、传感器等元件，这种集成化与小型化彻底简化了与气动和电气相关的各种操作，有助于减少管路、电路连接，有助于实际布局（如将阀岛安装于机械手上、置于电控柜内等）。

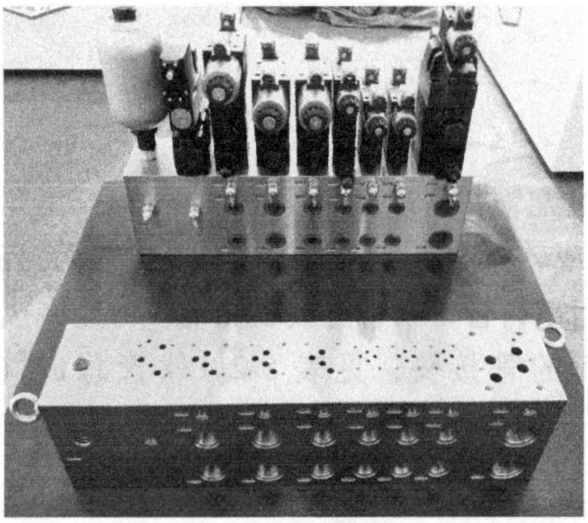

图 5-2 <液压>阀块总成和油路块（海门油威力）

图 5-3 <气动>阀岛（FESTO）

5.3 流体处理装置

流体处理装置（fluid conditioning components）包括热交换器（heat exchanger）、过滤器（filter）和油雾器（lubricator）。流体处理装置的基本图形符号框线是边长为 4M 的正方形旋转 45°。

元件的运动件之间的配合间隙很小以保证密封等性能，元件内部的控制又常常通过阻尼小孔来实现。流体的温度和污染对系统的影响如图 5-4 所示，因而要对温度和污染进行控制。

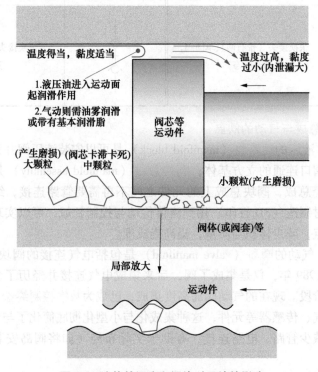

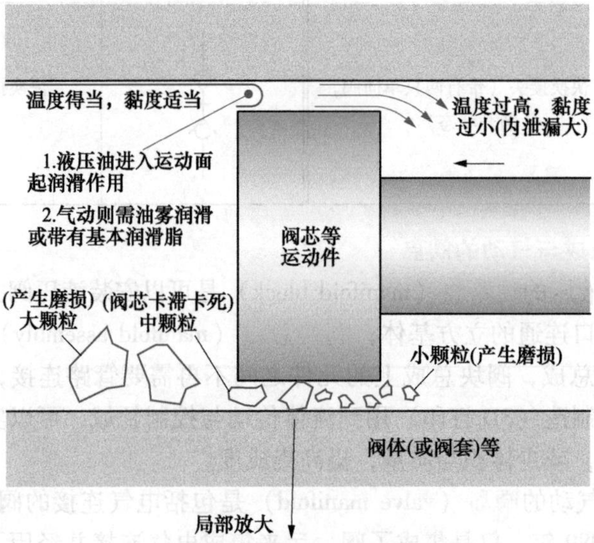

图 5-4 流体的温度和污染对系统的影响

5.3.1 热交换器

热交换器见表 5-3。

表 5-3 热交换器

序号	图形	描述
1		不带有冷却方式指示的冷却器
2	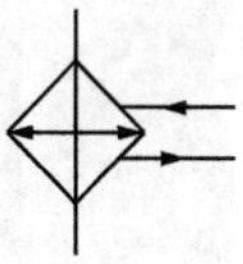	采用液体冷却的冷却器
3	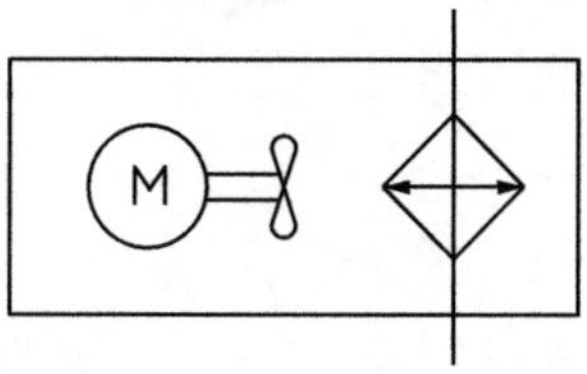	采用电动风扇冷却的冷却器
4		<液压>加热器（AC 220V 或 AC 380V）
5	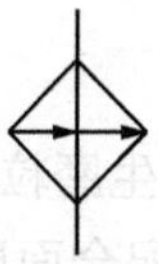	<液压>温度调节器

1. 液压系统

液压油的黏度对温度的变化十分敏感，温度升高，黏度减小；温度降低，黏度增大。液压油黏度太小、太大会分别导致泄漏增大、摩擦增大，使得系统效率降低甚至不能正常工作。液压油温度最高不超过 65℃，最低不低于 15℃。液压系统在运行过程中的能量损失会转换成热量，如果液压系统靠自然冷却不能满足温度要求，就需要安装冷却器（cooler）。如果环境温度太低，则需在油箱上安装加热器（heater）。

冷却器通常安装在回油管路上，有风冷式、水冷式、制冷式。制冷式冷却器即油冷机（见图5-5），其压缩制冷原理：①换热蒸发：低温低压的液态冷媒（如R22）在蒸发器里与热油进行热交换（冷媒吸热、油温降低），冷媒蒸发成低温低压的气态；②压缩：低温低压的气态冷媒进入压缩机，被压缩成高温高压的气态；③冷凝：高温高压的气态冷媒在冷凝器里与冷凝风机吸入的空气进行热交换，冷媒放热变成高温高压液态；④膨胀：高温高压液态进入膨胀阀进行节流，冷媒变成低温低压的液态。至此，完成一次工作循环，这种循环是连续进行的，液压油被连续不断地制冷。示例：无锡沃尔得YLD-80-AU4型独立式油冷机，制冷能力8000kcal/h，温度20~50℃可调，三相四线制，输入功率3.5kW，带有冷媒高低压保护、过载/短路/延时保护、电源缺相/逆相/过电压/欠电压保护。

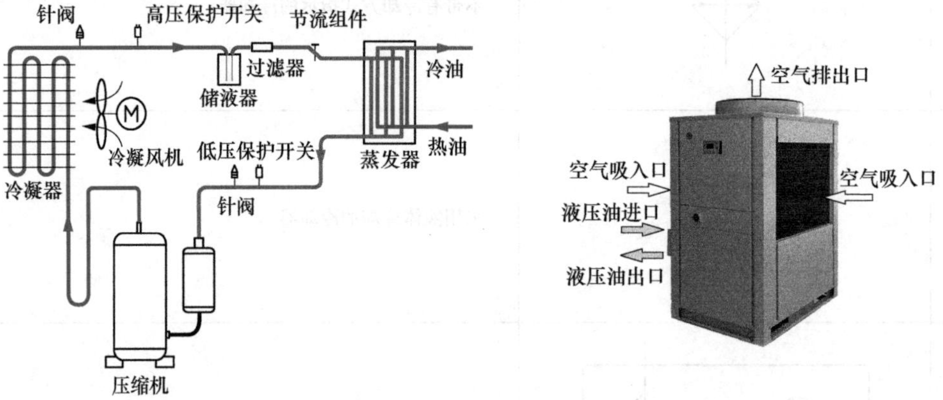

图5-5　油冷机

2. 气动系统

气体的黏度比液体小得多，因此气动系统不需要加热器而仅需在气源装置（气源装置的空气压缩机工作时，空气因压缩而温度升高）中安装冷冻式干燥器或后冷却器（after cooler），后冷却器可以是风冷式、水冷式或制冷式，气源装置输出的压缩空气则不再需冷却，用后的压缩空气直接排入大气，气体因膨胀而温度降低，长期运行不会发生过热现象。

5.3.2　过滤器与<气动>油雾器

1. 过滤器

液压油和压缩空气是带有污染物的，而在工作过程中又会产生磨粒等污染物。污染物会使传动介质的理化性能发生变化，污染物会造成元件运动副的配合面磨损加剧与电化学腐蚀、堵塞阻尼小孔、增大阀芯的摩擦力，导致元件性能降低、故障率变大、元件寿命缩短等问题，应对的方法就是使用过滤器，将污染物控制在系统允许的范围内，流体经过过滤器滤芯上的无数微小间隙或小孔时，尺寸大于上述间隙或小孔的固体颗粒物被阻隔，从而使流体保持清洁。

液压油的污染程度用污染度（1mL或100mL液压油中固体颗粒污染物的含量）来定量表示，1mL见GB/T 14039—2002《液压传动　油液　固体颗粒污染等级代号》（ISO 4406：1999，MOD），100mL见GJB 420B—2015《航空工作液固体污染度分级》、NAS 1638 revision 4（NAS即National Aerospace Standard，由美国航空航天工业联合会制定）。需要指出，新购的液压油是“脏油”，过滤后方能加入油箱。

GB/T 13277.1—2008《压缩空气　第 1 部分：污染物净化等级》（ISO 8573-1：2001，MOD）规定了压缩空气中的颗粒、水分及微量油的净化等级。

2. <气动>油雾器

在气动系统中，由于气体无自润滑性因而通常要外加润滑剂。油雾器就是一种特殊注油装置，能将润滑油经气流引射出来并雾化后混入气流中，随压缩空气流入需要润滑部位，达到润滑的目的。

过滤器与油雾器见表 5-4。

表 5-4　过滤器与油雾器

序号	图　形	描　述
1	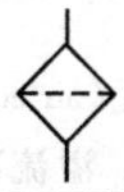	过滤器
2		<液压>带有磁性滤芯的过滤器
3	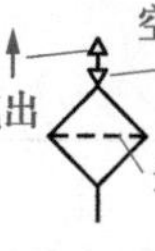	<液压>通气过滤器(reservoir-breather filter)，使油箱与大气之间进行空气交换的过滤器
4	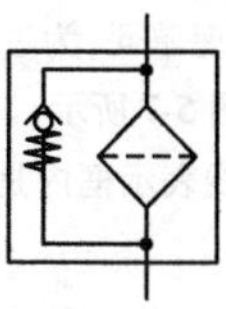	带有旁通单向阀的过滤器（过滤器堵塞时，过滤器上、下游的压差增大，达到旁通单向阀开启压力，流体从旁通单向阀流过）
5	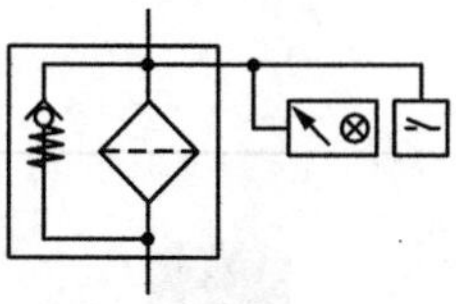	带有旁通单向阀、光学阻塞指示器和压力开关的过滤器（过滤器堵塞时，指示灯亮起，压力开关的触点动作） 在过滤器中，实线框线表示框内有两个以上主要功能（如本例的过滤和旁通）且这些功能相互联系，其他功能放在框外
6	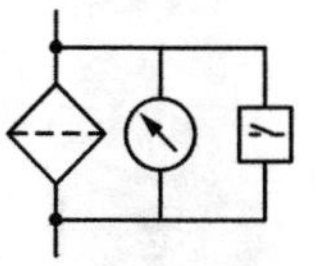	带有压差表和压差开关的过滤器（过滤器堵塞时，压差开关的触点动作）
7	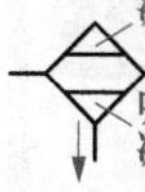	<气动>空气干燥器(air dryer)，采用吸附或冷冻的方法
8	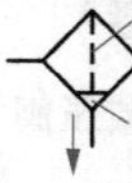	<气动>手动排水过滤器(filter with separator with manual drain)，分离油水并过滤空气（曾称为分水滤气器）

（续）

序号	图形	描述
9		<气动>自动排水过滤器
10	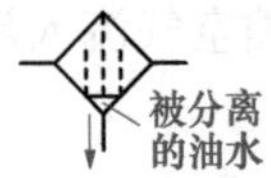	<气动>油雾分离器(oil mist separator)，用于精密元件（如溢流减压阀、比例溢流减压阀等）的进口侧
11		<气动>油雾器(lubricator)，为后面的用气元件提供油雾润滑
12	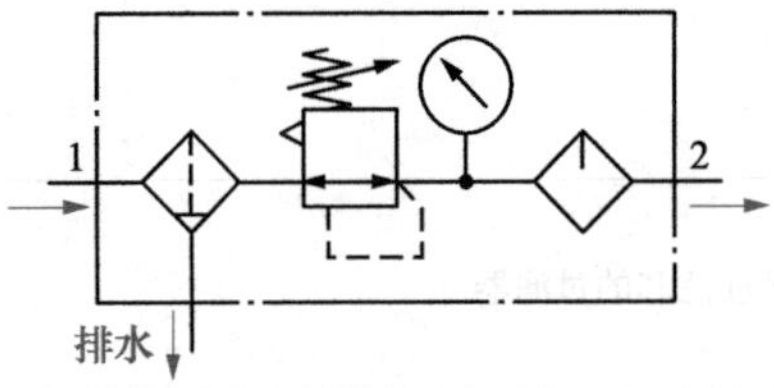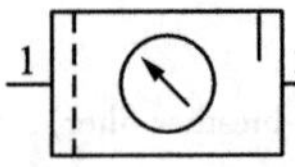	<气动>一种型式的气源处理单元(air conditioning unit)，为FRL装置（FRL分别为过滤器Filter、溢流减压阀relieving pressure Regulator、油雾器Lubricator的大写字母），包括手动排水过滤器、溢流减压阀、压力表和油雾器，实物如图5-6所示 第一个图为详细图（点画线框线表示框内是由多个元件组成的一个组合元件，示例：台式计算机） 第二个图为简化图
13	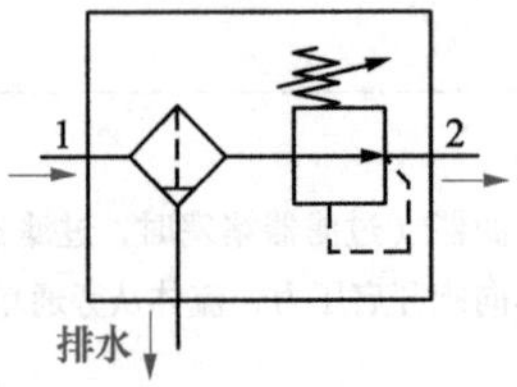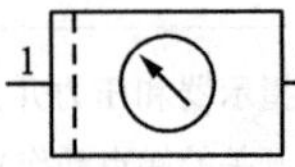	<气动>又一种型式的气源处理单元，为过滤减压阀，包括手动排水过滤器和减压阀，实物如图5-7所示 第一个图为详细图（实线框线表示框内是由多个元件集成的一个元件，示例：笔记本计算机） 第二个图为简化图

图5-6　FRL装置（SMC烧结金属公司）

图5-7　过滤减压阀（SMC）

5.4 液压泵站工作原理及其电气任务书

流体动力源（fluid power supply）是指产生和维持有压力流体的流量的能源。液压系统和气动系统的流体动力源分别称为液压泵站、气源装置。

液压泵站（又称动力单元）是原动机、液压泵及辅助装置（例如溢流阀、附件）的总成。液压泵站为液压系统提供满足一定质量要求的一定压力和足够流量的液压油。典型的液压泵站，见图 5-8（图上方的点线部分除外，它们不属于液压泵站）。

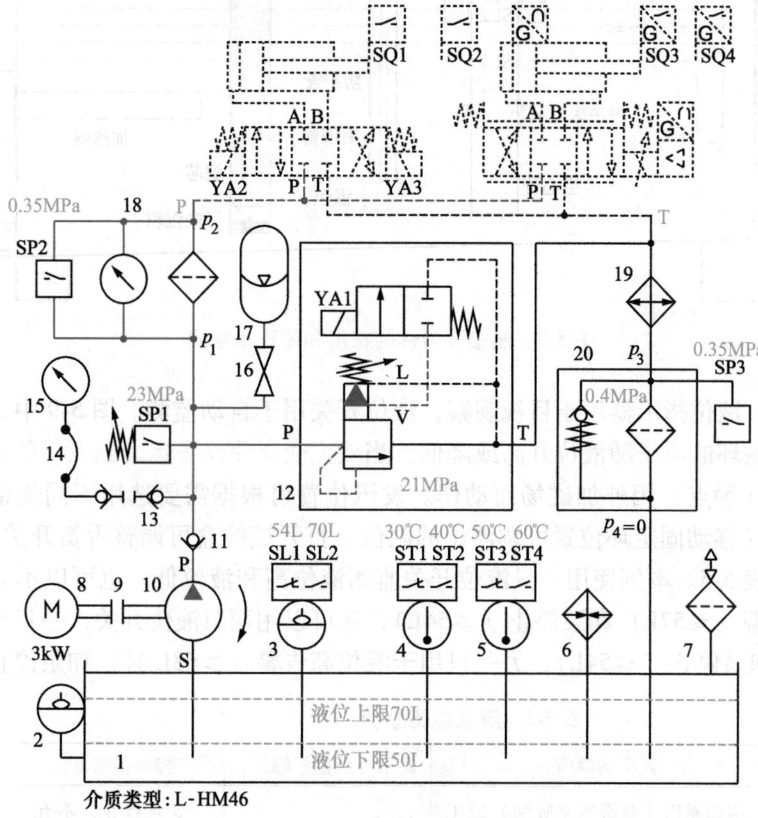

液压泵站实物

图 5-8 典型液压泵站

1—油箱 2—液位指示器 3—液位开关 4、5—电接点温度计 6—加热器 7—通气过滤器 8—电动机 9—联轴器 10—液压泵 11—单向阀 12—电磁溢流阀 13—测压接头 14—测压软管 15—压力表 16—高压球阀 17—蓄能器 18—压力管路过滤器 19—冷却器 20—回油过滤器

5.4.1 液位监测与液温控制

液压油在液压系统中被循环使用。油箱是液压系统中用来储存液压油的容器，其中，开式油箱液面上方的空腔与大气相通（防止油箱出现真空影响泵吸油），该空腔用来应付液面变化和溶解空气的释放，油箱上方可作为安装平台；压力油箱的液压油与周围环境隔离，油

箱空腔用压缩空气或氮气填充加压，用于高空等环境恶劣场合。本例中，油箱是一个长方体，如图 5-9 所示。

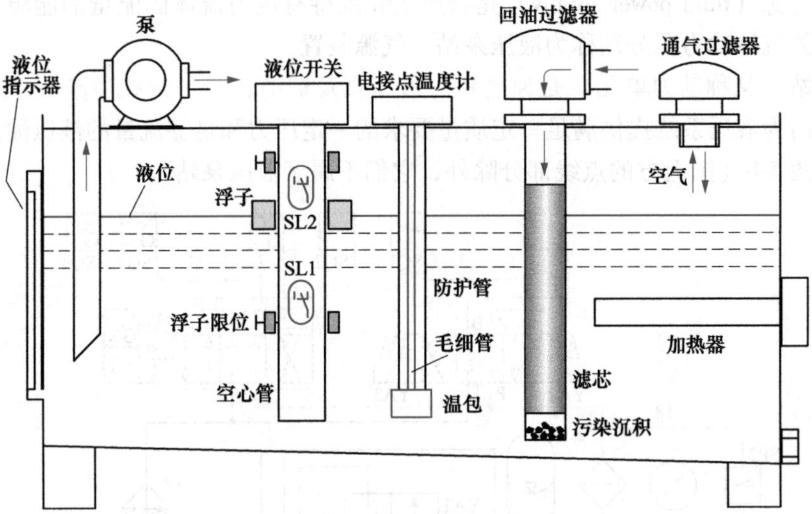

图 5-9　油箱及附件的布局和原理示意图

对于液位，液位指示器用于目视观察，液位开关用于自动监测。图 5-9 中，液位开关的原理是：带有磁环的浮子随液位升高或降低，当液位变化使浮子运动到发讯位置时，发讯位置的舌簧开关（触点）因外加磁场而动作。发讯位置可根据需要选用不同规格产品，有的产品允许调整（移动固定环位置可调浮子的限位，打开接线盒可调整舌簧开关位置）。液位监测原理，见表 5-5。本例使用一只液位开关监测液位高和液位低，也可以不监测液位高而用于液位低告警（≤57L）和泵停止（≤54L），还可以用两只液位开关，一只用于液位低告警（≤57L）和泵停止（≤54L），另一只用于液位高告警（≥68L 时）和泵停止（≥70L）。

表 5-5　液位监测原理

液位	发生的原因	发讯（控制器输入）	控制器输出
液位低（油量≤54L）	泄漏累积（会影响泵吸油）或工作中突然跑油	SL1	令泵停止，不允许泵起动
液位高（油量≥70L）	水冷式冷却器的水或其他液体进入油箱	SL2	令泵停止，不允许泵起动

液压监测原理（补充）

液压油温度太低时，黏度太大，阻力增大（且泵吸油困难）而影响效率；温度太高时，黏度太小，泄漏增大也影响效率。因而，要将液温控制在合理区间。本例的液温控制涉及加热器、冷却器和电接点温度计。图 5-9 中，电接点温度计的原理是：当温包感受到温度变化时，其内的饱和蒸汽产生相应的压力，由毛细管传递压力进而引起弹性元件曲率的变化，使其自由端产生位移，再由机械机构将位移变为指针变化，指针变化可以有指示刻度值也可以对电接点进行接通或分断。电接点的发讯温度可调整。本例中，液温控制在 30~60℃，其控制原理见表 5-6。

表 5-6 液温控制原理

液温	发讯（控制器输入）	控制器输出
≤30℃	ST1	令加热器起动
≥40℃	ST2	令加热器停止
≥60℃	ST4	令冷却器起动
≤50℃	ST3	令冷却器停止

5.4.2 液压油污染控制

通气过滤器有 3 个功能：①通气，使油箱与大气能够进行空气交换；②过滤进入油箱的空气，防止液压油被大气污染；③作注油口。

压力管路过滤器 18，对于上下游压差（p_1-p_2），压差表用于目视观察，压差开关 SP2 用于自动监测。回油过滤器 20 安装在油箱顶部，其筒体部分浸入油箱内，下游压力 $p_4=0$，上游压力 p_3 等于上下游压差（p_3-0），因此用压力开关 SP3（而不是用压差开关）自动监测过滤器的上下游压差。通过监测过滤器上下游压差可以确保滤芯得到适时的更换。液压油携带污染物持续流经过滤器，污染物被过滤器阻留沉积，过滤器流动阻尼增大、上下游压差增大，当上下游压差达到发讯压差（0.35MPa）时，说明过滤器堵塞，SP2 或 SP3 发讯，控制器输出告警信号，提醒更换滤芯，其监测原理见表 5-7。回油过滤器 20 带有旁通单向阀，若发讯后未更换滤芯，随着工作时间的推移 p_3 继续上升，当 p_3 达到旁通单向阀开启压力（0.4MPa）时，液压油从旁通单向阀流过，防止回油过滤器（其强度较小）被损坏、淤积的污染物被冲入油箱。

表 5-7 过滤器堵塞的监测原理

过滤器	发讯（控制器输入）	控制器输出
18 堵塞	SP2	输出告警信号
20 堵塞	SP3	输出告警信号

本例中介质类型为 L-HM46，即 46 号抗磨液压油。L 表示石油产品的 L 类，即润滑剂、工业用油和相关产品；H 表示 L 类下的 H 组，即液压系统；M 表示抗磨液压油；46 表示其在 40℃时运动黏度的中心值为 46mm^2/s。L-HM46 液压油在液压系统中的应用非常普遍。液压系统传动介质的相关标准有：GB/T 7631.2《润滑剂、工业用油和相关产品（L 类）的分类 第 2 部分：H 组（液压系统）》、GB 11118.1《液压油（L-HL、L-HM、L-HV、L-HS、L-HG）》、NB/SH/T 0599《L-HM 液压油换油指标》、YB/T 4629《冶金设备用液压油换油指南 L-HM 液压油》等。可依据这些标准，选择使用液压油，更换液压油。

5.4.3 泵空载起停与急停

泵空载起停即泵卸荷起停，泵先卸荷后再起动或停止。

泵空载起动（示例：YA1 得电 3s 后电动机再起动，电动机起动平稳如 10s 后 YA1 方可失电建立压力）利于电动机起动。泵的起动条件是泵已卸荷且液位满足要求，否则，起动被禁止。液温通常也可作为泵的起动条件。过滤器堵塞告警只是提醒更换滤芯而不影响泵起动。

泵空载停止（示例：泵卸荷3s后电动机再停止）属于正常停止，可避免停机后液压系统带压而引起误操作、误动作；泵急停则属于紧急停止，电动机停止，同时泵卸荷。

5.4.4 流量与压力控制

17为蓄能器（囊式）。蓄能器有囊式、膜式和活塞式蓄能器（见图5-10），其内分别用柔性胶囊、柔性橡胶隔膜和活塞密封组件将下腔液压油与上腔压缩气体（常为氮气）分隔开。蓄能器是用于储存和释放液压能量的元件，它储存多余的受压液压油（进一步压缩其内的压缩气体），并在需要时释放出来供给系统（压缩的气体就像弹簧一样）。

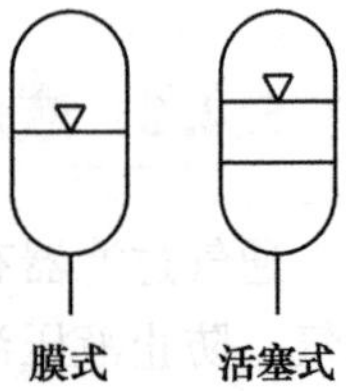

图5-10 蓄能器

本例中，液压泵有蓄能器的加持，其特点是：所需流量较大时，泵和蓄能器同时供油；所需流量较小时，泵输出的多余液压油充入蓄能器。如此，就可以按液压系统循环周期内平均流量选用液压泵，液压泵流量可以小于系统的峰值流量，能减小装机功率。同时，蓄能器作为辅助动力源，还具有缓和冲击、吸收流量和压力脉动作用。

电磁溢流阀使得正常运行时泵出口压力不超过21MPa。然而，电磁溢流阀万一出现故障不能限压会发生危险，设定压力（23MPa）高于电磁溢流阀的压力开关SP1，压力达到23MPa时发讯，控制器令泵停止。

5.4.5 电气任务书

本例中，与电气控制有关的内容（包括液位液温超限发讯、过滤器堵塞发讯、泵空载起停与急停、压力超限发讯），即为该液压泵站的电气任务书。由液压泵站的电气任务书以及系统的电磁铁动作顺序表、电调制连续控制阀和包括开关在内的各类传感器的说明与要求，就构成了系统的电气任务书（工程实例见6.8.2节）。

5.5 气源装置

气源装置（以下简称气源）是原动机、空气压缩机及辅助装置（例如溢流阀、附件）的总成。气源为气动系统提供满足一定质量要求的一定压力和足够流量的压缩空气，由空气压缩机产生的压缩空气必须经过降温、净化、调压（即减压、稳压）等一系列处理。典型气源见图5-11（点线部分除外，它们不属于气源装置）。

由电动机拖动的空气压缩机吸入经过滤器1过滤的空气，排出压缩空气。单向阀防止流体逆流。在压力达到设定值1.2MPa时压力开关SP1（也可以用电接点压力表）令压缩机停止，由储气罐提供压缩空气；当压力下降到设定值0.8MPa时压力开关SP2令压缩机再次起动。溢流阀6起安全阀作用，用于防止超压以保证安全，通过将多余气体从排气口排入大气来限制压力。空气因压缩而温度升高，通常采用冷冻式空气干燥器7冷却从压缩机排出的压缩空气，并将凝结出的油滴、水滴和灰尘杂质从压缩空气中分离、排出。储气罐8用来储存

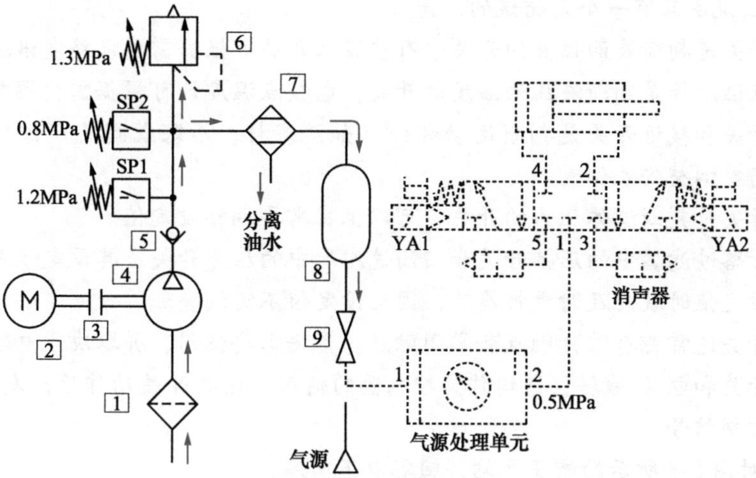

图 5-11 典型气源

1—过滤器 2—电动机 3—联轴器 4—空气压缩机
5—单向阀 6—溢流阀 7—空气干燥器 8—储气罐 9—截止阀

直接来自压缩机的压缩空气，稳定压缩空气的压力，并沉淀油滴、水滴和灰尘杂质。9 为截止阀，是使流道开启和关闭的手动阀。至此，压缩空气可供一般用气要求的气动系统使用。

下面介绍图 5-11 中的点线部分。通常，气动系统在使用气源装置提供的压缩空气时，需采用气源处理单元对压缩空气进行处理（如过滤、减压、喷油雾），以达到清洁、压力、润滑的用气要求。气源处理单元型式多样，常用的有 FRL 装置和过滤减压阀。FRL 装置对压缩空气进行过滤、减压、喷油雾（首先用手动排水过滤器过滤压缩空气中的油、水和灰尘杂质，以达到气动系统的净化要求；然后，用溢流减压阀给通过净化后的压缩空气进行减压和稳压，以达到气动系统的压力要求；最后，压缩空气将油雾器中的润滑油抽取喷射成雾状而与压缩空气混合，以达到气动系统的润滑要求）。

有些气动产品带有基本润滑脂（有些行业中接触流体的部分不用润滑脂或使用食品级润滑脂）而不需油雾润滑，此时可用过滤减压阀作为气源处理单元，只对压缩空气进行过滤和减压处理；同时，精密元件（如溢流减压阀、比例溢流减压阀等）的进口侧不但不能安装油雾器，还要安装油雾分离器（示例：图 4-36）。气动系统一般不设排气回路，用后的压缩空气直接排入大气，当余压较高时空气急剧膨胀及形成的涡流将产生强烈的噪声，因此排气口安装消声器来降低排气噪声。

习题

5-1 ①滤芯、②线芯、③铁心、④磁心、⑤阀心，这些词汇中只有 1 个是错误的，请指出。

5-2 ①泄露、②泄荷、③先导式阀、④先导阀、⑤直动式阀、⑥常位、⑦中位、⑧零位、⑨安全位，这些流体传动词汇中有 2 个是错误的，请指出。

5-3　下面说法只有一个是错误的，是（　　）

①液位开关是判断液面位置的开关，有些液位开关可根据需要调整发讯液位。

②电接点温度计是判断液压油温度的开关，电接点温度计可根据需要调整发讯温度。

③行程开关和接近开关是判断运动部件（如活塞杆、活塞或阀芯）位置的开关，通常可以根据需要调整安装位置。

④压力开关是判断流体压力的开关，可以根据需要调整设定值。

⑤压力管路过滤器中的压差开关和回油过滤器中的压力开关，其设定值是厂家预先设定的，达到设定值时就应及时更换滤芯，因此设定值不需调整。

⑥以上开关通常都有常开触点和常闭触点，根据需要使用，并取决于电路的设计。

⑦以上开关和电-机械转换器均作为控制器的输入，这些开关动作后，发讯给控制器，控制器输出控制信号。

5-4　针对图 5-8 所示的液压泵站，回答以下问题：

1）液温控制为何需要 4 个电接点？

2）如何监测液位低？

3）液压油污染如何控制，如何监测？

5-5　试给出图 5-8 所示液压泵站的电气任务书。

第 5 章习题详解及课程思政

第6章 基本回路与系统

科普之窗 中国创造：蛟龙号

党史学习教育 万米深潜的跨越

基本回路是从实际系统中总结出来的，复杂系统均由各种基本回路组成，基本回路可分为：压力控制回路、速度控制回路（包括调速回路和速度变换回路）及多执行元件顺序动作回路等。在此基础上，介绍基于工控机、PLC 的比例伺服控制实际工程案例。

6.1 压力控制回路

压力控制回路用来控制和调节流体压力，包括<液压>溢流调压回路、减压调压回路、平衡回路、<液压>卸荷回路等。

6.1.1 <液压>溢流调压回路

在气动系统中，溢流阀一般作安全阀，应用示例见图 5-11。在液压系统中，溢流调压回路就是根据实际工作压力要求，用溢流阀来调节或限定液压泵（或液压泵各工作阶段）的最高工作压力，使其不超过溢流阀的设定值。

1. 单级调压回路

图 6-1 为单级调压回路，只有 1 个设定压力，用 1 只直动式溢流阀（或先导式溢流阀）。当缸调速运动时，通过溢流阀的流量为 Δq，溢流阀溢流，泵出口压力始终等于 11MPa，溢流阀起定压作用。

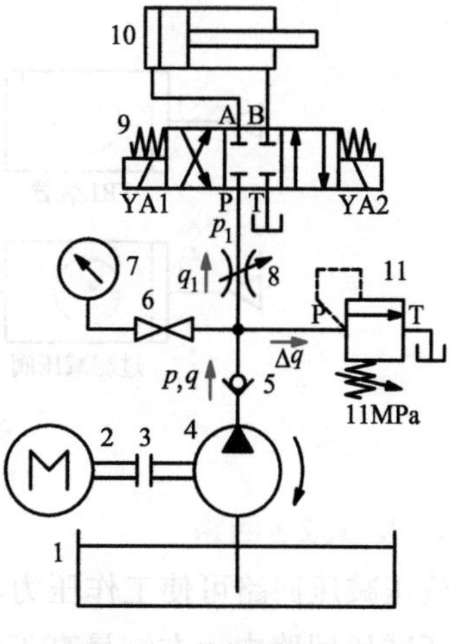

图 6-1 单级调压回路

1—油箱 2—电动机 3—联轴器 4—泵 5—单向阀 6—压力表开关 7—压力表 8—节流阀 9—4/3 电磁换向阀 10—缸 11—溢流阀

2. 多级调压回路

图 6-2 是三级调压回路，有 3 个设定压力：①电磁铁都失电时，泵出口压力 $p=21$MPa；②YA3 得电时，$p=5$MPa；③YA4 得电时，$p=11$MPa。若将溢流阀 6 或 7 撤除，则为二级调压；若 6 和 7 的设定压力相同，也为二级调压。

3. 比例调压回路

图 6-3 为比例调压回路，改变比例溢流阀的比例电磁铁线圈电流即可调节压力。普通溢流阀调压是有级调压，而比例调压则是无级调压，能自动调节系统的压力，压力变换平稳、调节方便，适于载荷变化较大、压力控制要求高的系统。

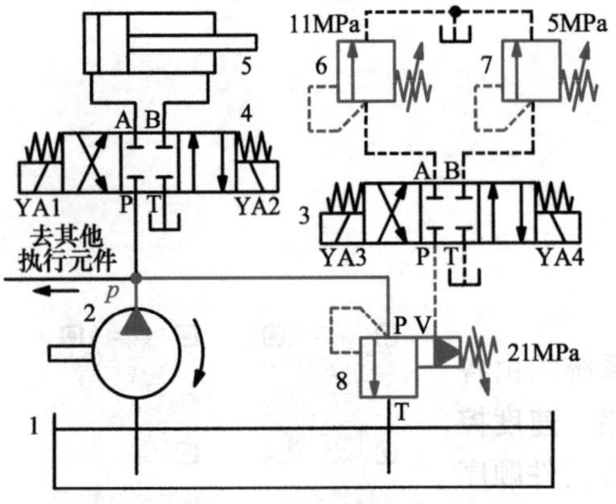

图 6-2　三级调压回路

1—油箱　2—泵　3、4—4/3 电磁换向阀

5—缸　6、7—直动式溢流阀　8—先导式溢流阀

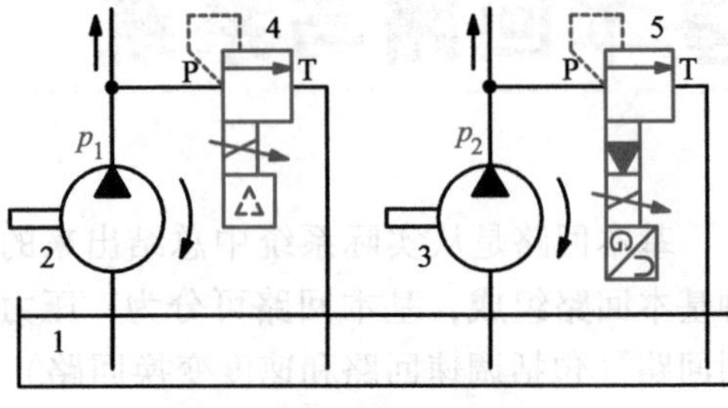

图 6-3　比例调压回路

1—油箱　2、3—泵　4—直动式比例溢流阀

5—先导式比例溢流阀

6.1.2　减压调压回路

1. 气动减压调压回路

气动系统中，通常由气源集中供气，经管路输送给各气动回路使用。各气动回路使用压缩空气时，需要先用气源处理单元对压缩空气进行处理以达到用气的净化和压力等要求，即气动通常采用集中供气再减压用气。图 6-4 为气动减压调压回路示例。

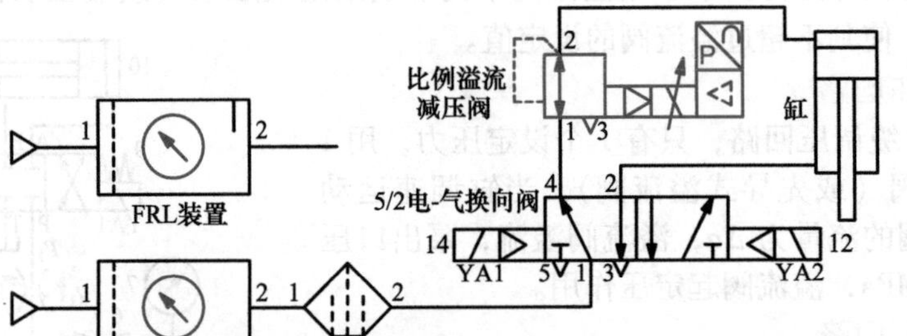

图 6-4　气动减压调压回路示例

2. 液压减压回路

液压减压回路可使工作压力不尽相同的多个执行元件共用一个液压油源。图 6-5 所示的液压减压回路中，左缸最高工作压力由减压阀设定为 5MPa，右缸最高工作压力由溢流阀设定为 16MPa。液控单向阀 9 的作用是对左缸保压和安全保护，防止左缸在负载作用下引起反动作。如果夹紧力经常变化或夹紧力精确控制，则可以把元件 4 换为比例溢流减压阀。

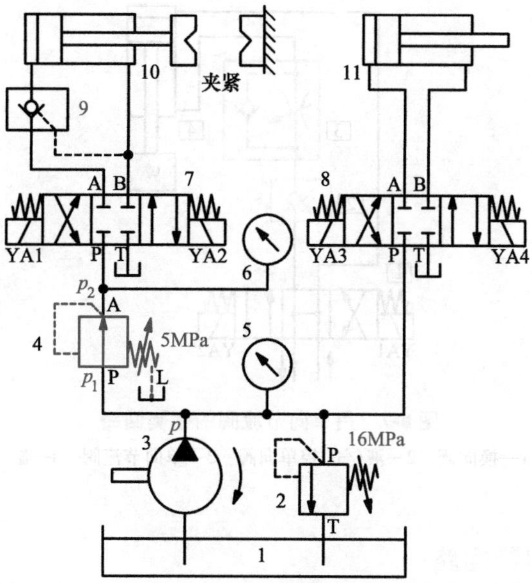

图 6-5 液压减压回路

1—油箱 2—溢流阀 3—泵 4—减压阀 5、6—压力表
7、8—换向阀 9—液控单向阀 10、11—缸

6.1.3 平衡回路

如图 6-6 所示，当重物向下运动时，会因重力而出现负值负载。负值负载就是负载力方向与执行元件运动方向相同的负载，它将加速执行元件的运动，甚至产生超速运动而不可控（执行元件的运动速度超过输入流量所能达到的运动速度）。如果在执行元件的管路中设置一定的背压来平衡负值负载，就可以避免执行元件超速。这种设置背压与负值负载平衡来避免超速的回路称为平衡回路。

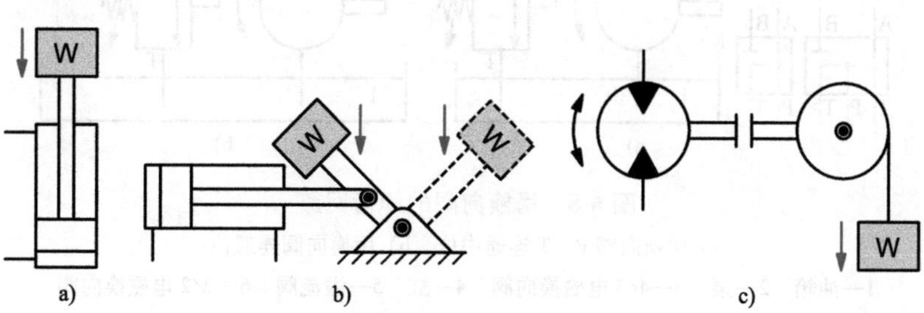

图 6-6 负值负载示例

a）缸竖直安装 b）缸水平安装 c）马达驱动卷筒

图 6-7 为利用单向节流阀的平衡回路，单向节流阀在缸下行时建立背压以平衡负值负载，液(气)控单向阀能避免缸停止后自行下滑。

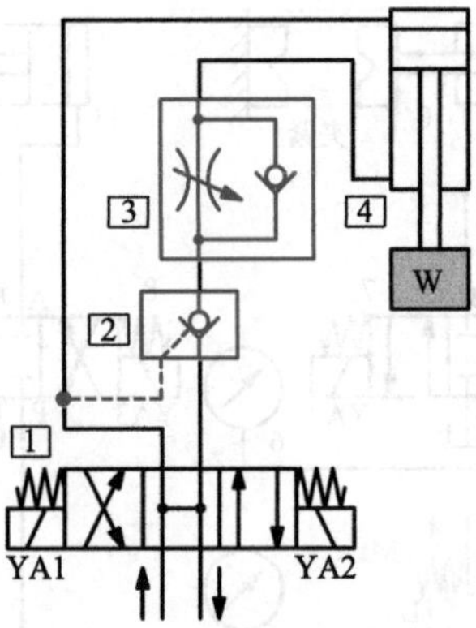

图 6-7 用单向节流阀的平衡回路

1—换向阀 2—液(气)控单向阀 3—单向节流阀 4—缸

6.1.4 <液压>卸荷回路

1. 用换向阀的卸荷回路

一种是用三位换向阀 P、T 连通的中位卸荷（M、H、K 型），如图 6-8a 所示，当换向阀在中位时，泵卸荷；另一种是用换向阀连通位卸荷，如图 6-8b 所示，当 YA3 得电时，泵卸荷。

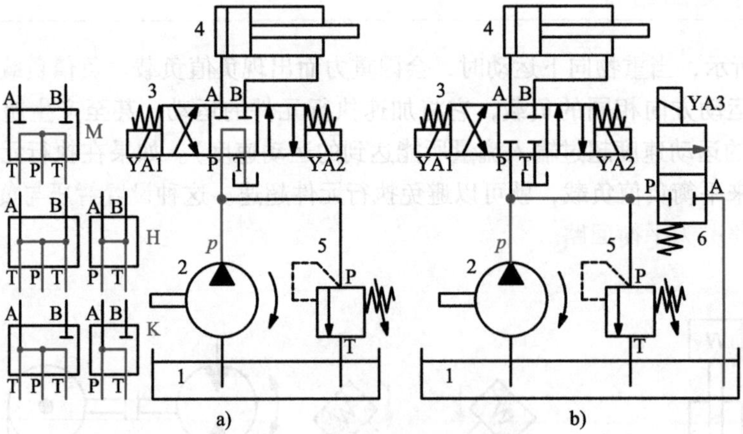

图 6-8 用换向阀的卸荷回路

a) 用换向阀 P、T 连通中位 b) 用换向阀连通位

1—油箱 2—泵 3—4/3 电磁换向阀 4—缸 5—溢流阀 6—2/2 电磁换向阀

2. 用电磁溢流阀或比例溢流阀的卸荷回路

图 6-9 为用电磁溢流阀的卸荷回路（YA3 得电卸荷，失电建立压力），既能卸荷又能调压，应用广泛。若将电磁溢流阀换成比例溢流阀，由于比例溢流阀的设定压力与比例电磁铁线圈电流成比例，因而比例电磁铁线圈电流为 0 即可实现泵卸荷。

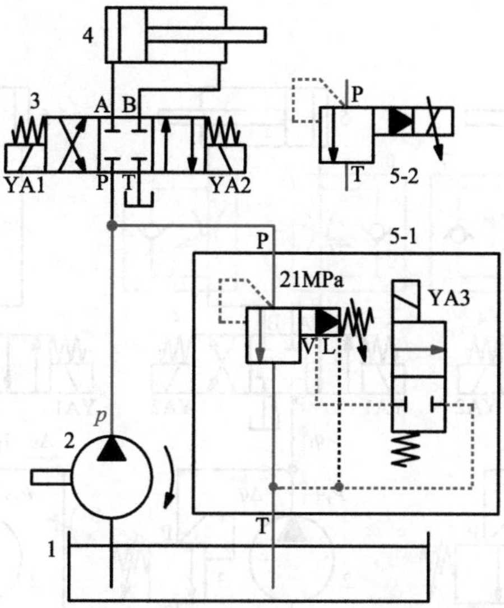

图 6-9 用电磁溢流阀或比例溢流阀的卸荷回路

1—油箱 2—泵 3—换向阀 4—缸 5—溢流阀

6.2 调速回路

调速是指调节执行元件的运动速度。液压调速方式有节流调速和容积调速。节流调速通过调节阀口开度来控制执行元件的速度，响应快，效率较低，适用于功率不太大的系统。容积调速通过调节液压变量泵或马达的排量来控制执行元件的速度，效率高，响应较慢，适用于大功率系统。气动调速方式只有节流调速。

6.2.1 节流调速回路

1. 液压节流调速回路

液压节流调速回路有进口节流、出口节流和旁路节流调速回路，如图 6-10 所示。进口节流（meter-in）是对执行元件进口流量的节流控制，出口节流（meter-out）是对执行元件出口流量的节流控制，旁路节流是直接用节流阀把液压泵供油的一部分排回油箱实现速度调节。

缸运动时，定量泵输出的流量 q 分为两部分：一部分流量 q_1 进入缸，另一部分流量 Δq 经溢流阀 3 或节流阀 8 回油箱，有

$$q_1 = q - \Delta q \tag{6-1}$$

进口和出口节流通过调节单向节流阀的阀口开度 x_v 改变流量的分配（调小 x_v 时，节流阻尼增大，将增大 Δq，减少 q_1，降低缸的运动速度；调大 x_v 时，提高缸的运动速度），节流时溢流阀溢流，溢流引起的功率损失为 $p\Delta q$，适用于负载变化不大，低速、小功率场合。

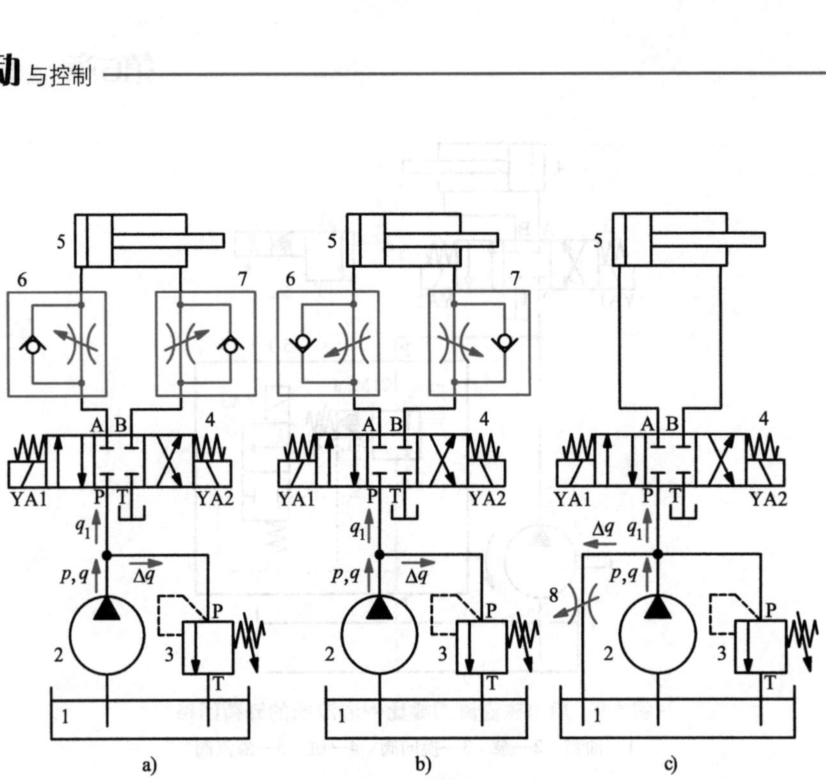

图 6-10 液压节流调速回路

a）进口节流 b）出口节流 c）旁路节流

1—油箱 2—泵 3—溢流阀 4—换向阀 5—缸 6、7—单向节流阀 8—节流阀

旁路节流通过调节节流阀的阀口开度 x_v 改变流量的分配（调小 x_v 时，将减少 Δq，增大 q_1，增大缸的运动速度；调大 x_v 时，降低缸的运动速度），正常工作时溢流阀处于关闭状态，功率损失比进、出口节流小，适用于功率较大的场合。

2. 气动节流调速回路

气动节流调速回路有进口节流和出口节流调速回路，如图 6-11 所示。调小单向节流阀的阀口开度 x_v 时，降低缸的运动速度；调大 x_v 时，提高缸的运动速度。

图 6-11 中的换向阀依次为：5/2 换向阀（单电控，弹簧复位）、5/2 换向阀（单电控，气压复位）、5/2 换向阀（双电控）、5/3 换向阀（双电控，弹簧对中），说明如下：

1）二位换向阀可以控制缸外伸和回程（缸仅能停止在两个行程终点），三位换向阀可以控制缸外伸、回程和停止（缸可以停止在行程任意位置）。

2）图 6-11a、b、d 的这三只阀均为单稳阀（只有一个常位），未受激励时，常位工作；电磁铁得电时，其邻位工作，在动作期间必须保持激励。

3）图 6-11c 的换向阀为双稳阀（有两个常位，且最后工作的机能位是当前的常位），一侧电磁铁得电其邻位工作，该侧电磁铁失电其邻位仍然保持工作（自锁和故障保位功能），直到另一侧电磁铁得电才换向，因此通常令电磁铁得电 40~50ms（大于电磁铁吸合响应时间，保证已稳妥换向）后再失电，节能且保护电磁铁，这种换向阀具有记忆功能，其阀芯一直保持在失电前的状态。其动作顺序表（见表 4-4）可以保持激励也可以不保持激励，在使用继电器控制时，不需保持电路，简化了电路设计。

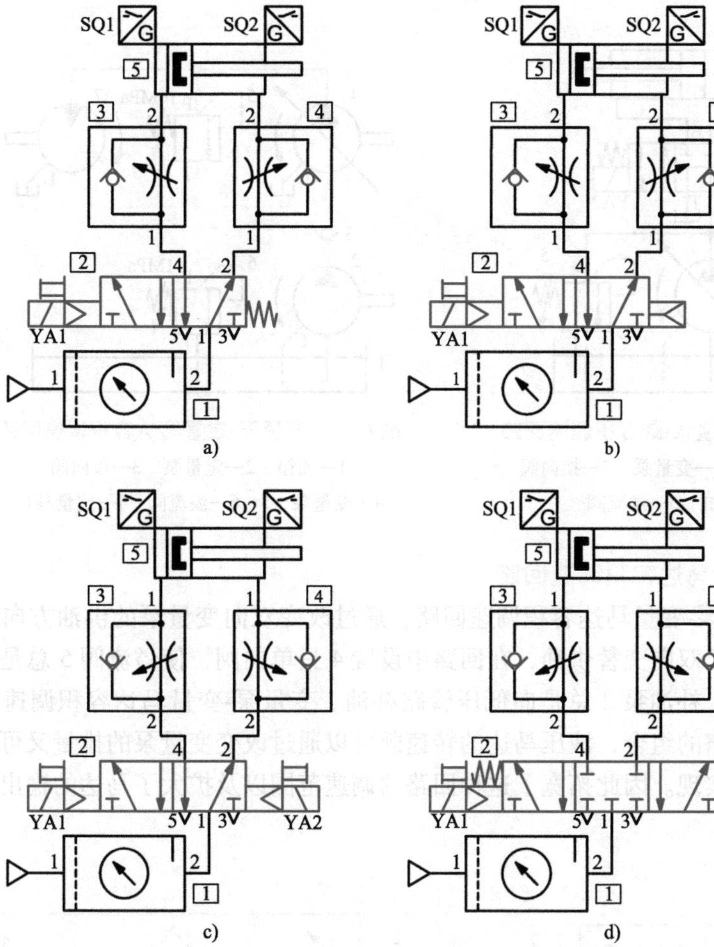

图 6-11 气动节流调速回路

a）、b）进口节流 c）、d）出口节流

1—FRL 装置 2—换向阀 3、4—单向节流阀 5—气缸

6. 2. 2 <液压>容积调速回路

1. 变量泵-定量马达（或缸）容积调速回路

图 6-12、图 6-13 分别为变量泵-缸、变量泵-定量马达容积调速回路。这两个回路都是通过改变变量泵的排量来实现调速的。图 6-12 是开式回路，用后的液压油直接返回油箱；图 6-13 是闭式回路，用后的液压油引入泵 4 进口被继续使用。图 6-13 中定量泵 2 是补充泄漏用的辅助泵，补油压力由溢流阀 6 调定，这样可以使低压管路始终保持较低的压力，改善了变量泵的吸油条件，并能防止空气进入或出现空穴现象。

2. 定量泵-变量马达容积调速回路

图 6-14 为定量泵-变量马达容积调速回路，定量泵 4 的输出流量基本不变，变量马达 7 通过调节排量便可调节转速。

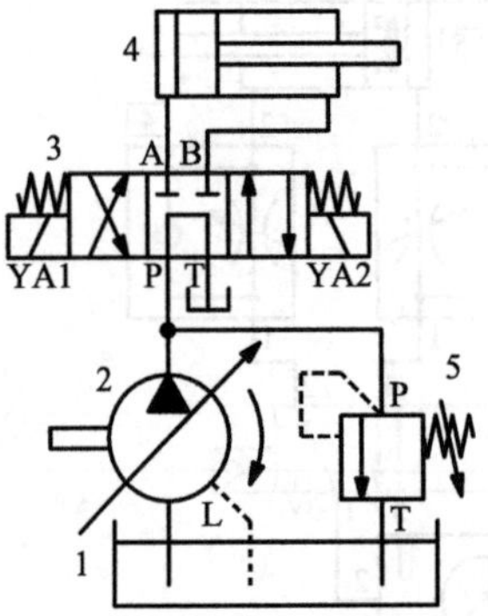

图 6-12　变量泵-缸容积调速回路

1—油箱　2—变量泵　3—换向阀

4—缸　5—溢流阀

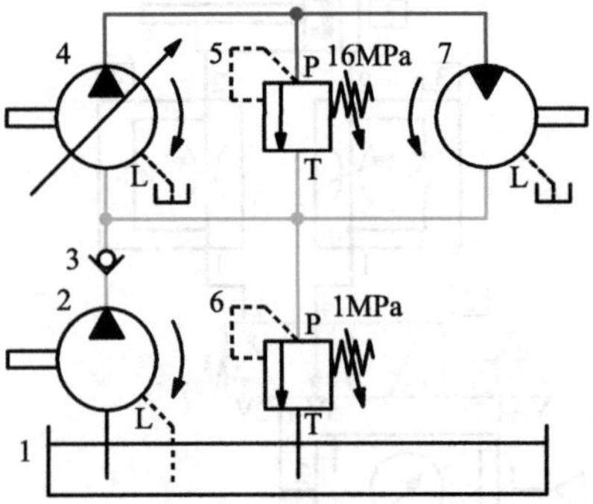

图 6-13　变量泵-定量马达容积调速回路

1—油箱　2—定量泵　3—单向阀

4—变量泵　5、6—溢流阀　7—定量马达

3. 变量泵-变量马达容积调速回路

图 6-15 为变量泵-变量马达容积调速回路，通过改变双向变量泵的供油方向实现双向变量马达的换向。由于双向交替供油，在回路中设置 4 只单向阀，使溢流阀 5 总是限定高压管路的最高工作压力，补油泵 2 总是向低压管路补油。变量泵-变量马达容积调速回路就是前述两种容积调速回路的组合，液压马达的转速既可以通过改变变量泵的排量又可以通过改变变量马达的排量来实现。因此拓宽了这种回路的调速范围以及扩大了马达的输出转速和输出功率的可选择性。

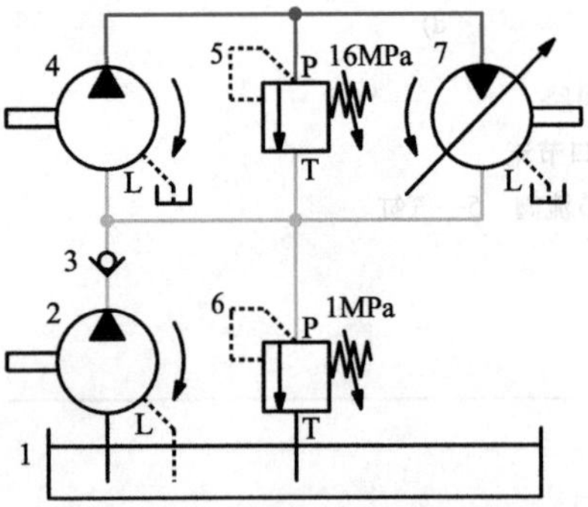

图 6-14　定量泵-变量马达容积调速回路

1—油箱　2—补油泵　3—单向阀

4—定量泵　5、6—溢流阀　7—变量马达

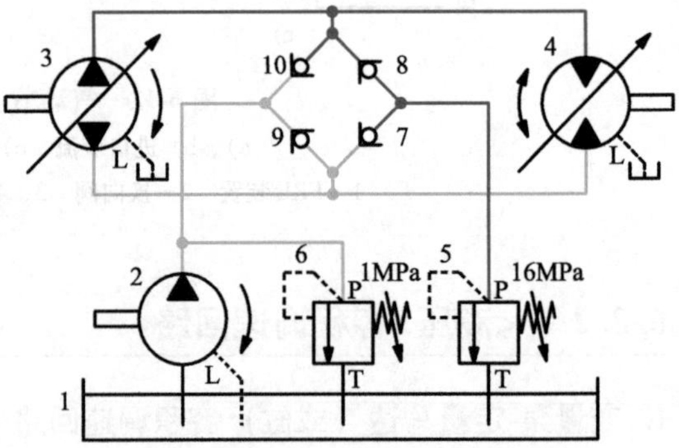

图 6-15　变量泵-变量马达容积调速回路

1—油箱　2—补油泵　3—双向变量泵　4—双向变量马达

5、6—溢流阀　7~10—单向阀

6.3 速度变换回路

速度变换回路是使执行元件从一种速度变换到另一种速度的回路。

6.3.1 差动增速回路

液压与气动的差动增速原理相同，仅以液压为例进行说明。图 6-16a 为差动回路，该回路的电磁铁动作顺序表见表 6-1。

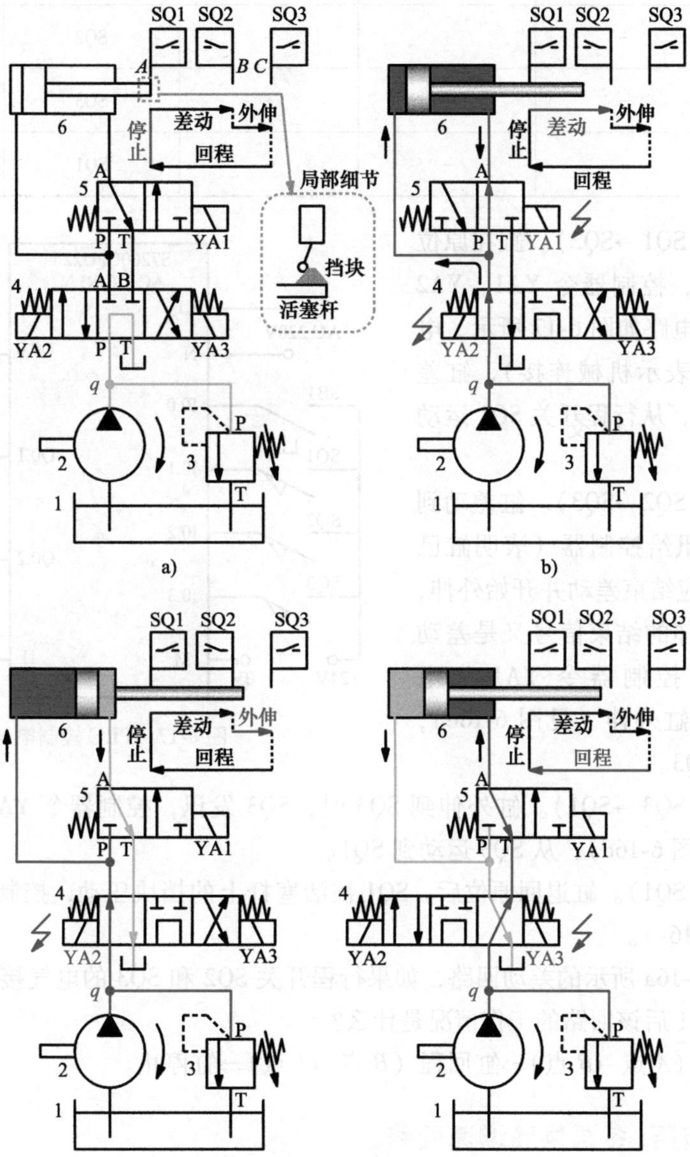

图 6-16 差动回路

a）缸停止 b）缸差动 c）缸外伸 d）缸回程

1—油箱 2—泵 3—溢流阀 4—4/3 电磁换向阀 5—3/2 电磁换向阀 6—缸

表 6-1 差动回路的电磁铁动作顺序表

动作	输出			输入	
	YA1	YA2	YA3	动作开始信号	动作结束信号
缸差动	+	+	−	SB1	SQ2
缸外伸	−	+	−	SQ2	SQ3
缸回程	−	−	+	SQ3	SQ1
缸停止	−	−	−	SQ1	SB1

1）缸差动（SQ1→SQ2）。缸在原位时按下按钮 SB1，控制器令 YA1、YA2 得电（PLC 控制电路如图 6-17 所示，电气简图中的虚线表示机械连接），缸差动（见图 6-16b），从行程开关 SQ1 运动到 SQ2。

2）缸外伸（SQ2→SQ3）。缸差动到 SQ2 时，SQ2 发讯给控制器（表明缸已到达 SQ2，此时应结束差动并开始外伸，SQ2 发讯既是外伸的结束信号又是差动的开始信号），控制器令 YA1 失电（YA2 仍得电），缸外伸（见图 6-16c），从 SQ2 运动到 SQ3。

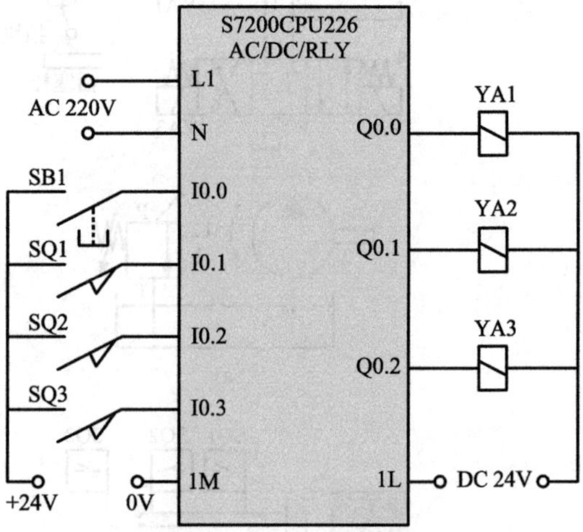

图 6-17 PLC 控制电路

3）缸回程（SQ3→SQ1）。缸外伸到 SQ3 时，SQ3 发讯，控制器令 YA2 失电、YA3 得电，缸回程（见图 6-16d），从 SQ3 运动到 SQ1。

4）缸停止（SQ1）。缸退回原位后，SQ1 被活塞杆上的挡块压动，控制器令 YA3 失电，缸停止（见图 6-16a）。

例 6-1 图 6-16a 所示的差动回路，如果行程开关 SQ2 和 SQ3 的电气接线颠倒，缸在原位时按下按钮 SB1 后该回路的工作情况是什么？

解 缸差动（*A* 点→*B* 点）⇒缸回程（*B* 点→*A* 点）⇒缸停止。

6.3.2 <液压>多泵供油增速回路

许多系统各工作阶段的运动速度差别很大，若只用一台泵则在速度慢时就会浪费流量，引起功率损失。这时，可采用两台或多台泵，速度快时这些泵同时供油，速度慢时将部分泵卸荷，如此，功率利用合理，有很好的节能效果。图 6-18 为用电磁溢流阀的双泵供油回路，其电磁铁动作顺序表见表 6-2。

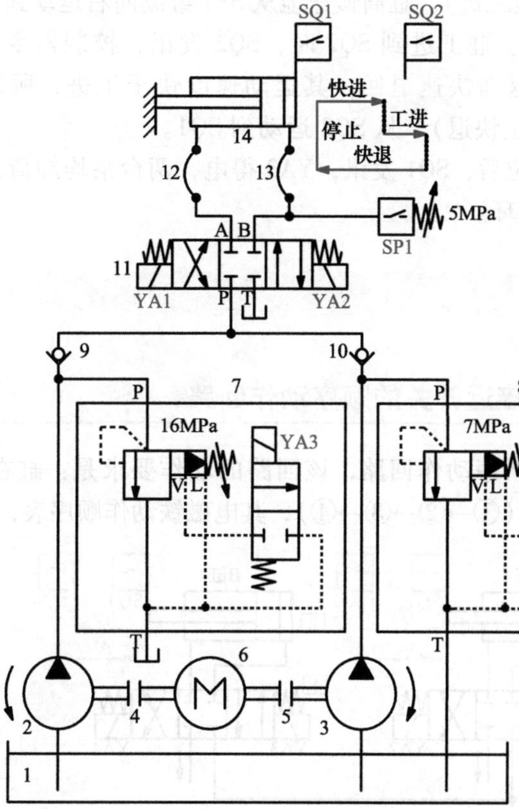

图 6-18 双泵供油回路

1—油箱 2、3—泵 4、5—联轴器 6—双轴伸电动机 7、8—电磁溢流阀 9、10—单向阀 11—4/3 电磁换向阀 12、13—软管总成 14—缸

表 6-2 双泵供油回路的电磁铁动作顺序表

动作	输出				输入	
	YA1	YA2	YA3	YA4	动作开始信号	动作结束信号
缸快进（双泵供油）	+	−	−	+	SB1	SP1
缸工进（左泵供油）	+	−	−	−	SP1	SQ2
缸快退（双泵供油）	−	+	−	+	SQ2	SQ1
缸停止（双泵卸荷）	−	−	+	−	SQ1	SB1

1）缸快进（SQ1→SP1）。缸在原位时按下按钮 SB1，控制器令 YA1、YA4 得电，双泵同时供油，缸快进（快进即快速进给，快进时通常负载较小，图 6-16 差动回路中的差动就是快进），缸筒快速地从 SQ1 向右运动，当负载增大使得缸底压力达到压力开关 SP1 的设定值 5MPa 时，快进结束。本例采用活塞杆固定式（缸筒运动），与缸筒固定式（活塞杆运动）的动作控制相同，即缸底进油、有杆端排油时均为缸外伸，有杆端进油、缸底排油时均为缸回程。

2）缸工进（SP1→SQ2）。缸底压力达到 SP1 的设定值 5MPa 时，SP1 发讯，控制器令 YA4 失电，右泵卸荷，左泵单独供油；缸工进（工进即工作进给，工进时通常负载较大，

图 6-16 差动回路中的外伸就是工进），缸筒慢速地从 SP1 继续向右运动到 SQ2。

3）缸快退（SQ2→SQ1）。缸工进到 SQ2 时，SQ2 发讯，控制器令 YA2、YA4 得电，双泵同时供油，缸快退（快退即快速退回，其运动速度快于工进，所以称为“快”退，图 6-16 差动回路中的回程就是快退），从 SQ2 运动到 SQ1。

4）卸荷停止。缸退回原位后，SQ1 发讯，YA3 得电，两台泵均卸荷，缸停止。当再次按下 SB1 时，开始下一工作循环。

6.4 多执行元件顺序动作回路

6.4.1 用位置开关或接近开关的顺序动作回路

图 6-19 为用位置开关的顺序动作回路，该回路的动作要求是：缸在原位时按下按钮 SB1，完成一次顺序动作循环（①→②→③→④），其电磁铁动作顺序表，见表 6-3。

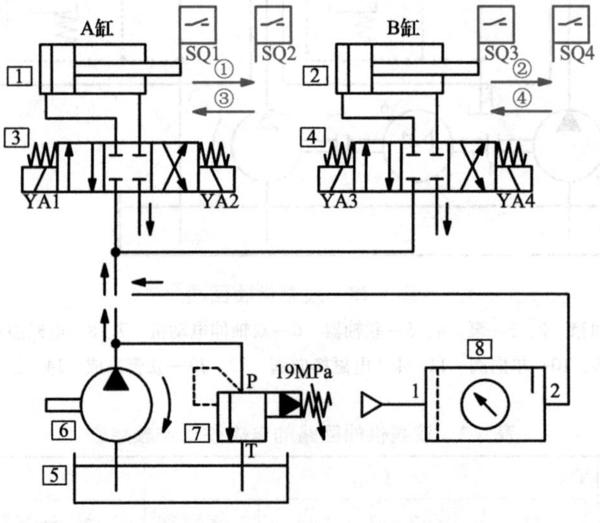

图 6-19 用位置开关的顺序动作回路

1、2—缸 3、4—4/3 电磁换向阀 5—油箱 6—泵 7—溢流阀 8—FRL 装置

表 6-3 电磁铁动作顺序表（顺序一）

动作	输出				输入	
	YA1	YA2	YA3	YA4	动作开始信号	动作结束信号
①A 缸外伸	+	–	–	–	SB1	SQ2
②B 缸外伸	–	–	+	–	SQ2	SQ4
③A 缸回程	–	+	–	–	SQ4	SQ1
④B 缸回程	–	–	–	+	SQ1	SQ3

调整缸的行程可通过改变位置开关或挡块的位置实现，动作顺序调整可通过改变控制程序（或硬件接线）实现。假如设备工艺要求该回路的动作顺序为：①→②→④→③，则电

磁铁动作顺序表见表 6-4。

表 6-4 电磁铁动作顺序表（顺序二）

动作	输出				输入	
	YA1	YA2	YA3	YA4	动作开始信号	动作结束信号
①A 缸外伸	+	−	−	−	SB1	SQ2
②B 缸外伸	−	−	+	−	SQ2	SQ4
④B 缸回程	−	−	−	+	SQ4	SQ3
③A 缸回程	−	+	−	−	SQ3	SQ1

图 6-20 为用接近开关的气动顺序动作回路，可基于该回路进行实验或项目式教学，内容包括气动回路的连接，控制电路的设计与连接，以及调试运行与技术总结。

项目式教学案例 1

项目式教学案例 2

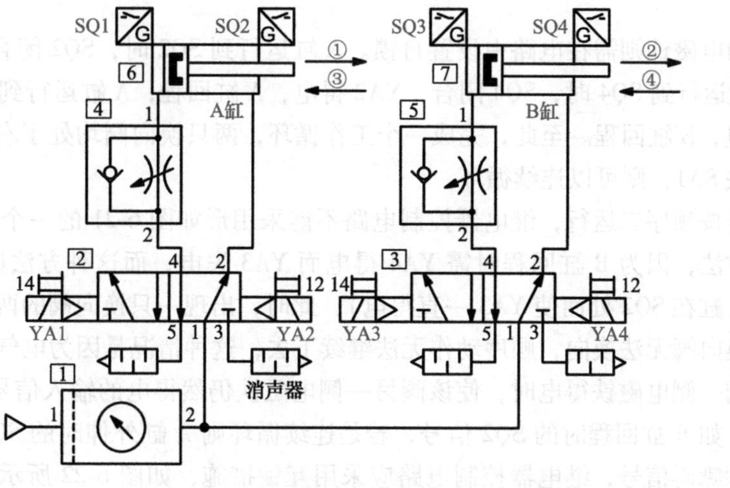

图 6-20 用接近开关的气动顺序动作回路

1—过滤减压阀 2、3—5/2 电-气换向阀（双电控） 4、5—单向节流阀 6、7—气缸

图 6-20 实验操作

该回路中，气缸的活塞带有磁环，接近开关 SQ1~SQ4 为磁性接近开关，固定在气缸上；气缸动作迅速，为降低速度便于观察动作顺序，缸回程时可调速。该回路要求两种动作顺序：顺序一（①→②→③→④），顺序二（①→②→④→③），对应的电磁铁动作顺序表，分别见表 6-3、表 6-4。

该气动回路按顺序一工作时的继电器控制电路，如图 6-21a 所示；采用 PLC 控制，SB1、SA1（用于单次循环与连续循环的切换）、SQ1~SQ4 分别连接 PLC（三菱 FX_{2N} 系列）的输入端子 X0~X5，YA1~YA4 分别连接 PLC 的输出端子 Y0~Y3，则 PLC 控制程序如图 6-21b 所示。

两气缸的初始位置在缸底（如果不在缸底，回路接通气源后自动回到缸底，因为上一波实验结束后，两只 5/2 电-气换向阀均处于右位），接近开关 SQ1、SQ3 的常开触点闭合。按下 SB1，YA1 得电，A 缸外伸。SB1 按下后自动复位又处于断开状态（为常 0 信号），但该回路采用了 5/2 电-气换向阀（双电控），具有自锁功能，因此不需在电路中设置自锁，而

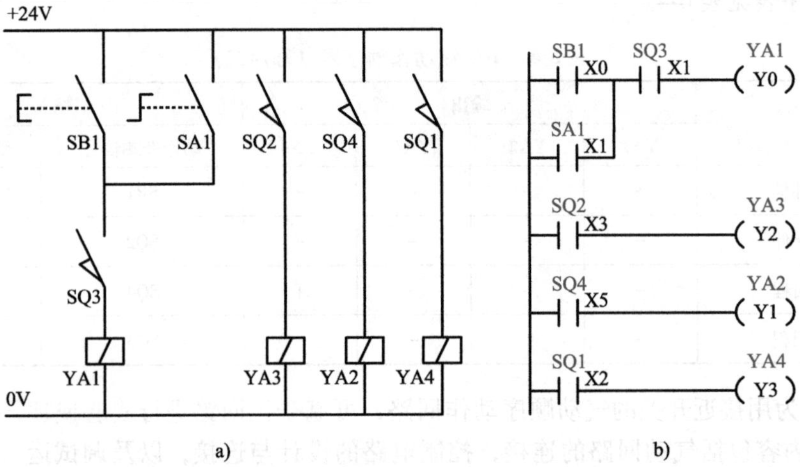

图 6-21　继电器控制电路和 PLC 控制程序（顺序一）

三位换向阀的电磁铁则需在电路中设置自锁。A 缸运行到 SQ2 时，SQ2 闭合，YA3 得电，B 缸外伸；B 缸运行到 SQ4 时，SQ4 闭合，YA2 得电，A 缸回程；A 缸运行到 SQ1 时，SQ1 闭合，YA4 得电，B 缸回程。至此，完成一个工作循环，两只换向阀均处于右位。如果在 SB1 处并联一开关 SA1，则可以连续循环。

该回路若按顺序二运行，继电器控制电路不能采用形如图 6-21 的一个接近开关控制一个电磁铁的方法，因为 B 缸回程时需 YA4 得电而 YA3 失电，而这种方法则不能使 YA3 失电（此时，A 缸在 SQ2 处而使 YA3 一直得电），此时，出现一只换向阀的两个电磁铁同时得电的情况，换向阀无法换向，顺序动作无法继续下去，这种情况是因为电气控制中存在障碍信号。换向阀一侧电磁铁得电时，使该阀另一侧电磁铁仍然得电的输入信号（为常 1 信号）为障碍信号，如 B 缸回程时的 SQ2 信号，若是连续循环则 A 缸外伸时的 SQ3 信号也为障碍信号。要消除障碍信号，继电器控制电路应采用互锁措施，如图 6-22 所示。X-D 线图（信号-动作线图）是分析和消除障碍信号的常用方法，详见有关气压传动与控制图书。

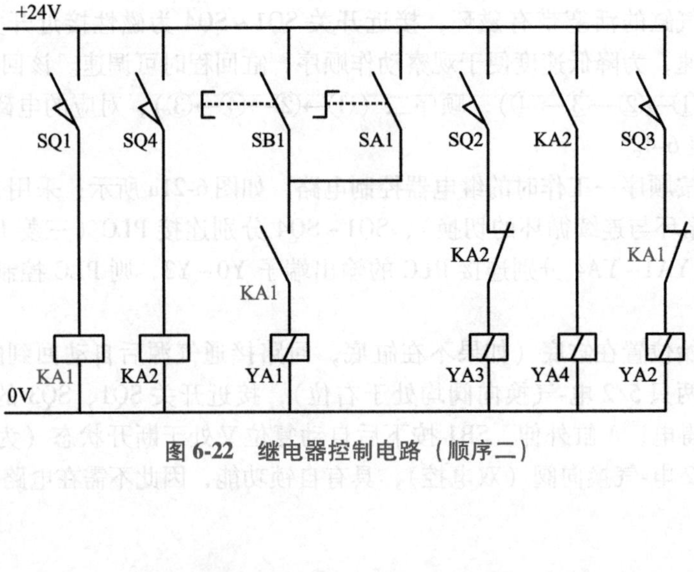

图 6-22　继电器控制电路（顺序二）

图 6-22 中，SQ1、SQ4 既要用于控制缸的动作，又需要用来建立自锁关系，但它们没有辅助触点，因而用中间继电器 KA1、KA2 进行转换；中间继电器 KA3，则用于消除障碍信号。在电路图中，同一个元件或低压电器的不同部件可根据需要画在不同的地方，但必须用相同的标识，例如 KA1，图中依次为 KA1 的线圈、常开和常闭触点。

如果 PLC 的输入、输出接线与顺序一相同，则顺序二的 PLC 控制程序如图 6-23 所示，其中，M0 ~ M3 为 PLC 程序内部的辅助继电器，SET 和 RST 分别为置位、复位指令，在每一步动作都用 RST 进行了消除障碍信号（不论有无障碍信号）。可见，利用 PLC 控制可以比较容易地消除障碍信号问题，且系统改变动作顺序时，不需变动硬件接线而仅需调整程序即可。

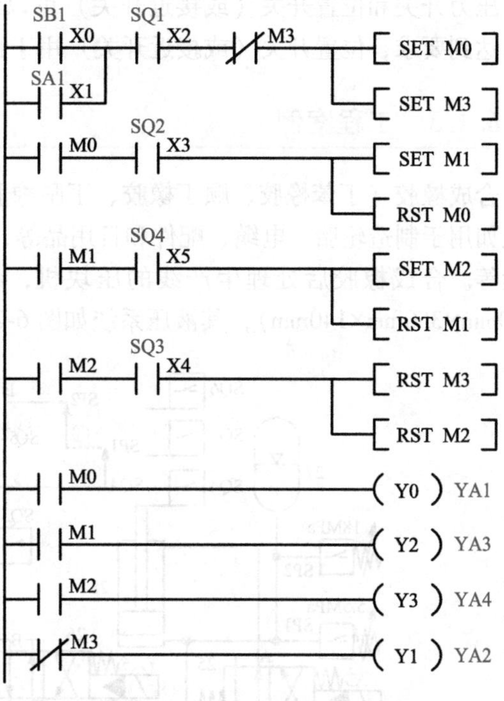

图 6-23 PLC 控制程序（顺序二）

6.4.2 用压力开关的顺序动作回路

图 6-24 为用压力开关的顺序动作回路，该回路的动作要求是：缸在原位时按下按钮 SB1，完成一次顺序动作循环（①→②→③→④）。其电磁铁动作顺序表，见表 6-5，以左缸外伸为例，左缸外伸时缸底压力升高（因负载作用），当升到 SP1 的设定值时，左缸停止，右缸外伸。假如工艺要求的动作顺序发生变化，则调整程序即可实现。

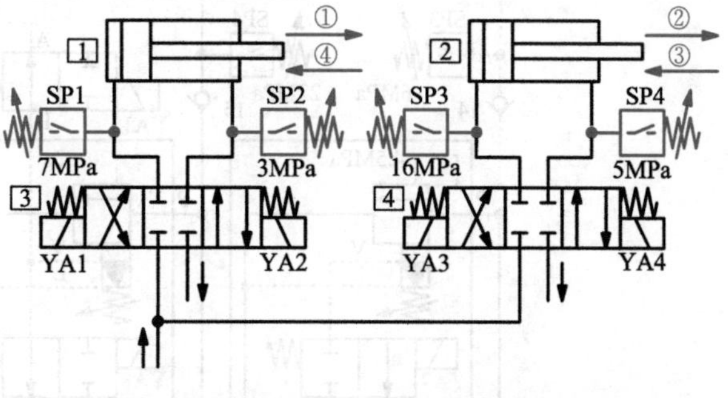

图 6-24 用压力开关的顺序动作回路

1、2—缸 3、4—4/3 电磁换向阀

表 6-5 图 6-24 的电磁铁动作顺序表

动作	输出				输入	
	YA1	YA2	YA3	YA4	动作开始信号	动作结束信号
①左缸外伸	–	+	–	–	SB1	SP1
②右缸外伸	–	–	–	+	SP1	SP3
③右缸回程	–	–	+	–	SP3	SP4
④左缸回程	+	–	–	–	SP4	SP2

压力开关和位置开关（或接近开关）可以组合使用，压力开关用于缸的压力即缸输出力已达到要求，位置开关（或接近开关）用于缸的位置已达到要求。

6.4.3 工程案例

合成橡胶（丁苯橡胶、顺丁橡胶、丁腈橡胶等）是化学工业三大合成材料之一，用途广泛如用于制造轮胎、电缆、配件和日用品等，还可用于制造流体传动中软管、密封和真空吸盘等。合成橡胶后处理生产线的压块机，将称重后的合成橡胶散状胶粒挤压成胶块（700mm×350mm×140mm），其液压系统如图 6-25 所示，电磁铁动作顺序表见表 6-6。

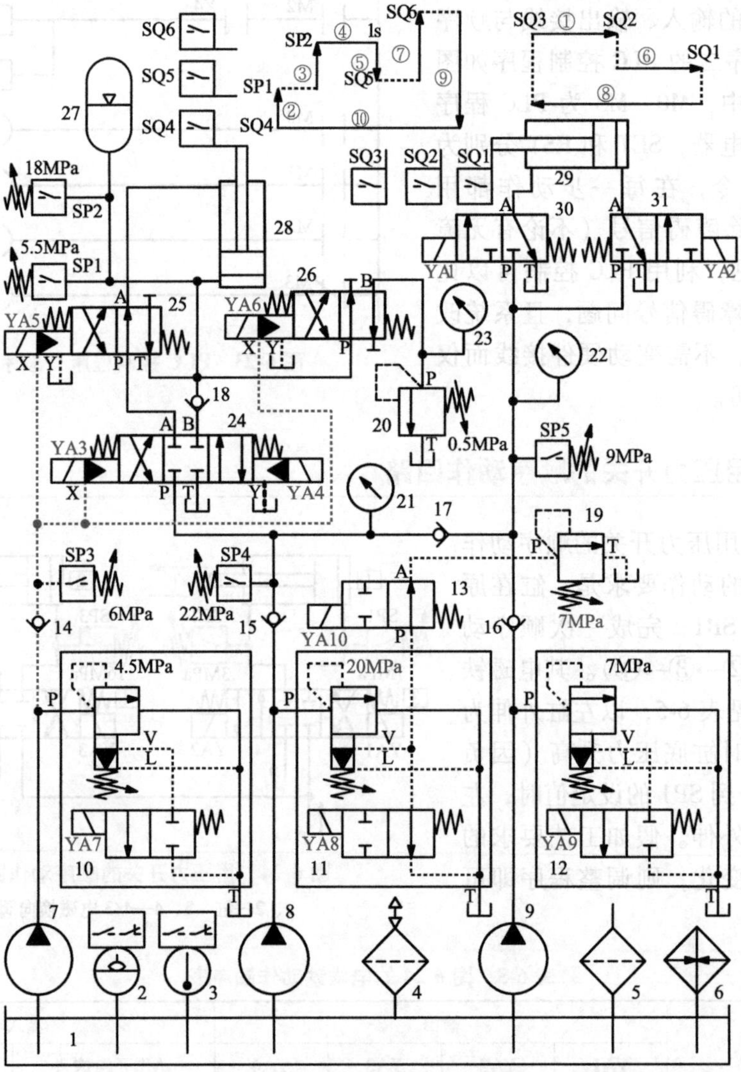

图 6-25 液压传动系统工程案例

1~6—油箱及附件 7~9—泵 10~12—电磁溢流阀 13—2/2 电磁换向阀
14~18—单向阀 19、20—溢流阀 21~23—压力表 24—4/3 电液换向阀
25、26—4/2 电液换向阀 27—蓄能器 28、29—缸 30、31—3/2 电磁换向阀

表 6-6 图 6-25 的电磁铁动作顺序表

动作	YA1	YA2	YA3	YA4	YA5	YA6	YA7	YA8	YA9	YA10
①水平后退	+	−	−	−	−	−	+	−	−	−
②垂直差动	−	−	+	−	+	−	−	−	−	+
③垂直工进	−	−	+	−	−	−	−	+	+	−
④垂直停止	−	−	−	−	−	−	+	−	+	−
⑤垂直下降	−	−	−	+	−	+	−	−	−	+
⑥水平后退	−	+	−	−	−	−	+	−	−	−
⑦垂直差动	−	−	+	−	+	−	−	−	−	+
⑧水平差动	+	+	−	−	−	−	+	−	−	−
⑨垂直下降	−	−	−	+	−	+	−	−	−	+
⑩待料装料	−	−	−	−	−	−	+	−	+	−

该系统中，在不需要某泵供油时该泵卸荷，两只缸用行程、压力和延时来实现工艺要求的如下顺序动作：

①水平后退（SQ3→SQ2）。水平缸后退，带动盖板关闭压块机料腔，泵 9 单独供油。

②垂直差动（SQ4→SP1）。垂直缸压头差动上升将散料初步压成胶块，泵 8 低压与泵 9 同时供油。

③垂直工进（SP1→SP2）。垂直缸压头加压上升将胶块压实，泵 8 高压单独供油。

④垂直停止（SP2→1s）。垂直缸压头停止，垂直缸缸底油路封闭而保压使胶块成型，该动作定时 1s。

⑤垂直下降（1s→SQ5）。垂直缸压头下降，释放成型胶块的变形并使胶块与盖板脱离，泵 8 低压与泵 9 同时供油。

⑥水平后退（SQ2→SQ1）。水平缸带动盖板再后退，打开压块机料腔，泵 9 单独供油。

⑦垂直差动（SQ5→SQ6）。垂直缸压头差动，将胶块推出料腔，泵 8 低压与泵 9 同时供油。

⑧水平差动（SQ1→SQ3）。水平缸差动，带动盖板将胶块推走（推到传送带），泵 9 单独供油。

⑨垂直下降（SQ6→SQ4）。垂直缸压头下降到最下端，料腔腾出空间为装料做准备，泵 8 低压与泵 9 同时供油。

⑩待料装料。系统卸荷，等待装料，生产线控制器收到信号后装料（将称重后的散料装入料腔）。之后，开始下一工作循环。

6.5 <气动>真空吸着回路

如图 6-26 所示，夹持、抓取物体的常见方法是使用夹具（又称为气爪或手指气缸，见表 3-1），而对于没有抓取点或易受力损坏的工件则适用于真空吸着（抓取）。真空吸着回路特别适用于抓取薄、敏感或易碎工件如太阳能电池、晶圆、平板、薄膜、电路板、玻璃等。

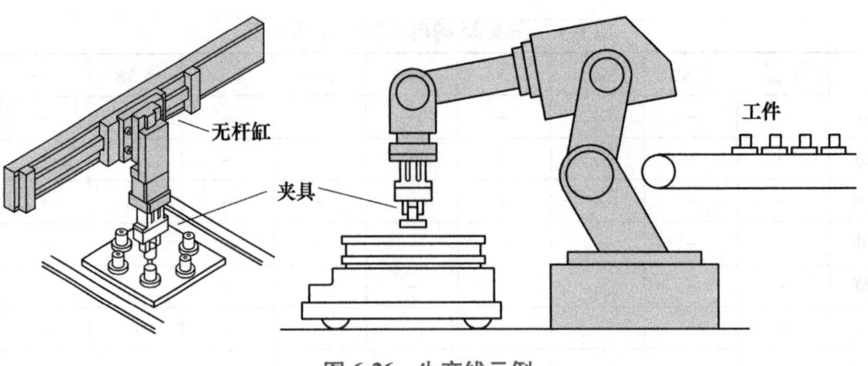

图 6-26　生产线示例

图 6-27a 为用真空发生器的真空吸着回路，适用于小型系统。当需要产生真空吸着工件时，真空吸盘 8（由缸带动，可组成真空吸着搬运回路）接触工件后其内密闭，YA1 得电，换向阀 2（其作为真空供给阀，向真空发生器供给压缩空气，控制真空发生的通断）左位工作，压缩空气从真空发生器 4（是用压缩空气产生真空的元件）的阀口 1 进入并从阀口 3 排出（经消声器后排入大气），阀口 2 处的空气逐渐跟随并从阀口 3 排走，在阀口 2 和真空吸盘 8 处产生真空，使真空吸盘吸着工件，真空发生器所能到达的相对真空度即表压力示例：-48kPa、-66kPa、-90kPa；当需要放开工件时（缸带动真空吸盘搬运工件到达目标工位后），YA2 得电，换向阀 3（其作为真空破坏阀，控制真空破坏空气的通断，快速让真空吸着后的工件脱离）左位工作，压缩空气经节流阀 5（控制真空破坏流量，以控制工件脱离时间，防止气流过大吹飞工件）进入真空吸盘，真空被破坏，真空吸盘与工件脱离（然后，缸带动真空吸盘返回原位准备再次吸着）。真空压力开关 6 用于检测真空吸盘的相对真空度，

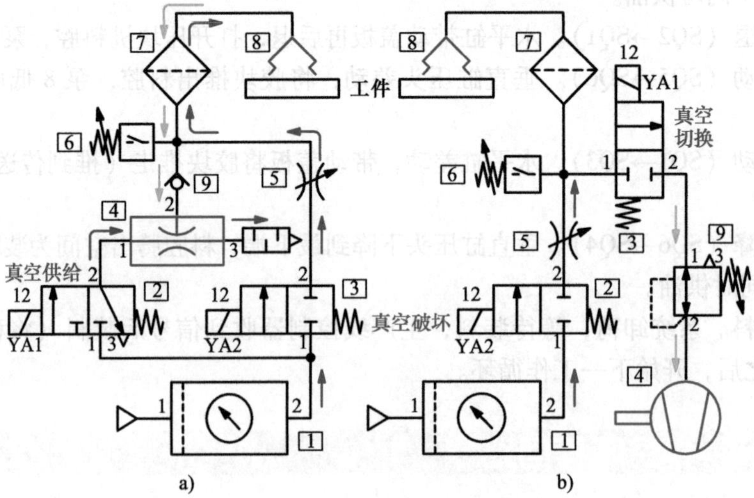

图 6-27　真空吸着回路

a）用真空发生器　b）用真空泵

1—过滤减压阀　2、3—换向阀　4—真空发生器、真空泵　5—节流阀

6—真空压力开关　7—真空过滤器　8—真空吸盘　9—单向阀、溢流减压阀

其作用是吸着确认（作为气缸的动作起点），即当相对真空度达到设定值（真空吸盘已可靠吸着，见图6-28）时发讯，例如，吸着搬运回路的动作为：吸着工件→吸着确认→（气缸）搬运工件→释放工件→（气缸）返回原位→再次吸着工件。真空过滤器7用来净化空气，保护真空压力开关、真空发生器和阀等，防止大气中的灰尘进入。单向阀9用于保持真空，以免真空发生器停止工作时空气进入（如从阀口3进入）破坏真空。

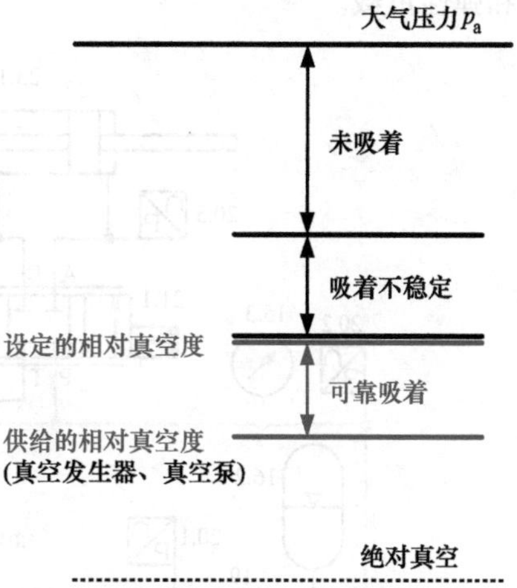

图6-28 相对真空度与可靠吸着

图6-27b为用真空泵的真空吸着回路，适用于大型系统。当换向阀3（其作为真空切换阀，真空泵供给真空的通断控制）的YA1得电时，真空泵产生的真空使真空吸盘将工件吸着；当换向阀2（其作为真空破坏阀，控制真空破坏空气的通断，快速让真空吸着后的工件脱离）的YA2得电时，压缩空气进入真空吸盘，真空被破坏，真空吸盘与工件脱离。溢流减压阀9用于调节相对真空度大小并防止真空压力脉动。

6.6 基于工控机的电液伺服控制系统

由液压伺服系统及其电气控制系统即可组成能够运行的电液伺服控制系统。图6-29所示的电液伺服控制系统，可进行位置控制、力控制等实验研究。

图6-29 电液伺服控制系统实物

6.6.1 液压伺服系统回路图

液压伺服系统回路图如图6-30所示，伺服阀控制的双出杆缸和单出杆缸可连接质量负载和弹性负载。

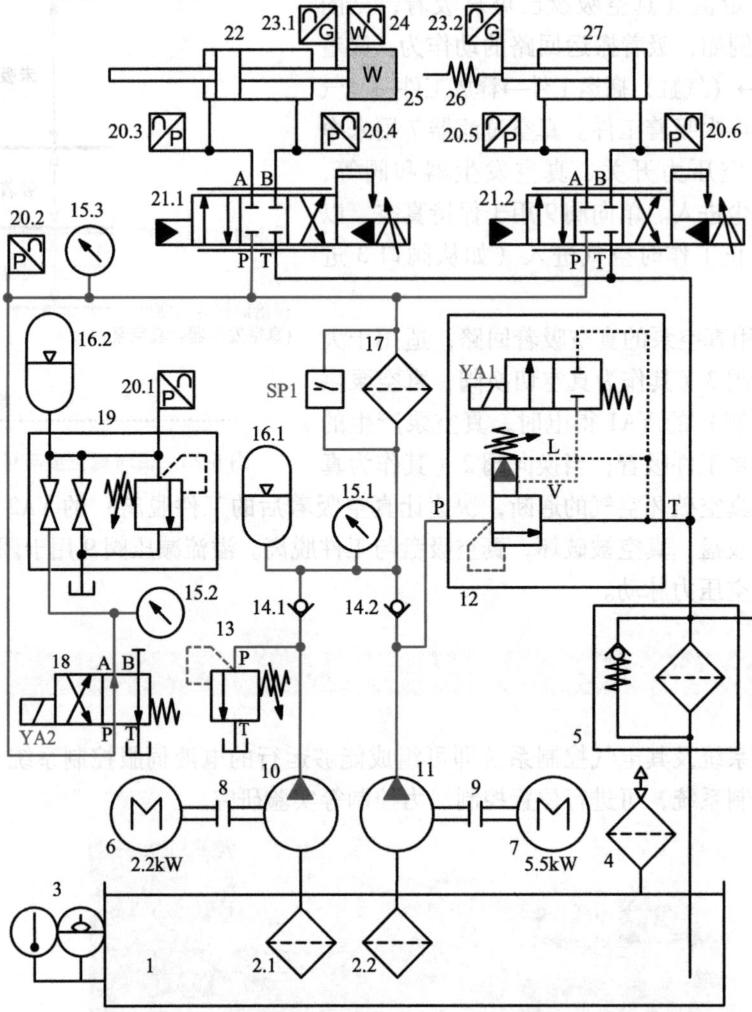

图 6-30 液压伺服系统回路图

1—油箱 2—吸油过滤器 3—液位液温计 4—通气过滤器 5—回油过滤器
6、7—电动机 8、9—联轴器 10—齿轮泵 11—叶片泵 12—电磁溢流阀
13—溢流阀 14—单向阀 15—压力表 16—蓄能器 17—压力管路过滤器
18—4/2 电磁换向阀 19—蓄能器控制阀组 20—压力传感器 21—伺服阀 22—双出杆缸
23—磁致伸缩位移传感器 24—力传感器 25—质量块 26—弹簧 27—单出杆缸

6.6.2 工控机控制系统

电动机主电路及电源电路如图 6-31a 所示，因传感器等元件需 DC 24V 供电，选用 DRD-60B 型 DIN 导轨式 DC 24V 开关电源（60W，DC 24V/1.5A）。电动机有手动与自动两种起停方式，手动起停通过按钮 SB1～SB4 控制接触器 KM1、KM2 实现，自动起停通过板卡直接输出信号控制中间继电器 KA1、KA2 进而控制接触器 KM1、KM2 实现，手动和自动的切换由

转换开关SA2实现，电动机控制电路如图6-31b所示。

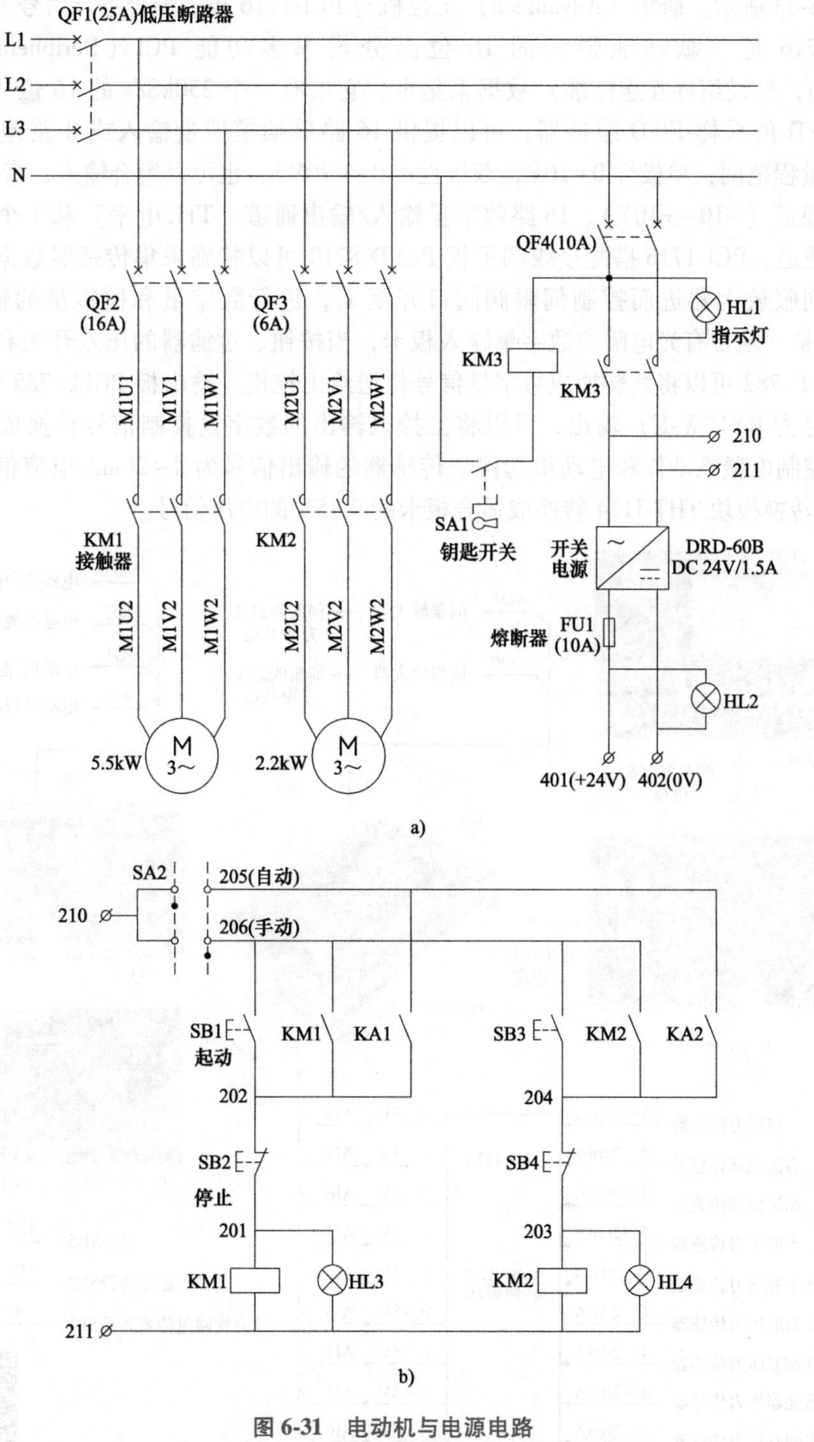

图6-31 电动机与电源电路

a）电动机主电路及电源电路 b）电动机控制电路

如图6-32所示，工控机控制系统包括工控机（及必要的板卡）、转换模块、传感器（包括力、压力、位移传感器）及低压电器（包括低压断路器、继电器、接触器、按钮等），控制柜如图 6-33 所示。研华（Advantech）工控机与 PCI-1716 板卡配合进行信号采集和控制输出，PCI-1716 是一款功能强大的 16 位高分辨率多功能 PCI（Peripheral Component Interconnect，外设组件互连标准）数据采集卡，它带有一个 250kS/s 的 16 位 A/D 转换器，1K 用于 A/D 的采样 FIFO 缓冲器；可以提供 16 路单端模拟量输入或 8 路差分模拟量输入（最大量程范围：单极性 0~10V，双极性-10~+10V），也可以组合输入；带有 2 个 16 位 D/A 输出通道（-10~+10V）、16 路数字量输入/输出通道（TTL 电平）和 1 个 1MHz 的 16 位计数器通道。PCI-1716 搭配接线端子板 PCLD-8710 可以精确采集传感器数据，输出控制信号控制伺服放大器进而控制伺服阀阀口开度 x_v，进行数字量和模拟量的输入与输出。PCLD-782 是一款带有光电隔离数字量输入板卡，当按钮、过滤器的压差开关和压力开关动作时，PCLD-782 可以将其转换成数字量信号传送给工控机。输出板 PCLD-785 带有 16 路继电器（型号为 RY12W-K）输出，可以将工控机输出的数字量控制信号转换成继电器的动作，进而控制电磁铁动作和电动机起停。传感器的输出信号为 4~20mA 电流信号，需通过电流/电压转换模块 THT-I114 转换成适合板卡的 0~5V 的电压信号。

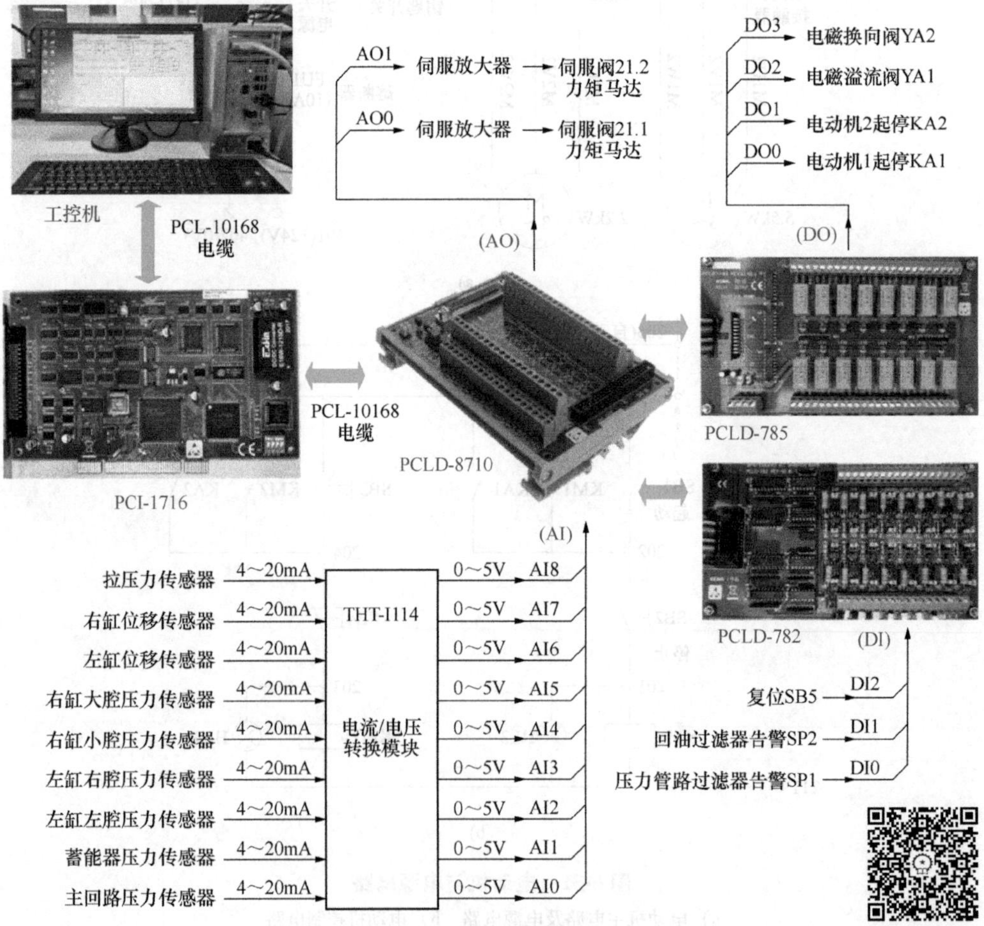

图 6-32　工控机控制系统

图 6-32 高清大图

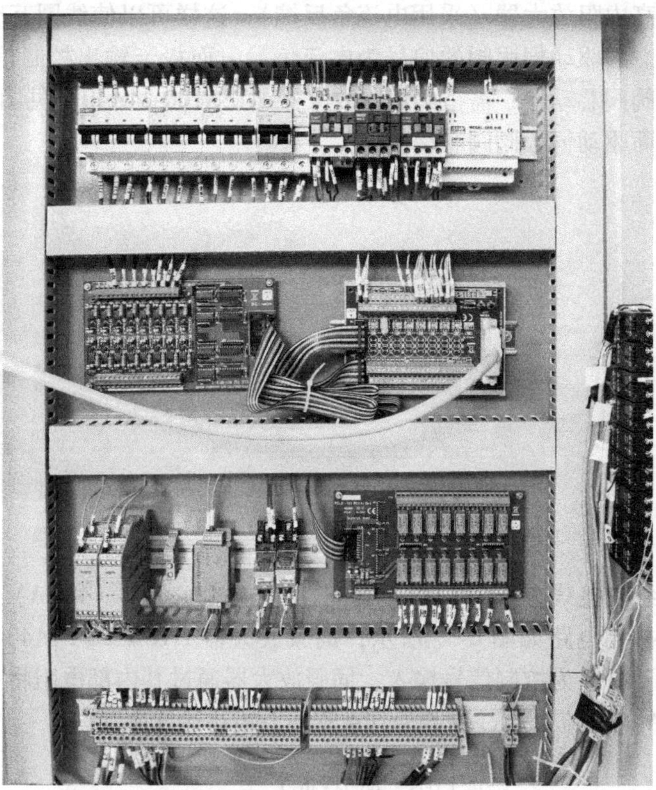

图 6-33 控制柜

图 6-33 高清大图

电液伺服控制系统框图，如图 6-34 所示。工控机将给定信号 r 与反馈信号 b 作差产生偏差 e，控制器对偏差 e 进行运算后输出控制信号 U，通过伺服放大器的信号变换控制伺服阀阀口开度 x_v，进而驱动缸运动产生位移信号 y，位移传感器采集位移信号并转换成电流信号，通过电流/电压转换模块变换成电压信号 b 反馈给工控机，从而实现位置闭环控制。

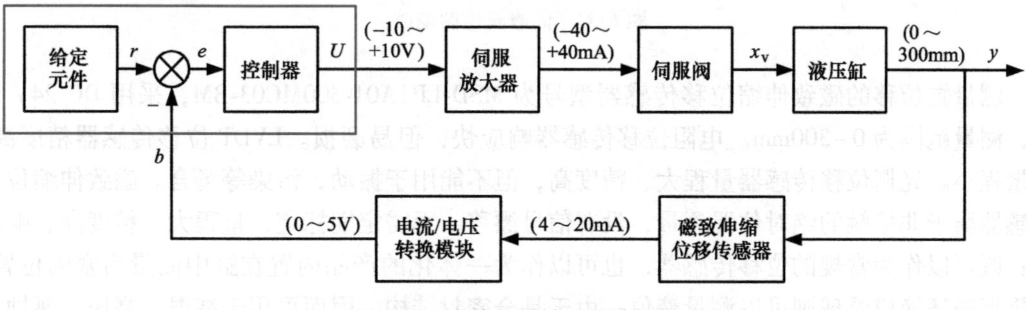

图 6-34 电液伺服控制系统框图

两只伺服阀型号均为航天十八所的喷挡伺服阀（见图 6-35），型号为 SFL212-20-21-40，工作压力 2~25MPa，额定供油压力为 21MPa，额定流量为 20L/min（在阀压降为 $\Delta p=7$MPa 时），铝外壳，采用力矩马达和两级液压放大器结构，主级为滑阀，前置级为喷挡阀，精度高，响应快，结构紧凑。力矩马达每个线圈电阻为 100Ω。伺服阀的输出流量对应于输入电流，所以必须使用高内阻放大器（采用电流负反馈），这样可以使线圈互感及线圈阻抗变化对电流的影响最小。因驱动伺服阀的信号为电流信号，而板卡输出控制信号为-10～+10V，无法直接控制伺服阀阀芯动作，需搭配伺服放大器 HTSA100-24A40（见图 6-36）进行电压/电流信号转换，进而驱动伺服阀阀芯动作。

图 6-35　伺服阀

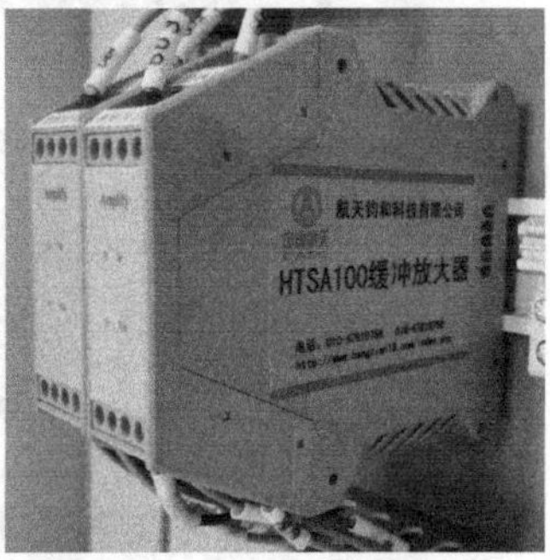

图 6-36　伺服放大器

选择力矩马达线圈接线方式为并联（线圈控制电流为-40～+40mA），以驱动双出杆缸的伺服阀为例，其控制电路如图 6-37 所示，伺服放大器 HTSA100-24A40 的端子 1、2 连接 DC 24V 电源，端子 3、8 为控制信号输入，伺服放大器通过其内部电阻将-10～+10V 的电压转换成-40～+40mA 的电流，通过端子 9、14 驱动力矩马达线圈。

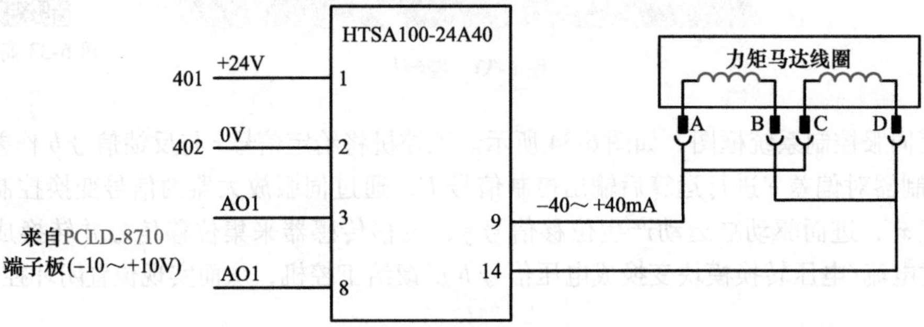

图 6-37　伺服阀控制电路

测量缸位移的磁致伸缩位移传感器型号为 MSD-LP1A01-300MC03-BM，采用 DC 24V 供电，测量范围为 0～300mm。电阻位移传感器响应快，但易磨损。LVDT 位移传感器精度高，但量程小。光栅位移传感器量程大、精度高，但不能用于振动、污染等场合。磁致伸缩位移传感器属于非接触的绝对位置测量，没有信号漂移，无需定期标定，量程大、精度高、响应快；既可以作为常规的位移传感器，也可以作为一体化的产品内置在缸中测量活塞的位置，如果把磁环换成浮球则可以测量液位；由于是全密封结构，因而可用于高温、高压、腐蚀和冲击等恶劣环境。磁致伸缩位移传感器的工作原理及接线电路如图 6-38 所示，它基于磁致伸缩波导丝与游标磁环之间的魏德曼（Wiedeman）效应（磁致伸缩材料的一种物理效应，如图 6-39 所示）来测量与缸活塞或活塞杆相连的游标磁环位置。磁致伸缩波导丝在无外加磁场作用时，其内部磁畴无序；在游标磁环处，产生的磁场 H_b 使此处波导丝内部磁畴沿波导丝的轴向有序排列。传感器电子室产生起始脉冲，延波导丝即时（以光速传播）产生瞬

间的环形磁场 H_d，在游标磁环处与磁场 H_b 相交，波导丝内部磁畴偏转，波导丝产生扭转应变，并以应力波的形式在波导丝中向两端传播，应力波到达检测线圈覆盖的波导丝时，所传递的应力引起该处波导丝内部磁通的变化，被检测线圈捕获，进而产生终止脉冲。通过电子电路计算出终止脉冲和起始脉冲的时间差 Δt，乘以应力波的传播速度 v（即波导丝中的声速）即可求得此时的位移 $v\Delta t$。磁致伸缩位移传感器的输出信号类型可在订购时选型，通常有三种输出信号类型供选择：一为模拟量输出，可输出多种规格的电流或电压信号；二为 SSI（Synchronous Serial Interface，同步串行接口）输出，可输出 24、25、26 位二进制或格雷码；三为 Modbus（一种串行通信协议）输出，可与 PLC 等设备进行通信。本系统选用的输出信号为 4~20mA 电流信号。

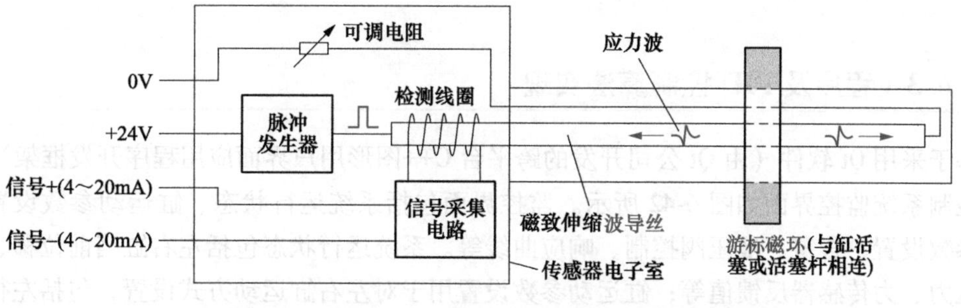

图 6-38　磁致伸缩位移传感器工作原理及接线电路

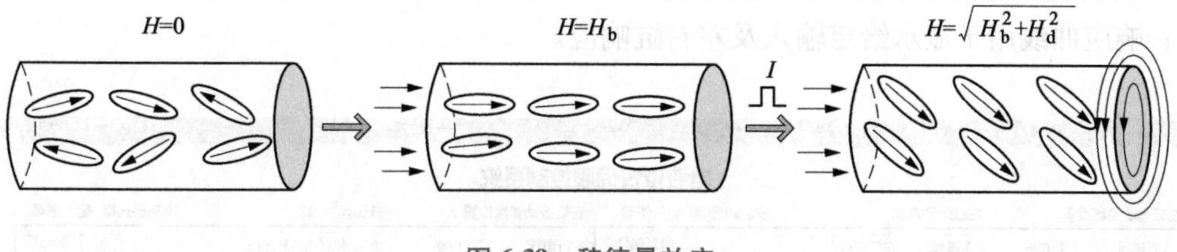

图 6-39　魏德曼效应

测量缸活塞杆端受力的 S 型拉压力传感器型号为 DYLY-103，测量拉力和压力的范围为 0~4903N(500kgf，1kgf=9.80665N)，其上贴有 4 只电阻应变片组成的全桥差动电路，当 S 型应变梁结构的弹性体受力产生弹性形变时电阻应变片阻值也发生变化，这种变化经测量电路转换成电信号输出。拉压力传感器在使用时需搭配 510 型拉压力变送器共同使用，拉压力变送器将 DC 24V 转换 DC 5~15V 通过激励+、-给传感器供电，同时将传感器输出电信号转换成 4~20mA 电流信号，其电路如图 6-40 所示。

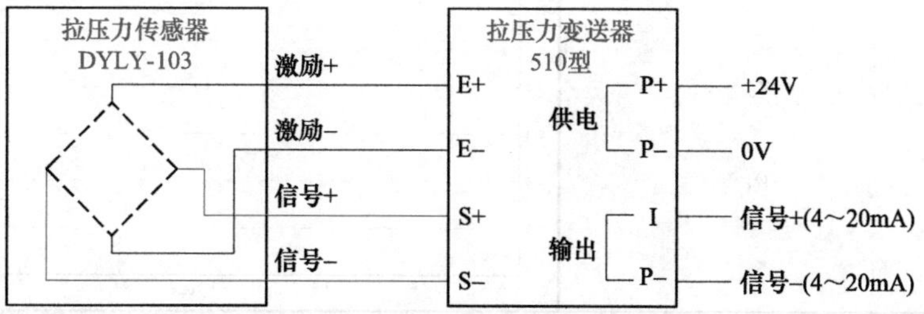

图 6-40　拉压力传感器及变送器电路

选用扩散硅压力传感器（采用硅压阻式压力敏感元件），型号为 SDP6B45-A-400，供电电压为 DC 24V，输出信号为 4~20mA 电流信号，测量范围为 0~40MPa，防护等级为 IP65，接线方式为三线制，如图 6-41 所示。

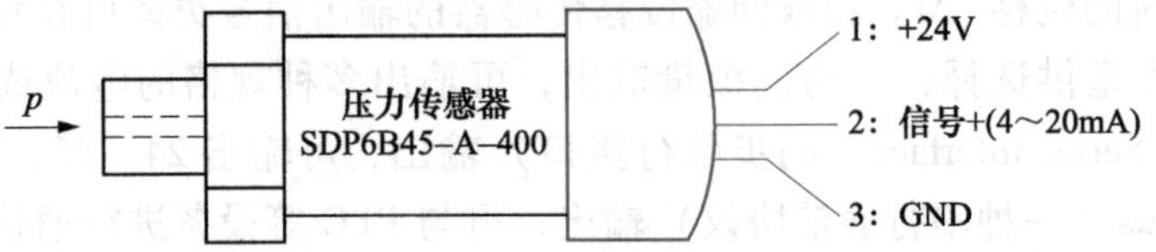

图 6-41　压力传感器接线电路

6.6.3　程序及 PID 控制算法实现

基于采用 Qt 软件（由 Qt 公司开发的跨平台 C++图形用户界面应用程序开发框架）所编制的控制系统监控界面如图 6-42 所示。监控界面包括系统运行状态、缸运动参数设置、控制器参数设置、告警、液压阀控制、响应曲线等。系统运行状态包括左右缸当前位移、各监测点压力、力传感器反馈值等；缸运动参数设置用于对左右缸运动方式设置，包括左行和右行的电压或位移、电动机起停止等；控制器参数设置可选择 PID 控制方法，可以设置 PID 参数；告警包括过滤器堵塞告警及告警复位；液压阀控制包括电磁溢流阀 YA1、电磁换向阀 YA2；响应曲线用于显示给定输入及左右缸响应。

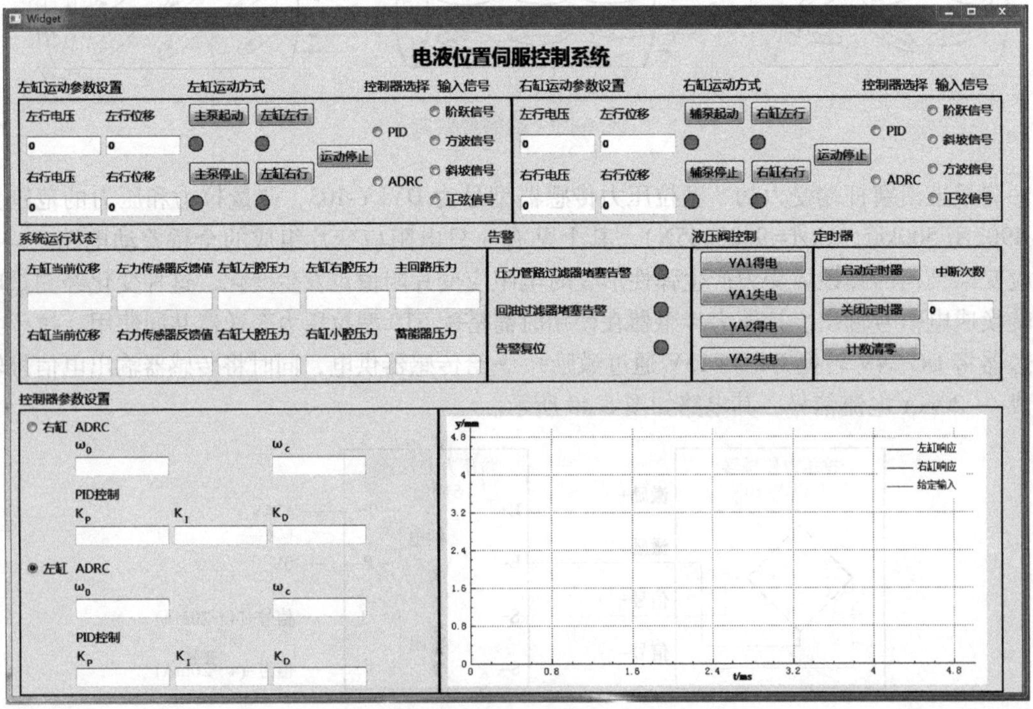

图 6-42　监控界面

本系统可以实现固定负载位移跟踪、弹性负载位移跟踪、同步位移跟踪控制等，可以应用多种控制方法，如线性自抗扰控制、模型参考自适应控制、PID 控制方法等。选用双出杆缸作为实验对象，以 PID 控制方法为例，采用阶跃信号与正弦信号作为输入信号，研究系统的位移跟踪控制。

由阀的流量方程、缸的流量连续方程和缸的力平衡方程等，可以得到系统的开环传递函数为

$$G(s)H(s)=\frac{K}{s\left(\frac{s^2}{\omega_h^2}+\frac{2\zeta_h s}{\omega_h}+1\right)} \tag{6-2}$$

式中，K 为开环增益；ω_h 为液压固有角频率；ζ_h 为液压阻尼比。

增量式 PID 控制是一种适用于工程的递推式的算法，将当前时刻的控制量和上一时刻的控制量作差，以差值为新的控制量，增量式 PID 公式为

$$\Delta u(k)=K_P[e(k)-e(k-1)]+K_I e(k)+K_D[e(k)-2e(k-1)+e(k-2)] \tag{6-3}$$

在 Qt 软件中，用 C++语言编写的增量式 PID 控制程序如下：

```
double Widge::PIDcontroller(float actual, float KP, float KI, float KD) //定义 PID 控制器函数
{
    float sxd; //设置给定位移 sxd 为浮点数,sxd 可以为阶跃、正弦输入等
        // 增量式 PID 控制器
    Error_cur=(float)(sxd - actual); // 偏差等于给出输入与反馈值之差
    OutputVolInc=(float)(KP * (Error_cur-Error_last)+KI * Error_cur + KD * (Error_cur - 2 * Error_last+
    Error_prev)); // 增量式 PID 计算
    PIDOutputVol=PIDOutputVol + OutputVolInc; // 输出电压增量叠加到当前值
    // 更新数据
    Error_prev=Error_last;
    Error_last=Error_cur;
    //输出限幅
    if(PIDOutputVol >= 10.0)
        PIDOutputVol =10.0;
    if(PIDOutputVol <= -10.0)
        PIDOutputVol =-10.0;
    return PIDOutputVol;
}
```

当系统的给定信号为幅值为 3mm 阶跃信号时，采用增量式 PID 控制（PID 参数整定为 $K_P=200$、$K_I=0.1$、$K_D=20$）时，系统的输出曲线如图 6-43 所示。

当系统的给定信号为正弦信号 $r=(100\sin t+110)$ mm 时，采用增量式 PID 控制（PID 参数整定为 $K_P=105$、$K_I=0.1$、$K_D=0.1$），系统的输出曲线如图 6-44 所示。从实验结果可知，液压伺服系统在增量式 PID 控制下可以实现对给定信号的位移跟踪。

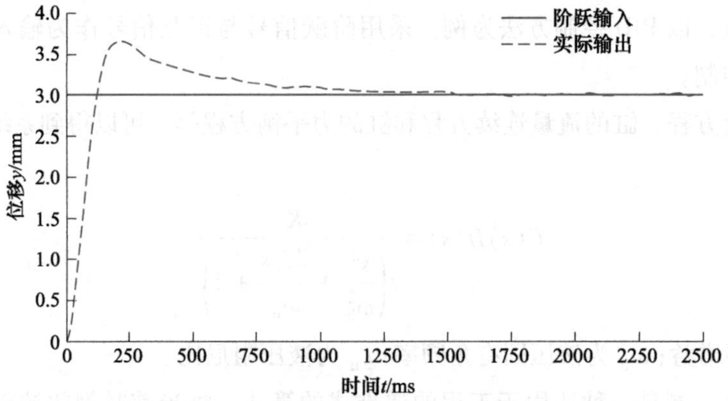

图 6-43　阶跃输入下系统的输出曲线

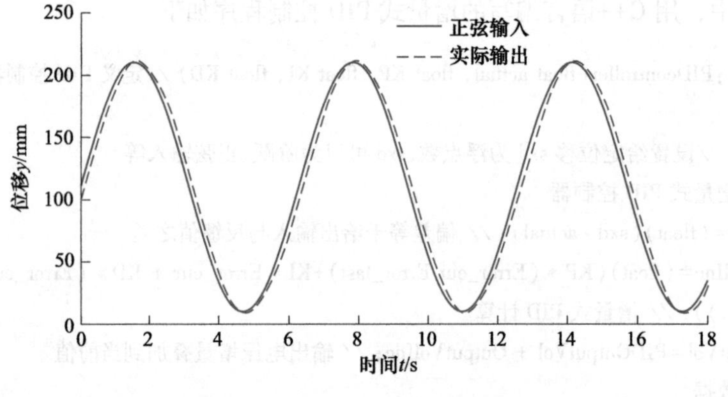

图 6-44　正弦输入下系统的输出曲线

6.7 基于工控机的气动比例控制系统

6.7.1　气动比例控制系统回路图

气动变载荷摩擦磨损试验台及气动回路如图 6-45 所示，可通过控制算法的设计使气缸输出力跟随给定曲线，进而研究试样在不同力环境下的材料性能。

图 6-46 为气动比例控制系统回路图及试验台工作原理。工控机通过伺服驱动器控制伺服电动机带动试样旋转，气缸外伸带动摩擦压头与试样接触从而产生摩擦力，气缸外伸压力由比例溢流减压阀调节，气缸的外伸和回程由 5/2 电-气换向阀控制，拉压力传感器采集气缸输出力并反馈到工控机实现力闭环控制。工控机通过步进驱动器控制 2 台步进电动机可使气缸沿 X 轴、Y 轴快速接近试样。红外测温仪用于监控试样温度。

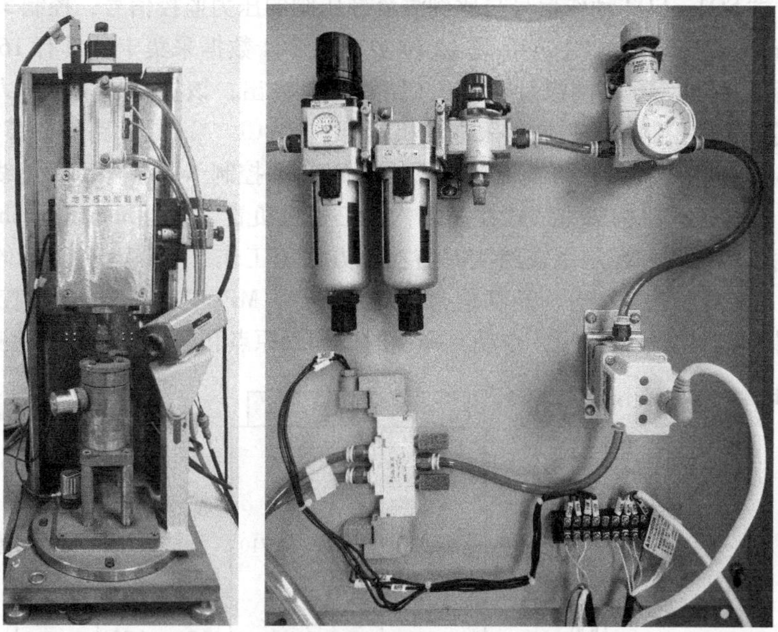

气动回路高清大图

图 6-45 气动变载荷摩擦磨损试验台及气动回路

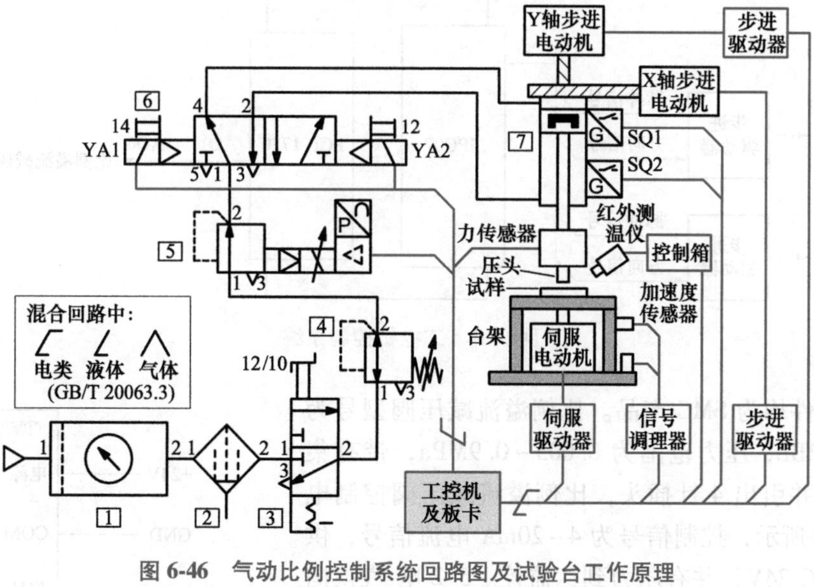

图 6-46 气动比例控制系统回路图及试验台工作原理

1—过滤减压阀 2—油雾分离器 3—3/2 换向阀 4—溢流减压阀

5—比例溢流减压阀 6—5/2 电-气换向阀（双电控） 7—气缸

6.7.2 工控机控制系统

工控机控制系统由工控机、板卡、步进驱动器、伺服驱动器和传感器等组成，如图 6-47 所示。工控机使用了 4 个板卡：①PCI-1761 具有 8 路隔离数字量输入和 8 路继电器输出，采集气缸限位开关SQ1、SQ2动作信号与比例溢流减压阀的压力监控信号，控制5/2电-气换向阀的电磁铁YA1、YA2；②PCI-1710是12位多功能PCI数据采集卡，具有16路数字量输入，16路数字量输出，16路模拟量输入，2路模拟量输出，该板卡采集拉压力、加速度传感器数据，同时输出控制信号控制伺服电动机运行；③PCI-1720是4路隔离模拟量输出卡，输出4~20mA电流信号控制比例溢流减压阀；④MPC07控制卡是基于PCI总线的步进电动机控制单元，它与工控机构成主从式控制结构：工控机负责HMI（human machine interface，人机交互界面）的管理和控制系统的实时监控等方面的工作（如键盘和鼠标的管理、系统状态的显示、控制指令的发送、外部信号的监控等），MPC07卡完成运动控制的所有细节（包括脉冲和方向信号的输出、自动升降速的处理、原点和限位等信号的检测等）。

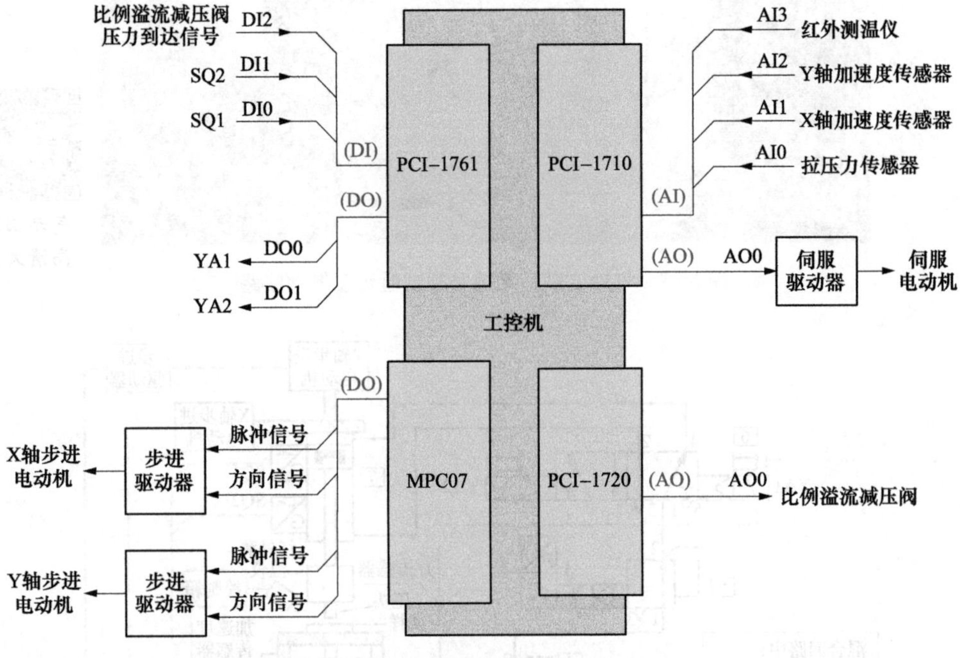

图6-47　工控机控制系统

气动元件均为SMC产品。比例溢流减压阀型号为ITV2050-012BL，压力范围为0.005~0.9MPa，带有集成电子器件并引出4针插头，比例溢流减压阀控制电路如图6-48所示，控制信号为4~20mA电流信号，供电电压为DC 24V，并有压力到达监控。5/2电-气换向阀的型号为SY7220-5DD-02，电磁铁YA1、YA2的供电电压为DC 24V，开关控制。

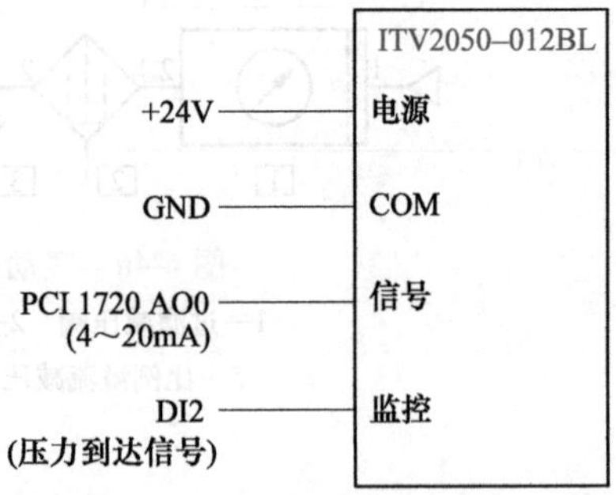

图6-48　比例溢流减压阀控制电路

测量气缸输出力的拉压力传感器型号为MCL-L，供电电压为DC 24V，输出信号为0~5V，测量拉压力的范围为0~500N。传感器集成内置放大器，可直接输出信号至板卡，接线为四线制。

气动变载荷摩擦磨损试验台系统框图如图6-49所示。工控机将给定信号r与反馈信号b

作差产生偏差 e，控制器对偏差 e 进行运算后输出控制信号 I，控制比例溢流减压阀出口压力 p，进而驱动气缸运动产生拉压力信号 y，拉压力传感器采集力信号并转换成电流信号 b 反馈给工控机，从而实现力闭环控制。

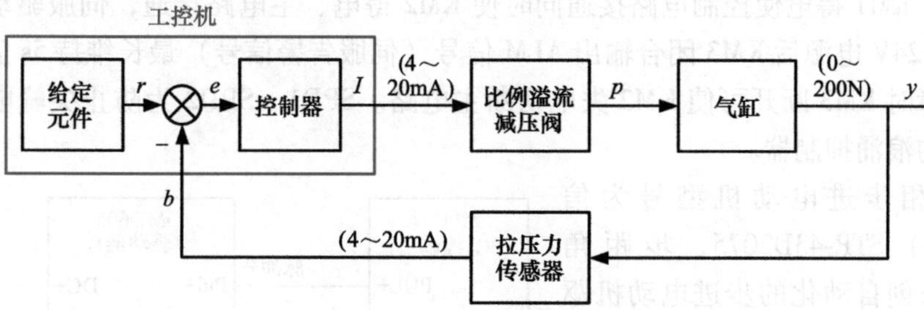

图 6-49　气动比例控制系统框图

永磁式伺服电动机型号为安川（YASKAWA）SGMJV-04AAA61，额定功率为400W，额定转矩为1.27N·m，额定转速为3000r/min；配套伺服驱动器型号为安川 SGDV-2R8A01A002000，对电动机供电与运动控制。伺服电动机及伺服驱动器电路如图6-50所示。板卡 PCI-1710 输出速度控制信号（-10～+10V）控制电动机的速度，当信号为正时电动机正转，反之为反转。伺服电动机有速度控制（模拟量指令）、位置控制（脉冲序列指令）和转矩控制（模拟量指令）三种控制方式，本系统采用速度控制方式，通过模拟量电压速度

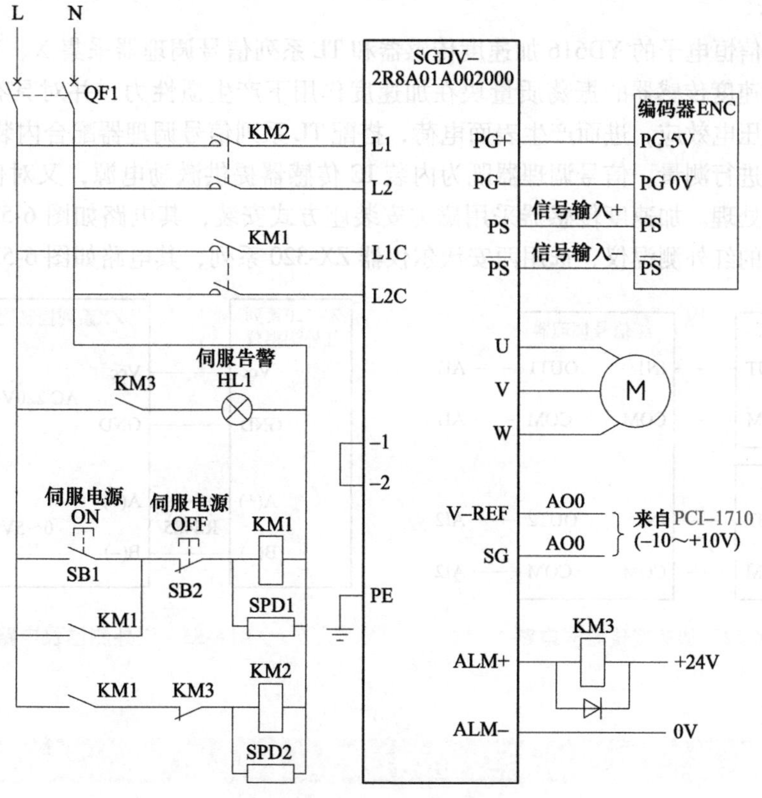

图 6-50　伺服电动机及其驱动器电路

指令来控制伺服电动机的转速。示例：+6V 指令，正转，额定转速；-3V，反转，1/2 额定转速；+1V，正转，1/6 额定转速。可以设置软启动加、减速时间，能够伺服锁定即在位置环中通过零位置指令使电动机停止的状态。KM1、KM2 分别为控制电路、主电路用接触器。当 SB1 按下，KM1 得电使控制电路接通同时使 KM2 得电、主电路接通，伺服驱动器开始工作。接通 DC 24V 电源后 KM3 闭合输出 ALM 信号（伺服告警信号）最长维持 5s 后复位，当系统检出故障时 KM3 断开可使 KM2 失电切断主电路。SPD1、SPD2 为防止尖峰电流或电压对设备损害的浪涌抑制器。

四线两相步进电动机型号为信浓（Shinano）STP-43D2075，步距角 1.8°，搭配乐创自动化的步进电动机驱动器 DMD605 一起使用。成都步进机电的 MPC07 运动控制卡输出脉冲、方向控制信号通过驱动器 DMD605 控制步进电动机沿 X、Y 轴运动。步进电动机可通过调换“A+”“A-”或“B+”“B-”的接线顺序改变转向，也可以通过 MPC07 运动控制板卡输出方向控制信号改变转向，步进电动机及其驱动器电路如图 6-51 所示。

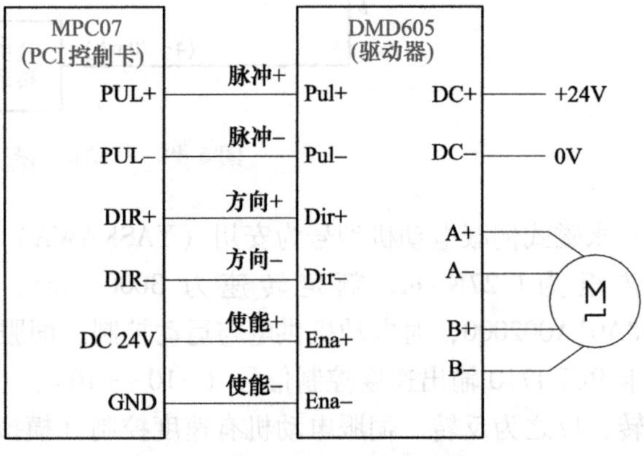

图 6-51　步进电动机及其驱动器电路

用秦皇岛信恒电子的 YD616 加速度传感器和 TL 系列信号调理器采集 X、Y 轴加速度信号，YD616 加速度传感器的振荡质量块在加速度作用下产生惯性力，并对具有一定刚度的压电元件产生压电效应，进而产生表面电荷，搭配 TL 系列信号调理器配合内装 IC 传感器可对加速度信号进行测量，信号调理器既为内装 IC 传感器提供激励电源，又对传感器输出信号进行滤波等处理。加速度传感器采用磁力安装座方式安装，其电路如图 6-52 所示。用于监控试样温度的红外测温仪，选用西安沃尔仪器 ZX-320 系列，其电路如图 6-53 所示。

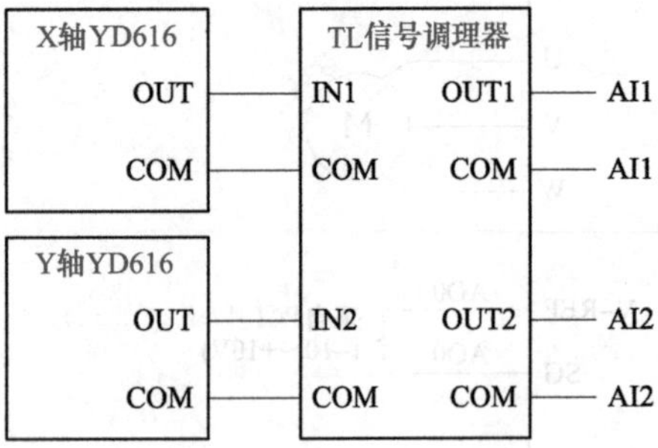

图 6-52　加速度传感器电路

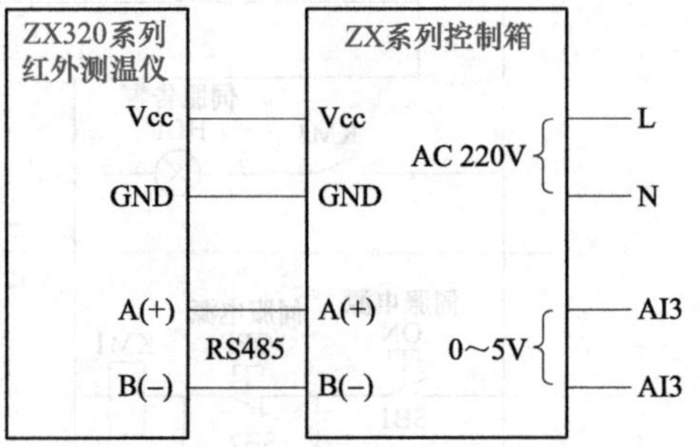

图 6-53　红外测温仪电路

6.8 基于 PLC 和现场总线的可逆冷轧机电液伺服控制系统

钢铁工业是支撑国民经济发展的重要组成部分，其产品广泛用于工业生产、国防、航天、汽车、家电等国民经济各部门。钢铁冷轧板带材的厚度公差要求较高，为了提高轧机压下装置的响应速度和控制精度，采用全液压压下装置代替电动压下方式，并利用厚度自动控制（automatic gauge control，AGC）系统保证带钢的厚度公差，极大提高了系统响应速度和产品的质量。全液压压下单机架可逆冷轧机如图6-54所示。

图6-54 单机架可逆冷轧机

采用全液压压下实现带钢厚度控制的系统是典型的电液伺服控制系统，通过调整液压缸压下位置，调整轧辊辊缝，从而控制通过轧辊钢带的厚度，厚度控制基本原理如图6-55所示，可以看出液压伺服系统的液压缸位置控制是厚度控制的内环。

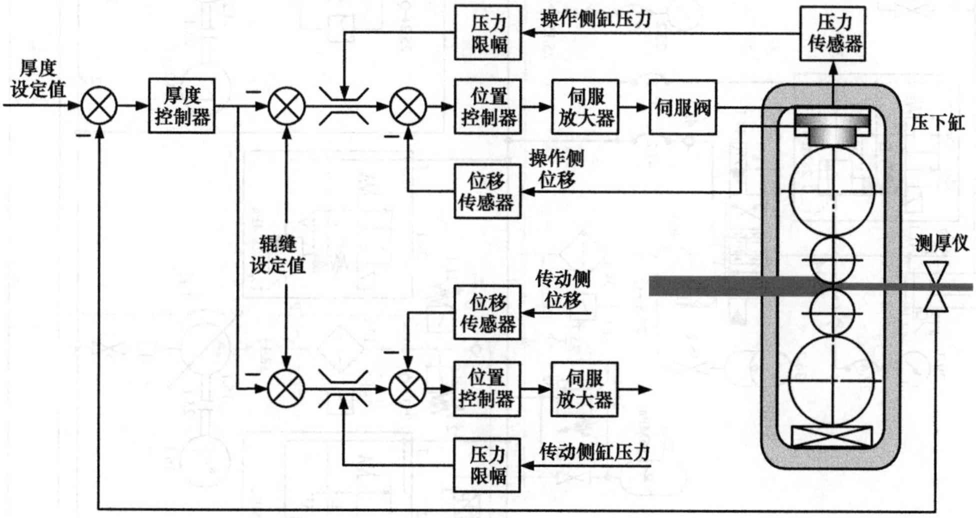

图6-55 可逆冷轧机厚度控制基本原理

本节介绍某厂650mm四辊可逆冷轧机液压伺服系统回路、电气任务书及电气控制系统。

6.8.1 液压伺服系统回路图及元件明细

图6-56为650mm四辊可逆冷轧机液压伺服系统回路图，一部分是液压泵站，为系统提供液压能源；另一部分是伺服阀控缸，利用高压液压油完成伺服缸的位置控制和压力控制。

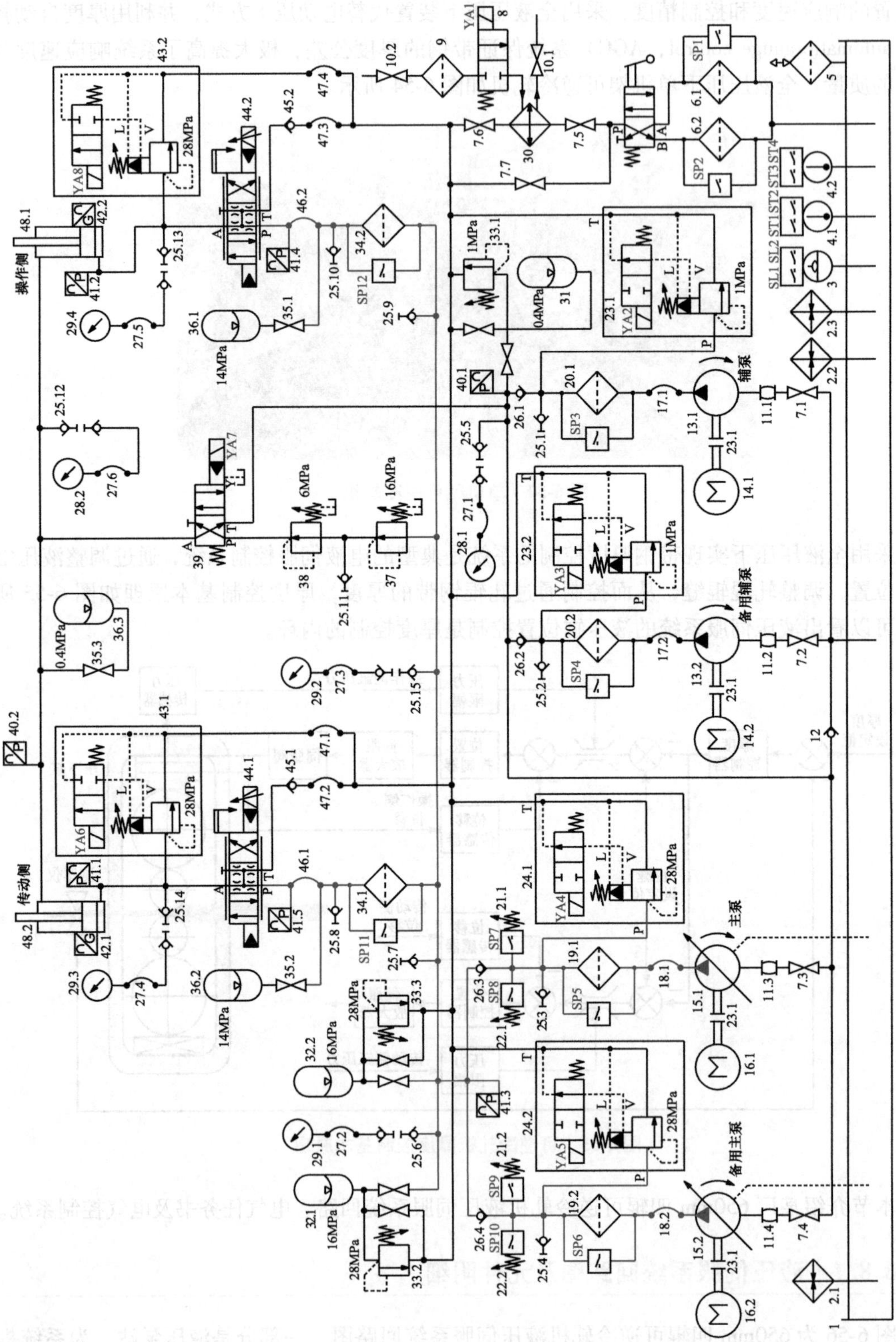

图 6-56　650mm 可逆冷轧机液压伺服系统回路图

图 6-56 的元件明细，见表 6-7。

表 6-7 图 6-56 的元件明细

序号	名称	型号	数量	备注
1	油箱	$1m^3$，不锈钢	1	自制
2	加热器	SRY2-220/2（AC 220V，2kW）	3	上海电热器厂
3	液位开关	YJKD24	1	温州黎明
4	电接点温度计	WSSX-411	2	天津热工仪表厂
5	通气过滤器	EF8-120	1	温州黎明
6	回油过滤器		2	PALL（颇尔）
7	蝶阀	DN32，16MPa	7	海门油威力
8	电磁水阀	ZCT-32A（DC 24V）	1	天津电磁阀厂
9	水过滤器	GL11H-16C（DN20）	1	温州瓯海
10	截止阀	Q11F-16（DN20）	2	温州瓯海
11	减震喉	KXT-1（DN40）	4	上海松江橡胶厂
12	单向阀	S25A1/2	1	上海立新
13	叶片泵	PVV2-1X/45RA15DMB	2	Rexroth
14	电动机	Y100L1-4-B35（3kW，1420rpm）	2	大连伯顿电机
15	恒压变量泵	A4VSO40DR/10R-PPB13NOO	2	Rexroth
16	电动机	Y200L-4-B35（30kW，1470r/min）	2	大连伯顿电机
17	软管总成	DN20，16MPa	2	海门油威力
18	软管总成	DN20，31.5MPa	2	海门油威力
19	压力管路过滤器	HH4714G20KPTBM	2	PALL
20	压力管路过滤器	HH8654C24KNVBM	2	PALL
21	压力开关（低压）	HED80P1X/100K14KW	2	Rexroth
22	压力开关（高压）	HED80P1X/315K14KW	2	Rexroth
23	电磁溢流阀	DBW10B2-5X/100-6EG24N9K4	2	Rexroth
24	电磁溢流阀	DBW10B2-5X/315-6EG24N9K4	2	Rexroth
25	测压接头	SMK20-M14X15-PB	15	STAUFF（西德福）
26	单向阀	S20A1/2	4	上海立新
27	测压软管	SMS20/M-1000A	6	STAUFF
28	抗震压力表	Y-60T（0~10MPa）	2	上海自动化仪表四厂
29	抗震压力表	Y-60T（0~40MPa）	4	上海自动化仪表四厂
30	板式冷却器	BRL0.05-2（水流量 25L/min）	1	海门油威力
31	蓄能器（低压）	NXQA-25/10L	1	上海立新
32	蓄能器（高压）	NXQA-25/31.5L	2	上海立新
33	蓄能器安全阀组	AQF-LW25H2-B	3	奉化液压件厂
34	过滤器（高压）	HH4714G20KPTBM	2	PALL

（续）

序号	名称	型号	数量	备注
35	截止阀	YJZQ-J32（DN10，31.5MPa）	3	温州黎明
36	蓄能器	NXQA-0.63/31.5/L	3	上海立新
37	减压阀	DR10-5-5X/100YM	1	Rexroth
38	减压阀	DR10-5-5X/315YM	1	Rexroth
39	电液换向阀	4WEH16Y7X/6EG24ES2K4	1	Rexroth
40	压力传感器	HM20-2X/100（0~10MPa）	2	Rexroth
41	压力传感器	HM20-2X/315（0~31.5MPa）	5	Rexroth
42	位移传感器	RH-S-0200M-D70-1-S1G8100	2	MTS
43	电磁溢流阀	DBW10A2-5X/315-6EG24N9K4	2	Rexroth
44	伺服阀	G761-3004	2	MOOG
45	单向阀	RVP12-10	2	上海立新
46	软管总成	DN16，31.5MPa	2	海门油威力
47	软管总成	DN20，16MPa	4	海门油威力
48	压下缸	ϕ400/320×55（单出杆缸）	2	海门油威力

6.8.2 液压伺服系统的电气任务书

流体传动科技人员完成液压伺服系统设计后，需拟定系统的电气任务书交付电气控制科技人员完成电气控制系统设计。

1. 元件功能描述

电动机和加热器明细，图纸件号为14、16、2。

压力传感器均为4~20mA电流信号，共有7个，图纸件号为40.1、40.2、41.1、41.2、41.3、41.4、41.5，分别检测辅泵出口、压下缸有杆端、传动侧压下缸缸底、操作侧压下缸缸底、主泵出口、操作侧伺服阀进口、传动侧伺服阀进口的压力。

液位开关、电接点温度计、过滤器压差开关、压力开关等附件的触点设定，见表6-8。

表6-8 附件触点设定

附件	图纸件号	触点设定（共18个）
液位开关	3	SL1：油箱液位高
		SL2：油箱液位低
电接点温度计	4.1	ST1：液压油加热到限（≥43℃）
		ST2：液压油温度低（≤40℃）
	4.2	ST3：液压油温度高（≥50℃）
		ST4：液压油冷却到限（≤47℃）

（续）

附件	图纸件号	触点设定（共 18 个）
过滤器压差开关	6.1	SP1：回油过滤器堵塞
	6.2	SP2：回油过滤器堵塞
	19.1	SP5：主泵出口过滤器堵塞
	19.2	SP6：备用主泵出口过滤器堵塞
	20.1	SP3：辅泵出口过滤器堵塞
	20.2	SP4：备用辅泵出口过滤器堵塞
	34.1	SP11：伺服阀进口过滤器堵塞
	34.2	SP12：伺服阀进口过滤器堵塞
压力开关	21.1	SP7：主泵出口压力过低（≤21MPa）
	21.2	SP9：备用主泵出口压力过低（≤21MPa）
	22.1	SP8：主泵出口压力过高（≥25MPa）
	22.2	SP10：备用主泵出口压力过高（≥25MPa）

伺服阀 44.1、44.2 分别控制传动侧和操作侧压下缸动作。普通阀及电磁铁，见表 6-9，供电电压均为 DC 24V。

表 6-9　普通阀及其电磁铁

名称	图纸件号	电磁铁动作（共 8 个）
电磁水阀	8	YA1：“+”，板式冷却器工作；“-”，板式冷却器不工作
电磁溢流阀	23.1	YA2：“+”，辅泵工作；“-”，该泵卸荷
	23.2	YA3：“+”，备用辅泵工作；“-”，该泵卸荷
电磁溢流阀	24.1	YA4：“+”，主泵工作；“-”，该泵卸荷
	24.2	YA5：“+”，备用主泵工作；“-”，该泵卸荷
电液换向阀	39	YA7：“+”，压下缸快抬；“-”，压下缸工作
电磁溢流阀	43.1	YA6：“+”，传动侧压下缸泄压；“-”，该缸工作
	43.2	YA8：“+”，操作侧压下缸泄压；“-”，该缸工作

2. 动作逻辑要求

液压泵站电动机起停逻辑见表 6-10。

表 6-10　液压泵站电动机起停逻辑

项目	条件	联锁逻辑
电动机起动	起动条件	① 低液位 SL1 未发讯 ② 低温 ST2 未发讯 ③ YA2~YA5 均处于“-”
	联锁条件	① 辅泵卸荷起动：按下辅泵、备用辅泵的起动按钮，相应的电动机起动，延时 10s 后 YA2 或 YA3“+” ② 主泵卸荷起动：按下主泵、备用主泵的起动按钮，相应的电动机起动，延时 10s 后 YA4 或 YA5“+” ③ 起动顺序：先起动辅泵电动机，后起动主泵电动机。起动顺序不能颠倒，否则不能起动

（续）

项目	条件	联锁逻辑
电动机停止	正常停止	① 主泵卸荷停止：按下主泵、备用主泵的停止按钮，YA4 或 YA5 “-”，延时 3s 后相应电动机停止 ② 辅泵卸荷停止：按下辅泵、备用辅泵的停止按钮，YA2 或 YA3 “-”，延时 3s 后相应电动机停止 ③ 停止顺序：先停主泵电动机，后停辅泵电动机
	紧急停止	按下急停按钮，YA2~YA5 “-”，所有电动机同时停止
电动机起停操作及状态显示	主操作台	远地操作置于轧机主操作台上 ① 配有相应泵的起动按钮、停止按钮，以及停止指示灯、工作指示灯 ② 远地及本地操作转换开关 ③ 急停按钮（非自动复位）
	本地操作台	本地操作置于液压泵站旁 ① 配有相应泵的起动按钮、停止按钮，以及停止指示灯、工作指示灯 ② 远地及本地操作转换开关 ③ 急停按钮（非自动复位）

操作台上的告警与系统的保护，见表 6-11。

表 6-11　操作台上的告警与系统的保护

项目	信号	动　作
油箱液位	高液位 SL1 发讯时	① 油箱液位高指示灯亮，声告警 ② 停所有电动机（按正常停止操作）
	低液位 SL2 发讯时	① 油箱液位低指示灯亮，声告警 ② 停所有电动机（按正常停止操作）
液压油温度（40~50℃）	低温告警 ST2 发讯时	① 油温低告警灯亮，声告警 ② 起动加热器工作，加热器工作指示灯亮 ③ 当 ST1 发讯时，停止加热器，加热器工作指示灯灭
	高温告警 ST3 发讯时	① 油温高告警灯亮，声告警 ② YA1 “+” 冷却器工作，冷却器工作指示灯亮 ③ 当 ST4 发讯时，YA1 “-” 冷却器停止工作，工作指示灯灭
液压油污染告警	NAS 6	SP1 或 SP2 发讯时，回油滤器堵塞指示灯亮，声告警 SP3 发讯时，辅泵出口过滤器堵塞指示灯亮，声告警 SP4 发讯时，备用辅泵出口滤器堵塞指示灯亮，声告警 SP5 发讯时，主泵出口过滤器堵塞指示灯亮，声告警 SP6 发讯时，备用主泵出口过滤器堵塞指示灯亮，声告警 SP11 发讯时，传动侧阀进口过滤器堵塞指示灯亮，声告警 SP12 发讯时，操作侧阀进口过滤器堵塞指示灯亮，声告警
压下缸动作及保护	压下缸压下	当 YA7 “-” 且伺服阀 P→A 时，压下缸压下。轧制力过载保护： ① 压力传感器 41.1 与 40.2 联合检测到轧制力≥2.5MN 时，YA6 “+” ② 压力传感器 41.2 与 40.2 联合检测到轧制力≥2.5MN 时，YA8 “+”
	压下缸快抬	按下快抬按钮时，YA6~YA8 “+” 压下缸快速抬起

（续）

项目	信号	动　作
主泵 电气保护	超压 SP8 发讯时	① 主泵超压指示灯亮，声告警 ② 若此信号持续 5s 以上，相应的电动机停止工作
	超压 SP10 发讯时	① 备用主泵超压指示灯亮，声告警 ② 若此信号持续 5s 以上，相应的电动机停止工作

6.8.3　电气控制系统总体设计

1. 电气控制系统的控制原理

电气控制系统主要包括控制器、输入输出模块、通信模块以及 HMI 等。控制器对输入模块采集的信号进行处理，并将逻辑运算结果或控制策略计算的控制量通过输出模块输出控制被控对象；同时通过通信接口将生产过程的状态数据上传到 HMI 中进行数据展示和数据存储，以便及时了解控制系统的运行状态。电气控制系统的控制原理如图 6-57 所示。

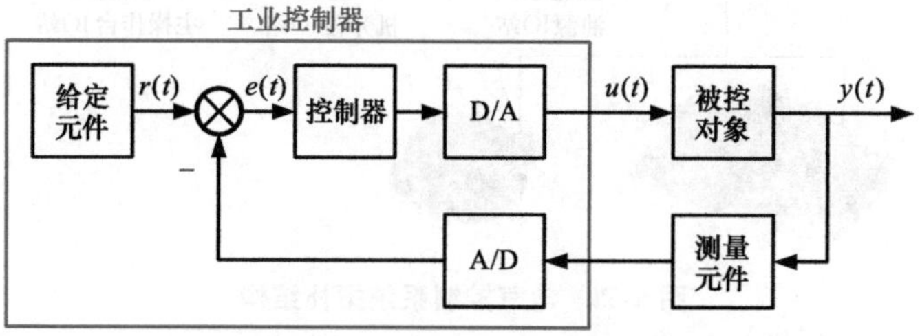

图 6-57　电气控制系统的控制原理

基于电气任务书进行电气控制系统设计，首先是总体设计，然后是主电路和信号电路设计及软件设计，包括 3 个方面：①设计被控对象主电路，主要是液压泵电动机和加热器电路；②将系统所需的各类信号（开关量信号、模拟量信号、编码器信号等）采集进控制器；③在控制器中进行逻辑运算或各种控制策略运算计算出控制量，通过输出模块（数字量输出、模拟量输出等）输出控制量作用到被控对象，使被控对象的输出按照期望的运动规律变化。

2. 电气控制系统的拓扑结构

PLC 控制器具有通用性强、可靠性高、抗干扰能力强、软件程序灵活、使用方便等优点，目前在工业控制系统中广泛采用。PLC 品牌较多，如国外的 Siemens（西门子）、ABB 和 Schneider（施耐德）等品牌，国产品牌 PLC 不断发展壮大，有汇川、迅捷、汇辰等品牌。目前在电液伺服系统中应用较多的 PLC 品牌是西门子，本系统采用 Siemens SIMATIC PLC 为控制器。

电气控制系统采用 PLC 为核心控制器，基于 PROFINET 工业现场总线的网络结构，如图 6-58 所示。PROFINET 由 PROFIBUS 国际组织推出的新一代基于工业以太网技术的自动化总线标准，因其与 PROFIBUS DP 现场总线相比通信速度快、实时性好，目前已逐步成为应用主流。采用工业现场总线的结构具有抗干扰、减少接线量、提高生产效率等优势。根据系统操作和现场设备布置情况，设置 1 个 HMI 监控屏（用于监视系统工作状态、参数设置、数据记录、告警等），1 个 PLC 电气柜（用于液压泵站、伺服缸的数据采集和控制），3 个远程子站：油源 IO 站（用于采集各开关和电磁阀的 IO 量）、机旁操作箱 IO 站（机旁操作及状态显示）和主操作台 IO 站（远程操作及状态显示）。

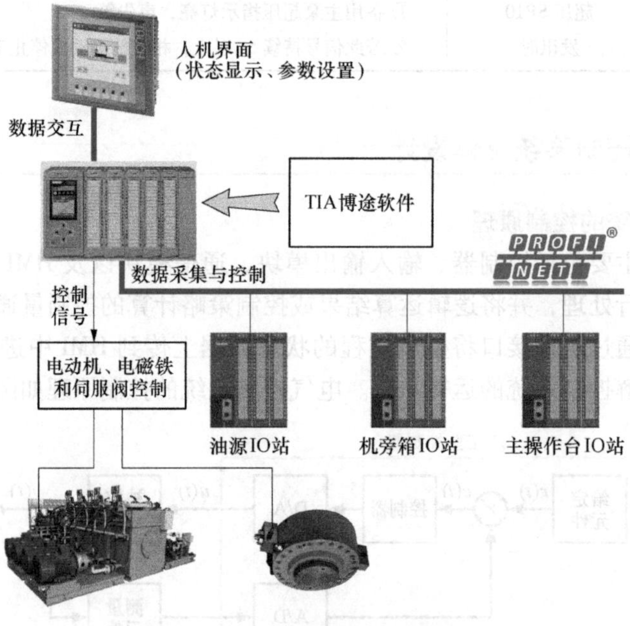

图 6-58　电气控制系统拓扑结构

根据电气任务书，确定系统中各种输入输出信号的形式及个数，见表 6-12。

表 6-12　系统中各种输入输出信号的形式及个数

信号	个数	说　明
数字量输入（DI，digital input）	108	表 6-8 中 DI 点 18 个，主操作台操作按钮 42 个，机旁操作箱操作按钮 48 个
数字量输出（DO，digital output）	44	表 6-9 中 DO 点 8 个，主操作台状态指示灯 12 个，机旁箱状态指示灯 24 个
模拟量输入（AI，analog input）	7	7 个压力传感器数据，信号形式为 4~20mA
模拟量输出（AO，analog output）	2	2 个伺服阀的控制信号，信号形式为±10V
位移传感器（position）	2	压下缸位移传感器，信号形式为绝对值，SSI 信号，25 位格雷码

SIMATIC PLC 包括基础系列、高级系列、分布式系列和软控制器系列等。SIMATIC S7-1200、SIMATIC S7-1500 控制器是 SIMATIC PLC 产品家族的旗舰产品，SIMATIC S7-1200 定位于简单控制和单机应用，而 SIMATIC S7-1500 为中高端工厂自动化控制任务量身定制，适合较复杂的应用。本系统采用 SIMATIC S7-1500 系列 PLC，其 CPU 及信号模块如下：

（1）SIMATIC S7-1500 CPU　可编程控制器 PLC 的 CPU 相当于控制器的大脑：输入模块采集的外部信号，经过 CPU 的运算和逻辑处理后，通过输出模块传递给被控对象，从而完成自动化控制任务。SIMATIC S7-1500 控制器的 CPU 包含了从 CPU 1511~CPU 1518 的不同型号，CPU 性能按照序号从低到高逐渐增强。性能指标主要根据 CPU 的内存空间、计算速度、通信资源和编程资源等进行区别。

SIMATIC S7-1500 CPU 通过集成的 PN（PROFINET）接口即可进行编程与计算机连接，使用 PLC 上的以太网接口即可直接连接 CPU。此外 PN 接口还支持 PLC 与 PLC、PLC 与 HMI 之间的通信功能。相比 PROFIBUS，PN 接口可以连接更多的 IO 站点，具有通信数据量大、速度更快、站点的更新时间可手动调节等优势。一个 PN 接口既可以作为 IO 控制器（类似 PROFIBUS-DP 主站），又可以作为 IO 设备（类似 PROFIBUS-DP 从站）。在 CPU 1516 及以上的 PLC 中还集成 DP 接口，主要是考虑到设备集成、兼容和改造等需求。

（2）信号模块　信号模块 SM（signal module）是 CPU 与控制设备之间的接口。信号模块分为输入模块和输出模块，通过输入模块将输入信号传送到 CPU 进行计算和逻辑处理，然后将逻辑结果和控制命令通过输出模块输出，以达到控制设备的目的。外部的信号主要分为数字量信号和模拟量信号。

1）DI、DO 模块。对于数字量模块，既有单独的 DI 模块、DO 模块，也有 DI 和 DO 混合的模块。对于电控开关阀，阀口只有开（“1”信号）、关（“0”信号）两种状态，这样的信号是数字量信号。将 DO 模块的输出点连接到控制电控开关阀的中间继电器上，将阀口的状态反馈信号（可以选择中间继电器的辅助触点作为反馈信号）接到 DI 模块上。这样，通过用户程序可以控制阀口的开和关（输出信号为“1”时打开阀口，输出信号为“0”时关闭阀口），同时，如果阀口打开或关闭，得到的状态反馈信息为“1”或“0”，在 HMI 中即可监控阀口当前的状态。

2）AI 模块、AO 模块。对于模拟量模块，通常都是单独的 AI 模块、AO 模块。电调制连续控制阀除开和关两种状态外还可以在中间任意位置上停留，因此不能通过数字量信号监控，而只能通过模拟量信号控制和监测阀口开度。例如阀的控制和反馈信号均为 0~10V 电压信号。如果输出 0V 信号，阀口关闭；输出 10V 信号，阀口全开；输出 5V 信号时，则阀口开度为 50%。同样通过 AI 模块可以监控阀口开度，0~10V 与阀口开度为线性（即比例）关系。

液压伺服系统中，压力传感器、阀口开度状态的信号形式为模拟量电压或电流信号，AI 模块将模拟量信号转换成数字信号用于 CPU 计算。例如，阀口从关到开的状态为 0~10V，通过 A/D（模/数）转换器按线性比例关系转换成数字量信号为 0~27648，这样 CPU 就可以计算出当前阀口开度。采样的数值可以用于其他计算，也可以发送到人机界面用于阀口开度显示。SIMATIC S7-1500 标准型 AI 模块为多功能测量模块，具有多种量程。每一个通道的测量类型和范围可以任意选择，不需要量程卡，仅需要改变硬件配置和外部接线。随 AI 模块包装盒带有屏蔽套件，具有很高的抗干扰能力。

AO 模块将控制器输出的数字量信号转换成模拟量信号输出。以控制阀口开度为例，假设 0~10V 对应控制阀口从关闭到全开，则在 AO 模块内部，D/A（数/模）转换器将数字量信号 0~27648 按线性比例关系转换成模拟量信号 0~10V。这样，当 AO 模块输出数值 13824 时，它将转换成 5V 信号，控制阀口开度为 50%。AO 模块输出为电压或电流信号。同样，随 AO 模块包装盒也带有具有很高抗干扰能力的屏蔽套件。

3）通信模块。SIMATIC S7-1500 系统通过通信模块可以使多个相对独立的站点连成网络并建立通信关系，每一个 SIMATIC S7-1500 CPU 都集成 PN 接口，可以进行主站间、主从以及编程调试的通信。

4）工艺模块。工艺模块（Technology Module，TM）通常实现单一、特殊的功能，而这些特殊功能往往是单靠 CPU 无法实现的。例如使用 CPU 内部的计数器计数，计数的最高频率往往受到 CPU 扫描周期和输入信号转换时间的限制。假设 CPU 的扫描周期为 50ms，那么信号变化时间低于 50ms 的信号不能被 CPU 捕捉到。这样 CPU 内的计数器最高计数频率为 20Hz（通常为 10Hz，因为需要捕捉上升沿和下降沿）。有些应用中使用高速的脉冲编码器测量速度值和位置值，这样对编码器信号的计数就不能使用 CPU 中的计数功能，而是需要通过高速计数器模块的计数功能来实现。工艺模块具有独立的处理功能，例如计数器模块独立处理计数功能，如果计数值达到预置值可以触发中断响应。CPU 通过调用通讯函数可以对计数器进行读写操作。目前工艺模块有高速计数器和基于时间的 I/O 模块两种类型，其中高速计数器模块有计数模块（TM Count）、位置检测模块（TM PosInput）两种类型。计数模块和位置检测模块均可连接增量型编码器，即可作为高速计数器使用，也可以用于 SIMATIC S7-1500 运动控制的位置反馈。Time-Based IO 模块也可以连接 DC 24V 增量型编码器，利用时间功能进行速度和距离的测量，并支持输入输出的时间戳功能、PWM 输出功能以及过采样等功能。位置检测模块可以连接 SSI 绝对值编码器。

根据表 6-12 数量并考虑 10%的信号裕量，确定 PLC 模块配置见表 6-13。

表 6-13　电气控制系统硬件配置清单表

节点配置	PLC 模块	端口数量	模块数量
主 PLC 柜	PLC：S7-1516	3 PROFINET	1
	DI 模块	32	1
	DO 模块	32	1
	AI 模块	8	1
	AO 模块	8	1
	编码器采集模块	2	1
液压泵站 IO 站	PN 接口模块	1 PROFINET	1
	DI 模块	32	1
	DO 模块	32	1
	AI 模块	32	1
机旁箱 IO 站	PN 接口模块	1 PROFINET	1
	DI 模块	32	2
	DO 模块	32	2
主操作台 IO 站	PN 接口模块	1 PORFINET	1
	DI 模块	32	2
	DO 模块	32	1

3. TIA 博途软件编程

SIMATIC S7-1500 系列 PLC 的编程软件是 TIA 博途软件（Totally Integrated Automation Portal，全集成自动化软件），TIA 博途软件将全部自动化组态设计工具整合在一个开发环境中，为全集成自动化的实现提供了统一的工程平台。用户不仅可以将组态和程序编辑应用于通用控制器，也可以应用于具有安全功能的安全控制器。除此之外，还可以将组态应用于可视化的 WinCC 等人机界面操作系统和 SCADA（Supervisory Control and Data Acquisition，数据采集与监视控制）系统。TIA 博途 STEP 是用于组态 SIMATIC S7-1200、SIMATIC S7-1500、SIMATIC S7-300/400 和 WinAC 控制器系列的工程组态软件。

控制程序基于 TIA 博途软件编程实现。首选根据 PLC 硬件配置，完成系统硬件配置的软件组态，如图 6-59 所示。

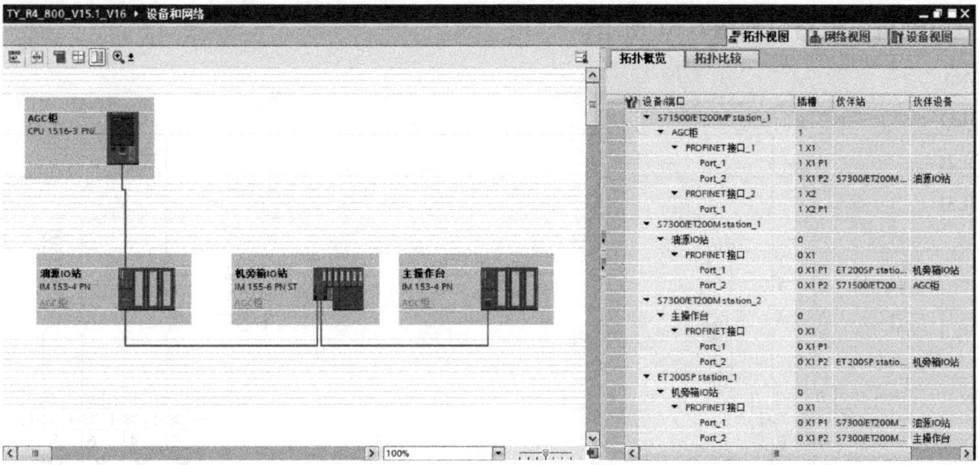

图 6-59　PLC 硬件组态结构图

接下来，根据 PLC 接线图确定的各 IO 信号对应的 PLC 地址和对应的功能描述进行变量名的编制，如图 6-60 所示，这样做的好处是功能明确、可读性好，便于后期调试与维护，建议不要使用默认的变量名。

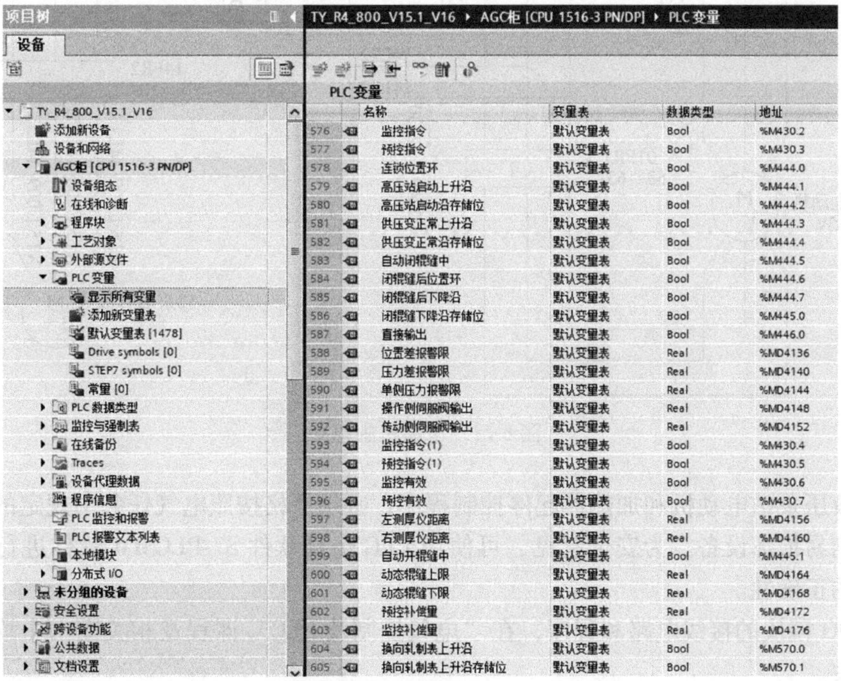

图 6-60　变量名定义

6.8.4 DI、DO 模块的接线电路与软件编程

根据电动机、加热器功率选择相应的低压电器。主泵电动机为 30kW，可采用星-三角起动或软起动器起动，考虑工程造价问题，选择星-三角起动。辅泵电动机为 4kW，采用直接起动。电动机主电路，如图 6-61 所示。

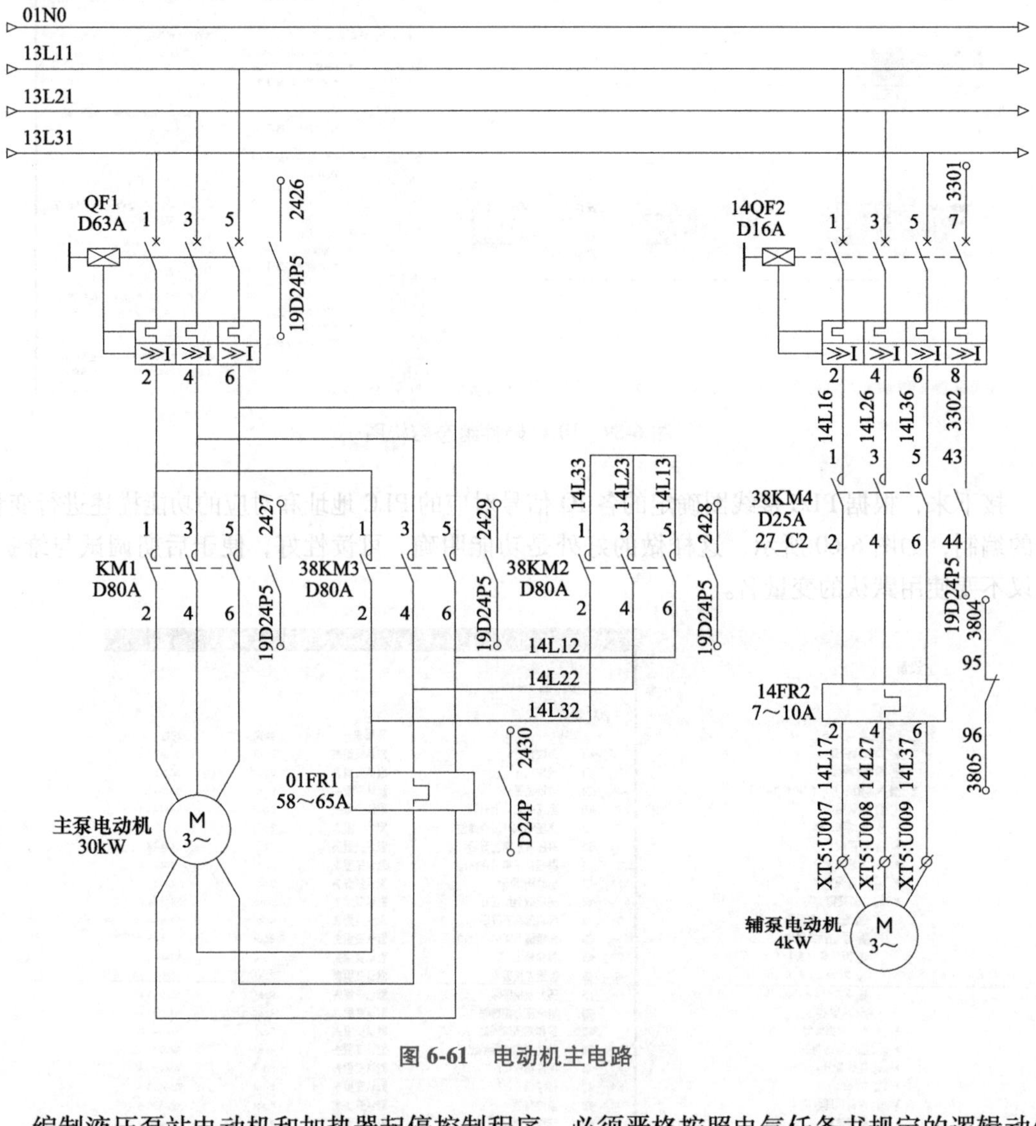

图 6-61　电动机主电路

编制液压泵站电动机和加热器起停控制程序，必须严格按照电气任务书规定的逻辑动作编程，否则易损坏设备。为安全起见，可使用 PLC 仿真软件 S7-PLCSIM 软件进行仿真保证动作逻辑的正确性。

DI、DO 模块的接线电路和程序，在“电气控制及 PLC”课程及相关图书中均有类似案例，故略去。

6.8.5 传感器信号采集

1. 位移传感器接线电路及软件编程

液压缸位移传感器为 MTS 磁致伸缩位移传感器，绝对值传感器，SSI 信号，格雷码编码，采用位置检测模块（TM PosInput）模块采集，其接线电路如图 6-62 所示，同时还要在软件平台进行相应的参数设置才可正确地读入传感器数据，这部分设置可通过 PLC 模块说明书进行设置即可。MTS 磁致伸缩位移传感器包括一条铁磁材料的测量感应元件（波导丝）和一个可沿波导丝移动的游标磁环，游标磁环在波导丝轴向会产生磁场。每当电流脉冲（即询问信号）由传感器电子室送出并通过波导丝时，第二个磁场便在波导丝的径向方面制造出来。当这两个磁场在波导丝相交的瞬间，波导丝产生磁致伸缩现象，一个应变脉冲即时产生。这个被称为返回信号的脉冲以超声的速度从产生点（即位置测量点）运行回传感器电子室并被检测器检出来。准确的游标磁环测量是由传感器电路的一个高速计时器对询问信号发出到返回信号到达的时间周期探测而计算出来，这个过程极为快速与精确无误。通过计算脉冲的运行时间来测量游标磁环的位置即可得到一个绝对值的位置读数。该传感器不需定期标定，也不存在断电归零和机械磨损问题，保证了重复性和持久性。格雷码是一种可靠的绝对编码方式。虽然自然二进制码可以直接由 D/A 转换器转换成模拟信号，但其相邻的两个码组之间经常出现两个或以上码位同时变化的情况（示例：十进制的 7、8 对应的 4 位自然二进制码分别为 0111B 和 1000B，4 个码位同时变化），能使数字电路产生很大的尖

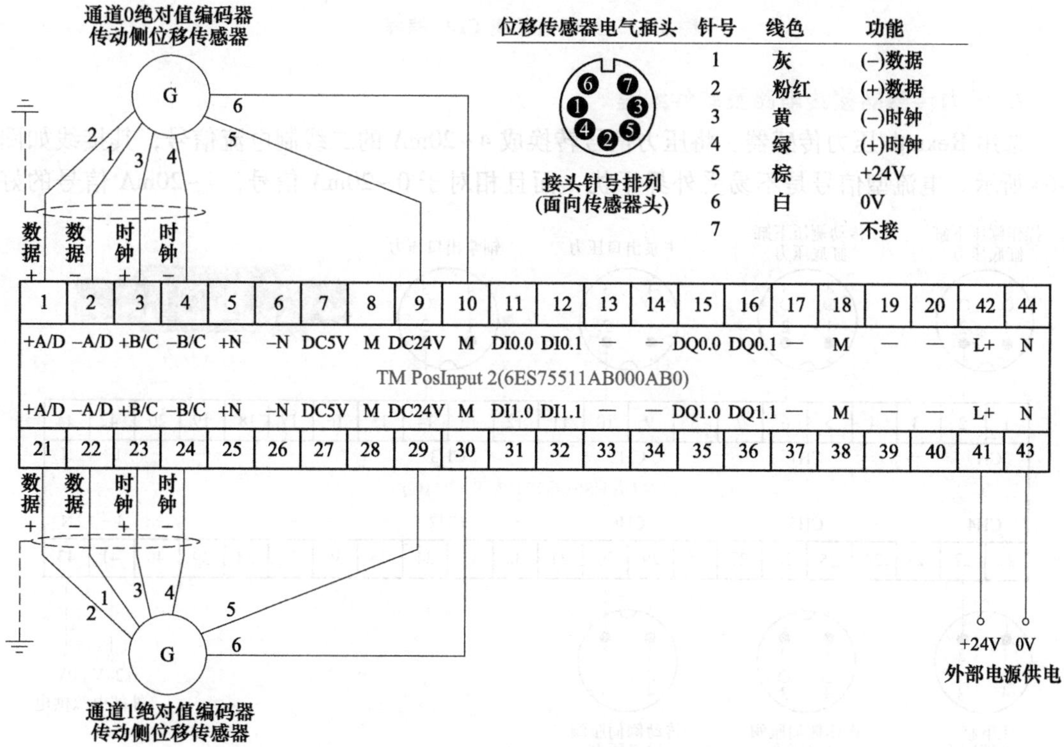

图 6-62 绝对值位移传感器接线电路

峰电流脉冲而易引起电路状态错误。格雷码则没有这一缺点，其相邻的两个码组之间只有一位不同，例如用于角位移-数字量的转换中，当角位移发生最微小变化而引起数字量发生变化时，格雷码仅改变一位，与两个或以上码位同时变化的其他编码方式相比，减少了出错的可能性。

基本参数设置完毕后，可通过 PLC 编程读取位移传感器数值，如图 6-63 所示，获得液压缸实际的位移值，从而为液压缸的位置闭环控制提供位移反馈信息。

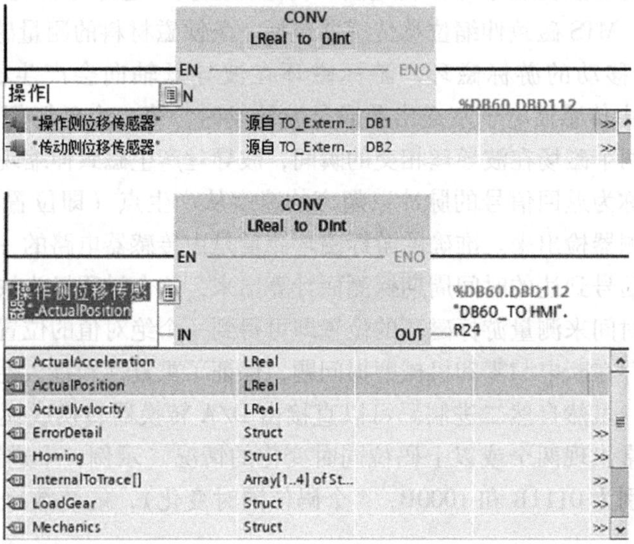

图 6-63　编码器采集 PLC 编程

2. 压力传感器接线电路及软件编程

选用 Rexroth 压力传感器，将压力信号转换成 4~20mA 的二线制电流信号，其接线如图 6-64 所示。电流型信号是不易受外界干扰，而且相对于 0~20mA 信号，4~20mA 信号的好

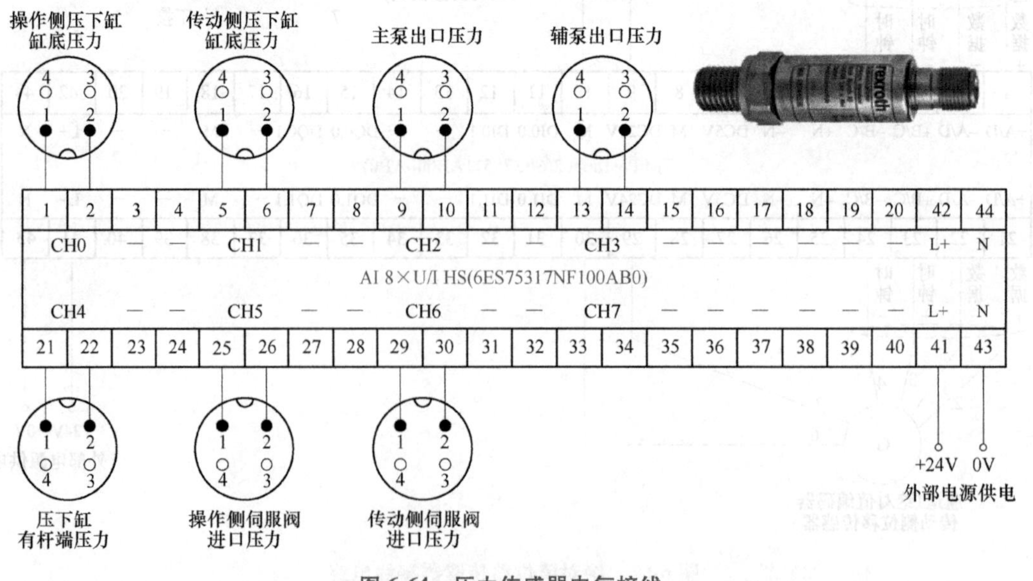

图 6-64　压力传感器电气接线

处是，当测量信号为0时即可判断此时信号故障或断线。PLC的AI模块可直接采集电流信号，因此可以直接利用PLC功能函数读取对应地址的数值，从而获得实际压力值。

缸输出力为 $F_1 = A_1p_1 - A_2p_2$，A_1 和 A_2 分别为缸底作用面积、有杆端作用面积，p_1 和 p_2 分别为进油压力、回油压力。缸输出力的PLC编程实现，如图6-65所示。

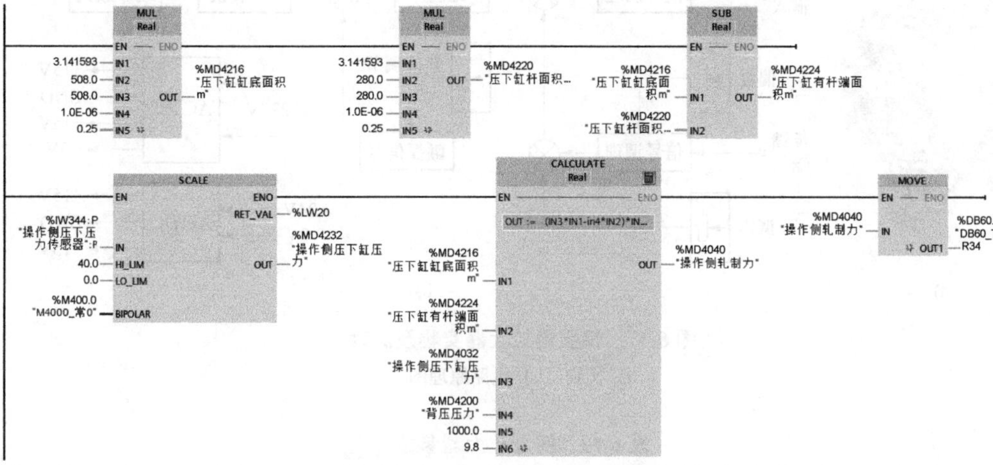

图6-65 压力传感器采集程序

6.8.6 伺服缸位置控制

1. 伺服阀控制电路设计

缸位置控制器的控制输出通过PLC的AO模块输出连接到伺服放大器，进而作用到伺服阀线圈，驱动伺服阀动作，从而实现伺服缸的位置控制，伺服阀的控制电路如图6-66所示。

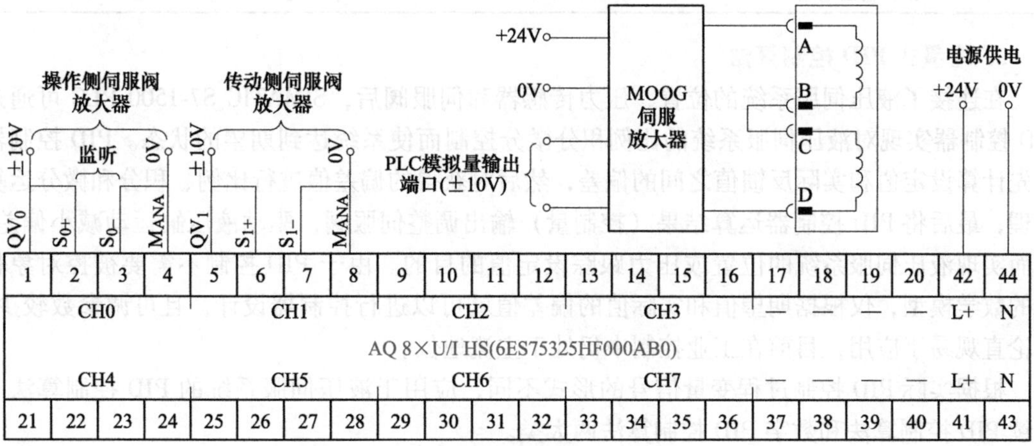

图6-66 伺服阀的控制电路

伺服阀为MOOG G761-3004，伺服阀的线圈采用串联接线，PLC的AO模块的输出为±10V电压信号，采用信号变换模块将其转换成相应的电流型信号，这种信号变换模块称为伺服放大器，其核心是电压/电流变换模块。采用MOOG伺服放大器（见图6-67），DC 24V

供电，带颤振信号输出，其参数见表 6-14。

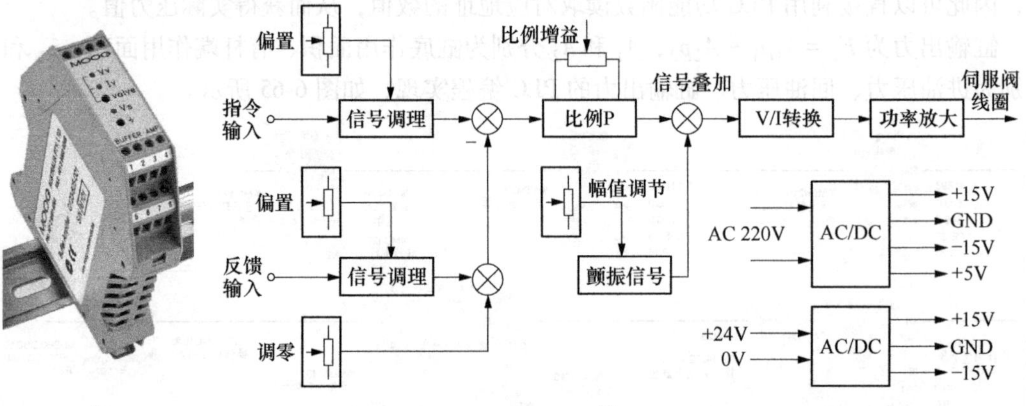

a)　　b)

图 6-67　伺服阀放大器实物及原理

a）实物　b）电路原理图

表 6-14　伺服放大器参数

项　　目	指　　标
供电电源	DC 24V（min 18V，max 36V），5W
输出电源	DC+15V，+5V
输入阻抗	33kΩ
输入指令	$V_{P-P} \leqslant \pm 10V$
反馈指令	$V_{P-P} \leqslant \pm 10V$
颤振幅频	$V_{p-p} \leqslant 30\% I_n$，$f=159Hz$
最大输出电流	$I_p \leqslant 2I_n$

2. 增量式 PID 控制算法

在连接了液压伺服系统的位置、压力传感器和伺服阀后，SIMATIC S7-1500 PLC 可通过 PID 控制器实现对液压伺服系统的比例积分微分控制而使系统达到期望的状态。PID 控制器首先计算设定值和实际反馈值之间的偏差，然后对获得的偏差值进行比例、积分和微分运算处理，最后将 PID 控制器运算结果（控制量）输出调整伺服阀，驱动液压缸运动减小偏差，从而实现液压伺服系统的位置或压力跟踪设定值的目的。由于 PID 控制不需要被控对象精确的数学模型，仅根据期望值和实际值的偏差值就可以进行控制器设计，且可调参数较少，理论直观易于应用，目前在工业控制中仍处于主流地位。

根据实际 PID 控制过程变量信号的形式不同，应用于液压伺服系统的 PID 控制算法有连续 PID 控制算法和数字 PID 控制算法两大类。

（1）连续 PID 控制算法　该控制算法处理的信号流均为模拟量，又称模拟 PID 控制算法，其原理如图 6-68 所示，其中，$r(t)$ 为系统指令输入量；$u(t)$ 为 PID 控制器控制输出量；$y(t)$ 为控制系统输出量；$e(t)$ 为系统偏差，$e(t)=r(t)-y(t)$；s 为拉普拉斯算子；K_P 为比例系数；T_I 为积分时间常数；T_D 为微分时间常数。

连续 PID 控制算法的微分方程表达式为

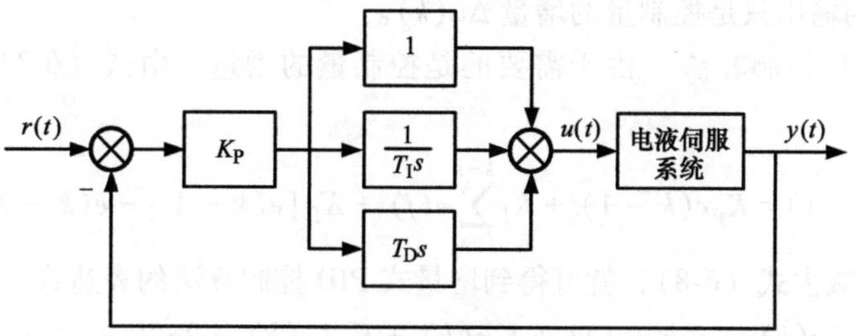

图 6-68 PID 控制结构图

$$u(t) = K_P\left[e(t) + \frac{1}{T_I}\int_0^t e(t)\,dt + T_D\frac{de(t)}{dt}\right] \tag{6-4}$$

对上式进行拉普拉斯变换，可以得到 PID 控制算法由 $E(s)$ 到 $U(s)$ 的传递函数为

$$G(s) = \frac{U(s)}{E(s)} = K_P\left(1 + \frac{1}{T_I s} + T_D s\right) \tag{6-5}$$

连续 PID 控制算法实际应用要有源的模拟电路，且 PID 控制算法的参数 K_P、T_I 和 T_D 的调整需要借助旋转电阻实现，随着数字计算机技术的发展，已逐渐被数字 PID 控制算法取代。

（2）数字 PID 控制算法　在电液伺服控制系统应用中常见的数字 PID 控制算法有：位置差分式 PID 控制算法和增量式 PID 控制算法。

1）位置差分式 PID 控制算法　假定计算机系统采样周期为 T，kT 表示第 k 个采样时刻，$t\approx kT$，以累加求和式代替式（6-4）的积分项，以差商代替式（6-4）的微分项，则有

$$\begin{aligned}&\int_0^t e(t)\,dt \approx T\sum_{j=0}^{k} e(jT) = T\sum_{j=0}^{k} e(j)\\ &\frac{de(t)}{dt} \approx \frac{e(kT) - e[(k-1)T]}{T} = \frac{e(k) - e(k-1)}{T}\end{aligned} \tag{6-6}$$

进而可以获得位置差分式 PID 控制器表达式为

$$\begin{aligned}u(k) &= K_P\left\{e(k) + \frac{T}{T_I}\sum_{j=0}^{k} e(j) + \frac{T_D}{T}[e(k) - e(k-1)]\right\}\\ &= K_P e(k) + K_I\sum_{j=0}^{k} e(j) + K_D[e(k) - e(k-1)]\end{aligned} \tag{6-7}$$

式中，k 为采样周期序号，$k = 0, 1, 2, \cdots$；$u(k)$ 为第 k 次采样时刻的控制器输出值；$e(k)$、$e(k-1)$ 分别为第 k、$k-1$ 次采样时刻的偏差值；K_I 为积分系数，$K_I = K_P T/T_I$；K_D 为微分系数，$K_D = K_P T_D/T$。

根据式（6-7），可以得到如图 6-69 所示的位置差分式 PID 控制算法程序流程图。

这种算法的优点是结构简单，实现起来比较直观和易于理解；缺点是由于计算时要对 $e(k)$ 进行累加，每次输出均与过去的状态有关，计算机运算量大，耗费计算机资源较大，而且，控制量 $u(k)$ 易出现大幅度变化，使执行元件产生突然的冲击，进而导致产品缺陷甚至设备损坏。增量式 PID 控制的控制算法能够较好地避免这种情况出现，所谓增量式 PID

是指数字控制器的输出只是控制量的增量 $\Delta u(k)$。

2）增量式 PID 控制算法　由于需要的是控制量的增量，由式（6-7），根据递推原理可得

$$u(k-1)=K_{\mathrm{P}}e(k-1)+K_{\mathrm{I}}\sum_{j=0}^{k-1}e(j)+K_{\mathrm{D}}[e(k-1)-e(k-2)] \tag{6-8}$$

用式（6-7）减去式（6-8），就可得到增量式 PID 控制算法的表达式

$$\Delta u(k)=K_{\mathrm{P}}[e(k)-e(k-1)]+K_{\mathrm{I}}e(k)+K_{\mathrm{D}}[e(k)-2e(k-1)+e(k-2)] \tag{6-9}$$

控制器输出控制增量 $\Delta u(k)$ 对应的是伺服阀此次动作（阀口开度）的增量，实际伺服阀的控制量 $u(k)$ 为控制量增量的积累，具体计算式为

$$u(k)=\sum_{j=0}^{k}\Delta u(j)=u(k-1)+\Delta u(k) \tag{6-10}$$

增量式 PID 控制算法流程图，如图 6-70 所示。

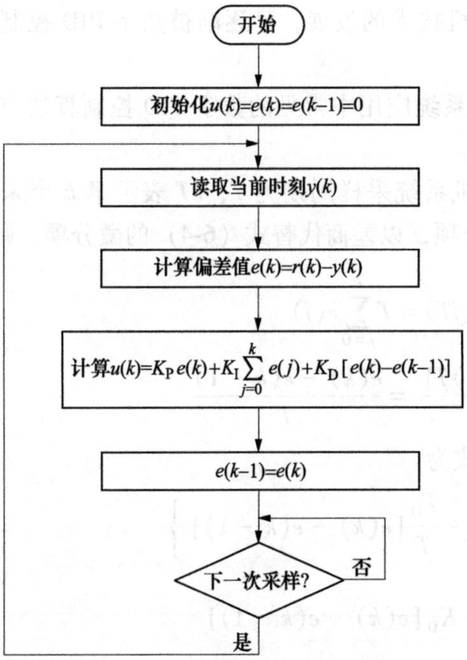

图 6-69　位置差分式 PID 控制算法流程

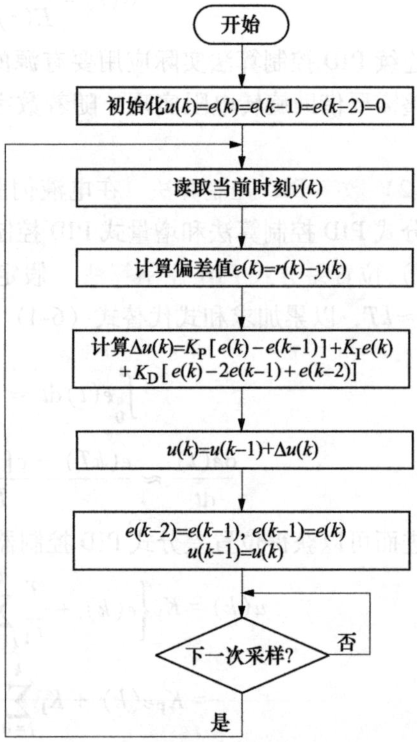

图 6-70　增量式 PID 控制算法流程

从总体来看，增量式 PID 控制算法与位置差分式 PID 控制算法并无本质区别，但增量式 PID 控制算法不需要累加，控制增量 $\Delta u(k)$ 的确定仅与最近 3 次的采样值有关，而且由于控制器输出增量因而误动作时影响小，必要时可以用逻辑判断的方法去掉。

3. 软件编程

PID 控制器通过在 TIA 博途程序中调用系统自带的 PID 控制工艺指令和组态工艺对象实现，工艺对象即指令的背景数据块，它用于保存软件控制器的组态数据。当然也可以按照上

述原理直接编写 PID 控制算法或其他先进控制算法的程序。

PID 控制器的指令集分为两大类：①Compact PID 指令集，包含 PID_Compact、PID_3Step 及 PID_Temp 等指令；②PID 基本函数指令集，包含 CONT_C、CONT_S、PULSECEN、TCONT_CP 及 TCONT_S 等指令。

PID_Compact 指令提供一个能工作在手动或自动模式下，且具有集成优化功能的 PID 控制器或脉冲控制器，本系统采用 PID_Compact 指令进行控制系统设计。

PID_Compact 指令连续采集在控制回路内测量的过程值，并将其与设定值进行比较，生成的控制偏差用于计算该控制器的输出值。通过此输出值，可以尽可能快速且稳定地将过程值调整到设定值。

在自动调试模式下，PID_Compact 指令可通过预调节和精确调节这两个步骤实现对受控系统的比例、积分和微分参数的自动计算。用户也可在工艺对象的“PID 参数”中手动输入这些参数。PID_Compact 指令调用必须在循环中断 OB 中调用，以保证过程值精确的采样时间和控制器的控制精度。理想情况下，采样时间等于调用 OB 的循环时间。PID_Compact 指令自动测量两次调用之间的时间间隔，将其作为当前采样时间。

在博途软件建立的项目中添加相应型号的 SIMATIC S7-1500 CPU 和其他信号模块，做好硬件组态，在该 CPU 中插入一个新的工艺对象，对象类型选择 PID_Compact，如图 6-71 所示。

图 6-71　插入一个新的 PID 工艺对象

在打开的 PID 工艺对象组态界面中，可以对 PID 工艺对象的一些重要参数进行组态，包括基本设置、过程值设置、高级设置等。

（1）基本设置　如图 6-72 所示，在控制器类型中可以组态控制器的类型参数，为设定值、过程值和扰动变量选择物理量和测量单位，这个测量单位与PID运行无关，仅仅是在组态中起到显示作用，便于用户理解。若组态选为反转控制逻辑，则输出值随着过程值的变化而反向变化。在Input/Output参数中可以组态设定值、过程值和输出值的源，例如过程值input表示过程值引自程序中经过处理的变量；而input_PER表示来自于未经处理的模拟量输入值。同样，PID_Compact的输出参数也具有多种形式；选择Output表示输出值需使用用户程序来进行处理，Output也可以用于程序中其他地方作为参考，例如串级PID等；而Output_PER输出值与模拟量转换值相匹配，可以直接连接模拟量输出。

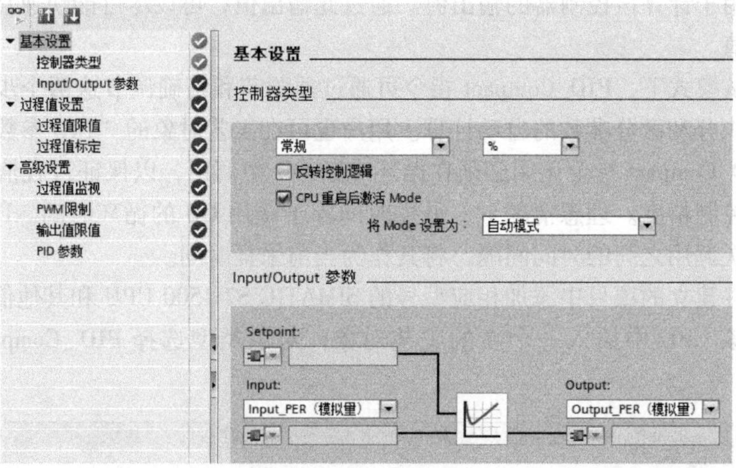

图6-72　PID_Compact工艺对象的基本设置

（2）过程值设置　在过程值设置中必须为受控系统指定合适的过程值上限和过程值下限。一旦过程值超出这些限值，PID_Compact指令即会报错，并会取消调节操作。如果已在基本设置中组态了过程值为Input_PER，由于它来自于一个模拟量输入的地址，必须将模拟量输入值转换成过程值的物理量。如图6-73所示，在过程值标定中设置模拟量输入值的下限和上限，它们对应模拟量通道的有效过程值（如0~27648或-27648~27648）的下限和上限；以及设置与之对应的标定过程值的下限和上限（如0~100%）。

（3）高级设置　高级设置如图6-74所示，在过程值监视组态窗口中，可以组态过程值的警告上限和警告下限。如果过程值超出警告上限PID_Compact指令的输出参数Input Warnin_H为TRUE；如果过程值低于警告下限，PID_Compact指令的输出参数Input Warning_L为TRUE。警告限值必须处于过程值的限值范围内。如果未输入警告限值，将使用过程值的上限和下限。

输出值限值组态窗口如图6-75所示，以百分比形式组态输出值的限值，无论是在手动模式还是自动模式下，输出值都不会超过该限值。如果在手动模式下指定了一个超出限值范围的输出值，则CPU会将有效值限制为组态的限值。

输出值限值必须与控制逻辑相匹配。限值也依赖于输出的形式：采用Output和Output_PER输出时，限值范围为-100.0%~100.0%。

如果发生错误时，PID_Compact可以根据预设的参数输出0、输出错误未决时的当前值，或是输出错误未决时的替代值。

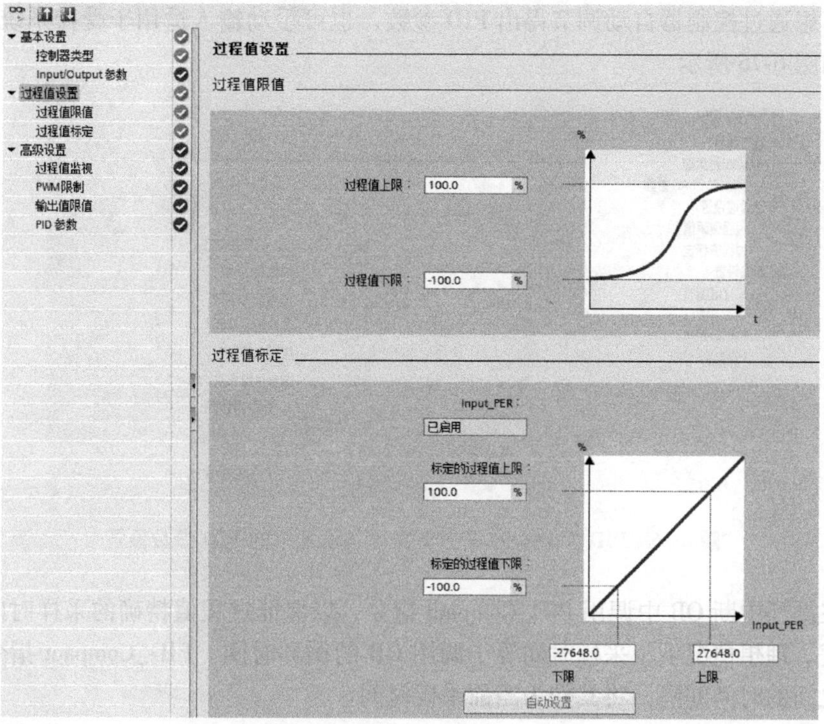

图 6-73　PID_Compact 工艺对象的过程设置

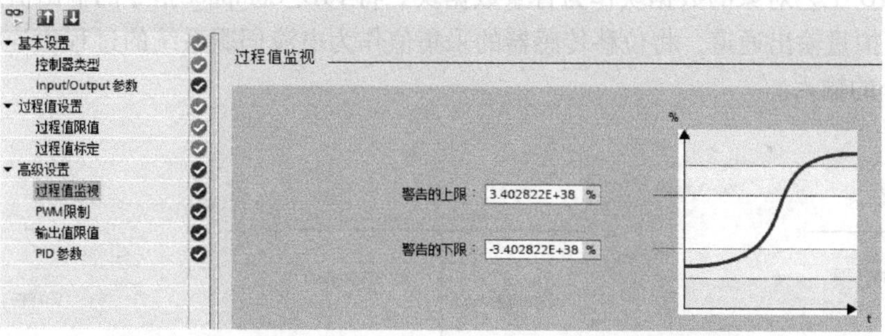

图 6-74　PID_Compact 工艺对象高级设置中的过程值监视设置

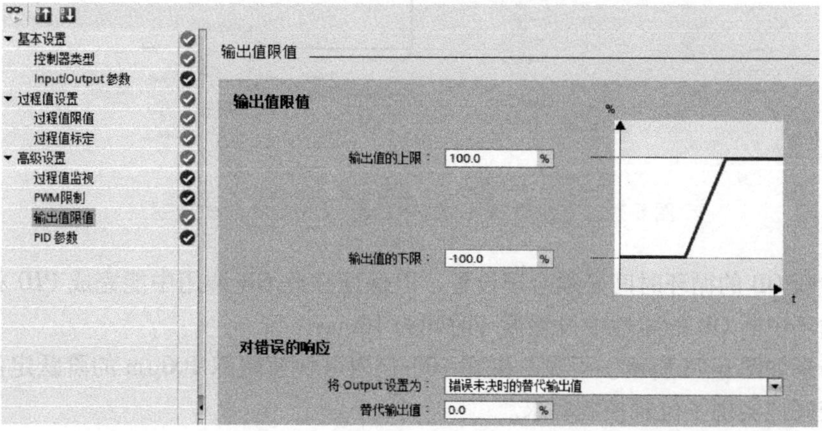

图 6-75　PID_Compact 工艺对象高级设置中的输出值限值设置

如果不想通过控制器自动调节得出 PID 参数，也可手动输入适用于受控系统的 PID 数，组态窗口如图 6-76 所示。

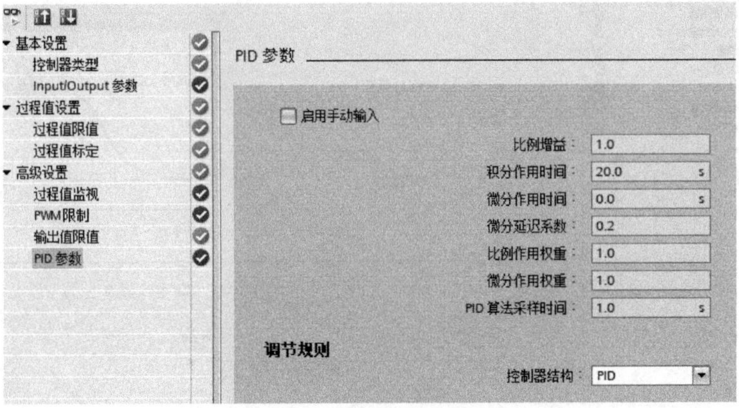

图 6-76　PID_Compact 工艺对象高级设置中的 PID 参数设置

必须在循环中断 OB 中调用 PID_Compact 指令，以保证过程值精确的采样时间和控制器的控制精度。理想情况下，采样时间等于调用 OB 的循环时间。PID_Compact 指令自动测量两次调用之间的时间间隔，将其作为当前采样时间。

如图 6-77 所示，在循环中断 OB（如 OB30）中调用指令 PID_Compact 指令，选择上述已配置为 PID 工艺对象的数据块作为背景数据块。将 PID_Compact 指令的输出值连接到控制伺服阀的模拟量输出通道，将位移传感器的采集值作为电液伺服系统的过程值连接到 PID_Compact 指令的输入。

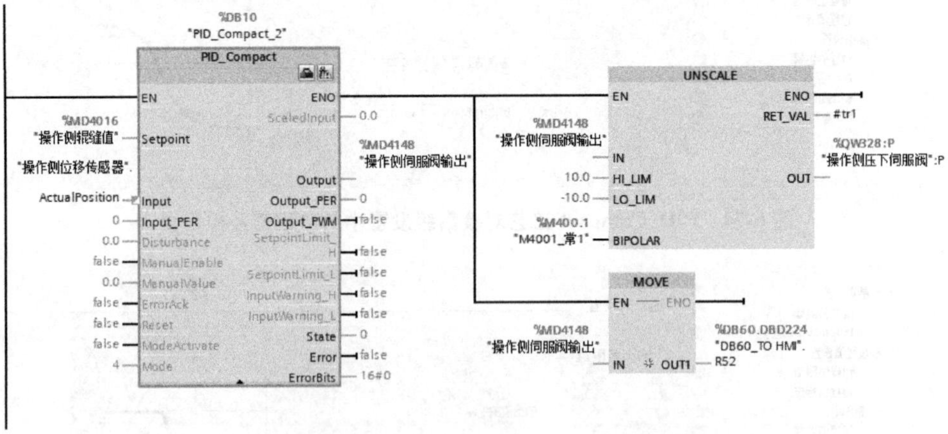

图 6-77　在循环中断 OB 中调用 PID_Compact 指令

循环中断 OB 的循环时间必须合理设置，以保证在此 OB 调用中能完成 PID 相关程序的执行。在循环中断 OB 的属性中设置循环时间为 100ms。

控制结果如图 6-78 所示。可见，缸在 100ms 内可快速跟踪 100μm 的阶跃定位响应，且无超调，较好地实现了位置控制要求。

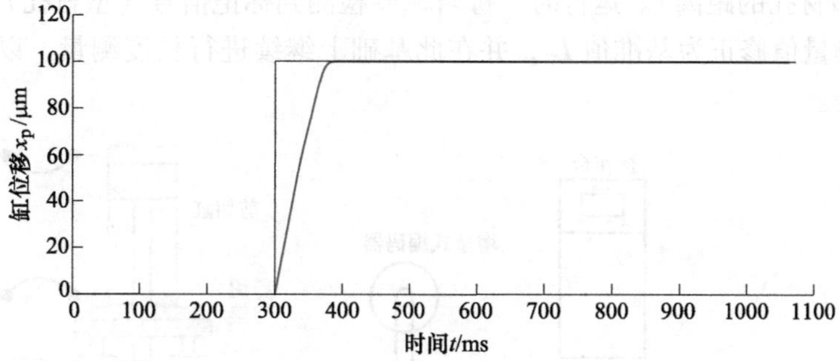

图 6-78　控制结果曲线

6.9 基于伺服系统的型材追剪随动控制

型材辊压生产线是生产汽车门、窗等型材的关键设备，其剪切系统自动化程度及定尺精度关系到生产效率与产品质量。定尺停剪控制简单，定尺精度高，但需频繁起停，生产效率低。追剪是追踪物料进行同步剪切，不需要生产线停止，生产效率高。型材追剪系统如图 6-79 所示。

图 6-79　型材追剪系统实物

6.9.1　液压伺服控制系统

如图 6-80 所示，追剪系统主要由剪切刀架、测长轮、限位开关等组成，带材经辊压后变为型材，剪切刀架由追踪缸驱动，剪切刀架内的剪切缸驱动切刀。安装有增量式编码器的测长轮（定制的周长为 300mm 的金属轮）用于测定型材的长度和运动速度。SQ0~SQ4 为接近开关，其中，SQ1 和 SQ2 分别为切刀垂直运动的上、下限位开关；SQ3 和 SQ4 分别为剪切刀架水平运动的左、右极限位保护开关，防止发生机械碰撞。型材剪切长度为 $L=1650$mm、精度为±0.5mm，刀口宽度为 5mm。系统运行前需将型材前端对准切刀，手动测量基准值

L_0（即 SQ0 与型材孔的距离）。运行时，每当 SQ0 检测到标记信号（型材孔）后，系统都会将型材长度的测量值修正为基准值 L_0，并在此基础上继续进行长度测量，以抵消增量式编码器的累积误差。

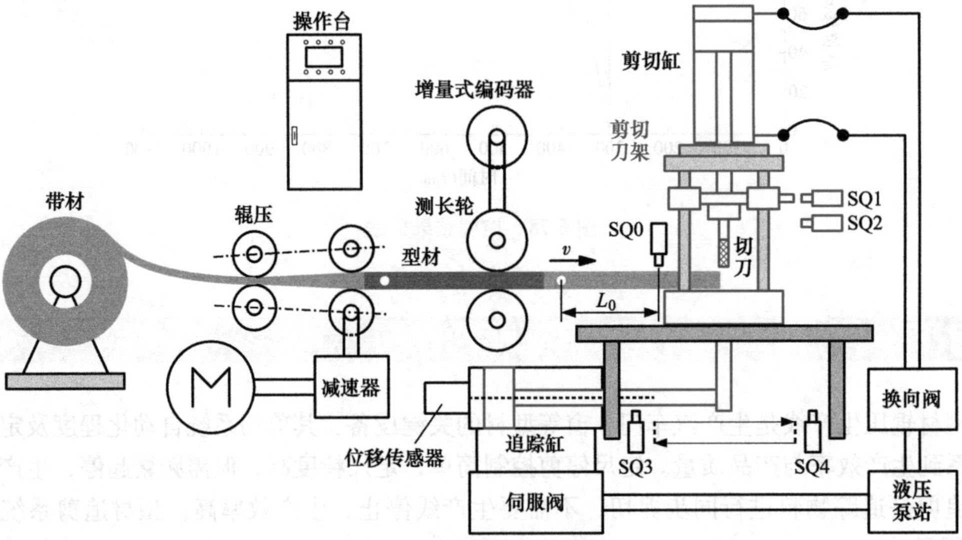

图 6-80　追剪系统原理图

追剪系统的运行过程如下：

1）型材以恒速 $v=10\text{m/min}$ 向前移动，由测长轮测定型材长度和运动速度，当 SQ0 检测到标信号后，修正测长轮编码器测量值，当型材长度测量值达到预设值 $L-L_s$（L_s 为同步追踪所需距离，$L_s=100\text{mm}$）时，追踪缸驱动剪切刀架开始从原点（原点在 SQ3 右侧约 20mm 处）向 SQ4 方向运动。

2）在 L_s 距离内，剪切刀架与型材运动速度达到同步且达到设定剪切长度时，控制器发出指令，剪切缸驱动切刀快速剪切，SQ2 检测到剪切到位信号时，剪切缸驱动切刀返回。

3）剪切刀架继续与型材同步向前运动，当切刀返回原位即 SQ1 处时，SQ1 发讯，追踪缸换向并驱动切刀快速返回。

4）当追踪缸返回到原点时，追踪缸停止，准备下一工作循环。

追踪缸采用如图 6-81 所示的液压伺服系统，剪切缸采用液压传动系统。

所采用的 PLC 控制系统如图 6-82 所示，包括 PLC、伺服放大器、传感器（包括位移传感器、压力传感器、编码器、接近开关等）及低压电器（包括低压断路器、继电器、接触器、按钮等）等。其中，PLC 包括：①CPU S7-1214C AC/DC/RLY，自带数字量的输入点（I0.0～I0.7，I1.0～I1.5，最多可配置 6 个高速计数器）和输出点（Q0.0～Q0.7，Q1.0～Q0.1）；②数字量

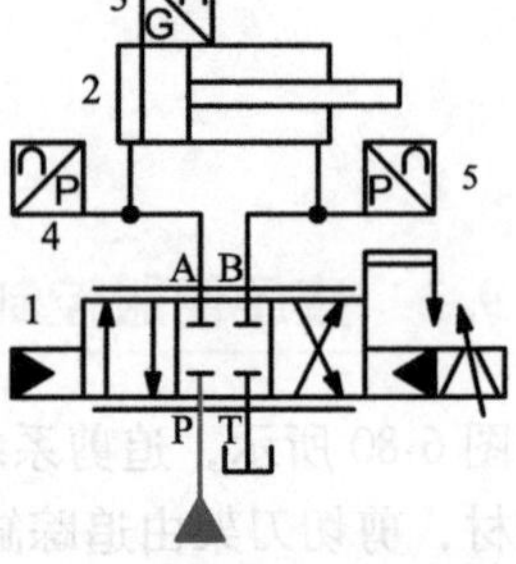

图 6-81　追踪缸液压伺服系统

1—伺服阀　2—追踪缸
3—磁致伸缩位移传感器
4、5—压力传感器

模块 SM1223，包括数字量的输入点（8 点）和输出点（8 点）；③模拟量模块 SM1234，包括模拟量的输入通道（IW112~IW118）和输出通道（QW112~QW114）。

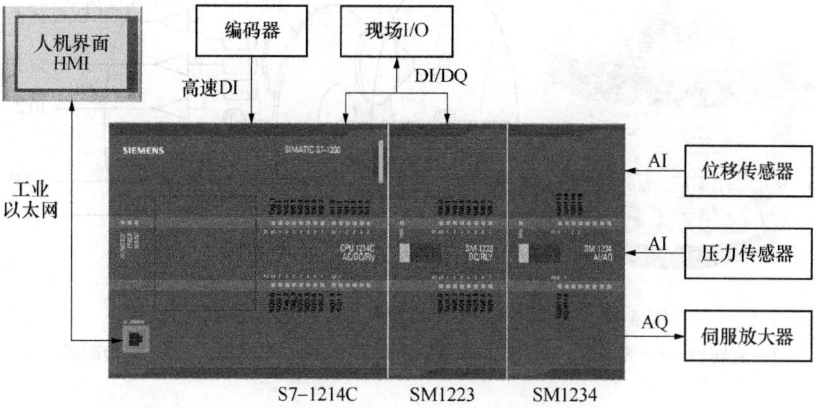

图 6-82 PLC 控制系统

液压伺服控制系统框图如图 6-83 所示。测长轮编码器信号作为给定信号 r 与反馈信号 b 作差产生偏差 e，PLC 对偏差 e 进行运算后输出控制信号 U，通过伺服放大器的信号变换控制伺服阀阀口开度 x_v，进而驱动缸运动产生位移信号 y，位移传感器采集位移信号并转换成电流信号 b 反馈给 PLC，PLC 得到速度信息，从而实现速度闭环控制。

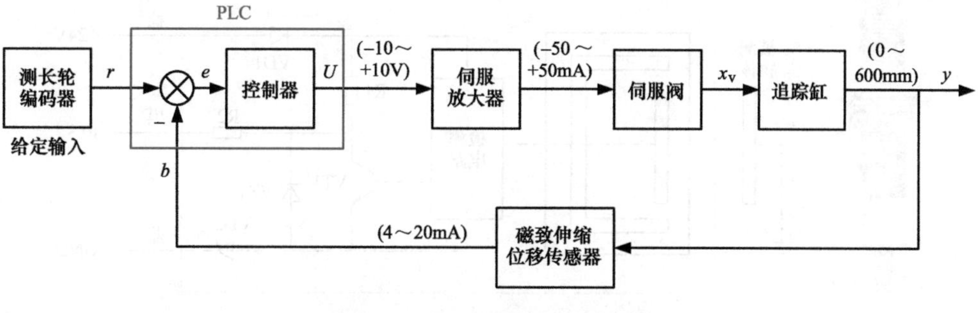

图 6-83 液压伺服控制系统框图

编码器型号为内密控（NEMICON）NOC-S5000-2MHT-8-050-00E 增量式编码器（推挽输出，伸出轴直径 8mm，线缆长度 500mm），工作电压为 DC 10. 8~26. 4V，脉冲数为 5000p/r，最高响应频率为 400kHz，最高转速为 6000r/min。增量式编码器主要由光源、棱镜、旋转光栅板、检测光栅、光电检测器件和转换电路组成，其实物、工作原理及接线电路如图 6-84 所示。旋转光栅板上刻有节距相等的辐射状透光缝隙，相邻两个透光缝隙之间代表一个增量周期；检测光栅上刻有 A、B 两组与码盘相对应的透光缝隙，用以通过或阻挡光源和光电检测器件之间的光线，并基于莫尔条纹细分法实现转速精准检测。编码器的供电电压选择为 DC 24V。A 相和 B 相信号相差 90°（可实现倍频，以及根据 A 相和 B 相脉冲信号发出的先后判断编码器的转向），当编码器旋转一周，Z 相会产生一个脉冲信号。

接近开关为阳明（FOTEK）常开型电容式接近开关，型号为 KM12-04N（外径 12mm，感应距离 4mm），工作电压为 DC 10~30V，输出方式为 NPN 型。接近开关实物、工作原理

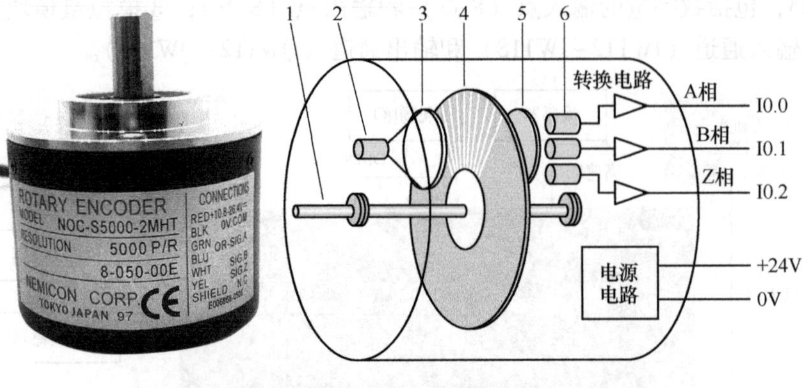

图 6-84　增量式编码器实物、工作原理及接线电路

1—旋转轴　2—光源　3—棱镜　4—旋转光栅板　5—检测光栅　6—光电检测器件

及接线电路如图 6-85 所示。接近开关的供电电压选择为 DC 24V。当有物体靠近开关时，接近开关指示灯亮，黑色线与蓝色线导通，黑色线输出 0V 电压信号；否则，黑色线输出+24V 电压信号。这种开关的测量通常是构成电容器的一个极板，而另一个极板是接近开关的外壳，这个外壳在测量过程中通常是接地或与设备的机壳相连接。当有物体移向接近开关时，不论它是否为导体，由于它的接近，总要使电容的介电常数发生变化，从而使电容量发生变化，使得和测量头相连的电路状态也随之发生变化，由此便可控制开关的接通或断开。

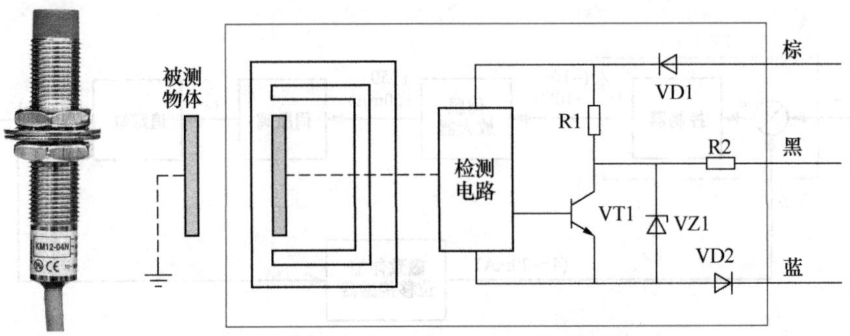

图 6-85　接近开关实物、工作原理及接线电路

6.9.2　电气伺服控制系统

剪切刀架还可以采用无刷伺服电动机并通过滚珠丝杠驱动，切刀仍采用液压缸驱动。控制柜、伺服电动机主电路及电源电路，分别如图 6-86 和图 6-87 所示。

选用 DR-120-24 型 DIN 导轨式 DC 24V 开关电源（功率 120W，输入电压 AC 22V，输出电压 DC 24V，额定电流 5A）。采用 Parker MB20520 无刷伺服电动机，额定电压 AC 400V，额定电流 20. 1A，额定转速 2000r/min，额定转矩 47N · m，并自带增量式编码器用于实现伺服电动机位置和速度的闭环控制，伺服电动机通过减速箱（减速比为 23. 864 : 1）驱动剪切刀架运动。伺服电动机驱动器采用 Parker Compax3 驱动器，型号为 C3S300V4F10I11T40M12，电源电压采用 AC 400/480V，50/60Hz，额定输出电流 30A，并支持接口扩展。该驱动器集编程功能与伺服驱动功能于一体（不需再采用 PLC 等控制器）。

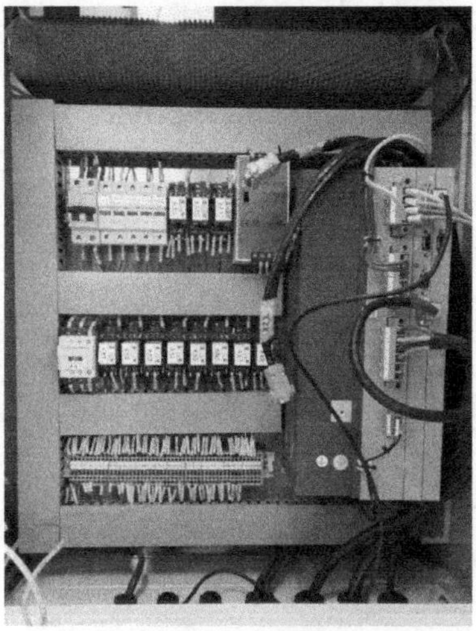

图 6-86　控制柜

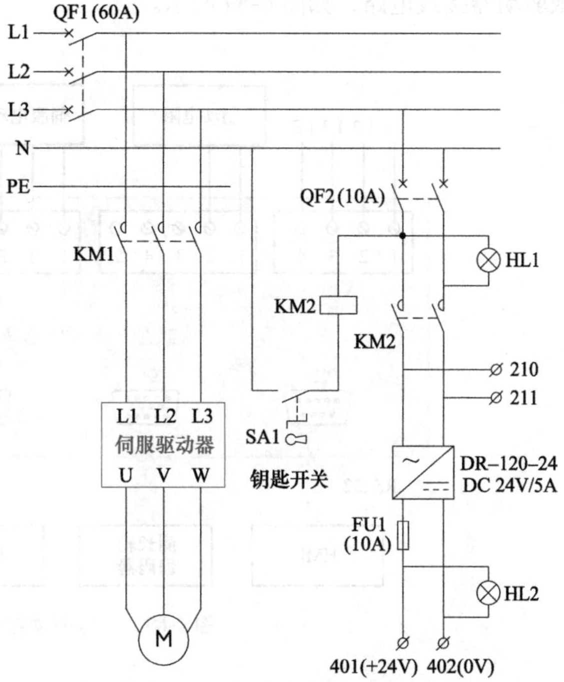

图 6-87　伺服电动机主电路及电源电路

电气伺服控制系统框图如图 6-88 所示。测长轮编码器信号作为给定信号 r 与反馈信号 b 作差产生偏差 e，伺服驱动器对偏差 e 进行运算后输出驱动信号 U，驱动伺服电动机运动产生位移信号 y，通过电动机自带增量式编码器反馈给伺服驱动器电动机的实际转速和位置信号，从而实现速度和位置闭环控制。

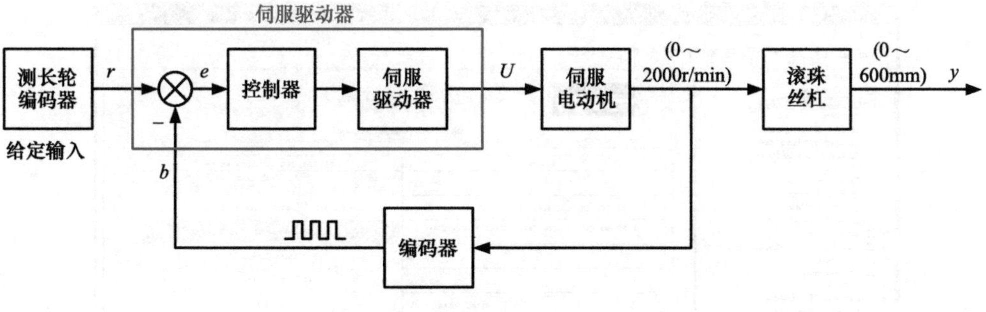

图 6-88　电气伺服控制系统框图

伺服驱动器的主要端口有：①驱动器主电源端口 X1；②制动电阻、母线端口 X2，在电动机制动过程中产生的能量被驱动器储能电容吸收，为了将这部分能量消耗掉，在驱动器外部需要配备制动电阻，阻值为 15Ω，功率为 2kW；③电动机动力线端口 X3；④控制电源端口 X4；⑤通信端口 X10，为 Sub-D 9 针母接口，用于外接 HMI，HMI 型号为威纶通（WEINVIEW）的 MT6070iH；⑥模拟量、编码器端口 X11，为 Sub-D 15 针母接口，用于外接测长轮编码器；⑦数字量端口 X12，为 Sub-D 15 针公接口，包含 4 个数字量输出接口、5 个数字量输入接口；⑧电动机反馈端口 X13，为 Sub-D 15 针母接口，用于读取电动机运行数据。伺服驱动器接线电路，如图 6-89 所示。

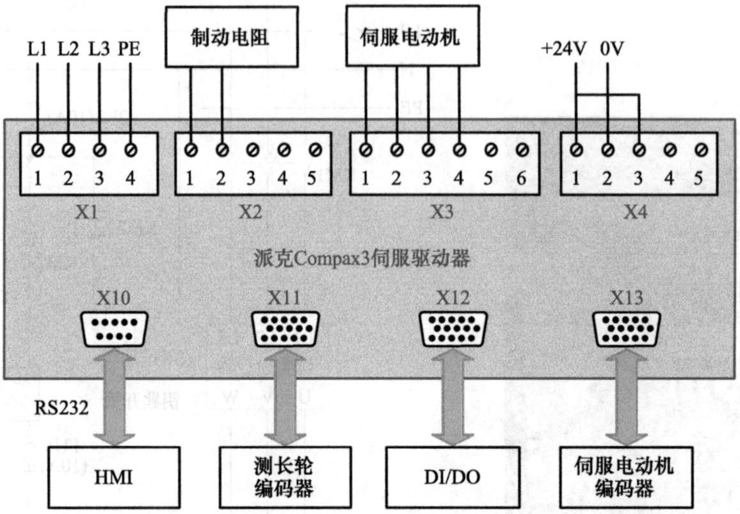

图 6-89 伺服驱动器接线电路

在进行位置和速度同步控制中需要用到驱动器一个关键的功能：电子凸轮（electronic cam，ECAM）功能。ECAM 是利用构造的凸轮曲线来模拟机械凸轮，以达到凸轮轴与主轴之间相对运动的软件系统。通过电子凸轮功能，可以实现剪切刀架按照预先设定的凸轮轨迹运行，实现型材的随动剪切。驱动器参数的设置与电子凸轮曲线需要使用 Parker C3MGR2 软件（见图 6-90）进行配置和设定，在软件中配置的主要参数有：伺服驱动器和伺服电动

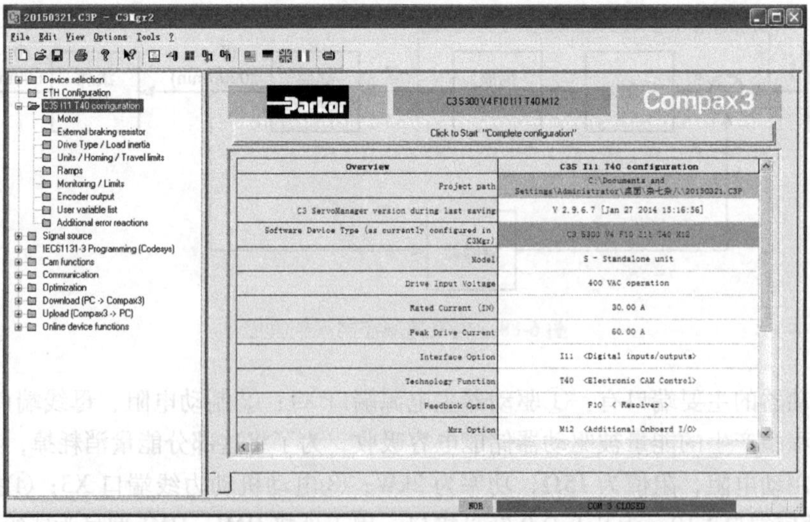

图 6-90 C3MGR2 软件界面

机的型号，电子凸轮曲线，电动机回零点的速度，剪切刀架的左右限位，外部制动电阻的大小及功率，齿轮箱的减速比，编码器的关键参数等。在参数优化界面中，首先进行负载惯性在线识别，识别完成将惯性参数写入驱动器，然后通过示波器观测运行情况，并修改参数中的刚度、阻尼、滤波时间等参数，可以达到预期或最优的控制效果。

针对驱动器的控制编程编写，需要用到如图 6-91 所示的 CoDeSys 软件（一款功能强大的 PLC 软件编程工具，支持符合 IEC61131-3 标准的 IL 指令表、ST 结构化文本、FBD 功能块图、LD 梯形图、CFC 连续功能图、SFC 顺序功能图等 PLC 编程语言）进行控制程序的编写，主要完成的功能包括：端口初始化，凸轮曲线调用，运动控制功能块的调用和处理，编码器反馈信号的处理，I/O 信号的处理等。通过这些功能的编写可以完成剪切刀架的追剪功能、外部输入输出信号和相关告警、故障信号的处理等。

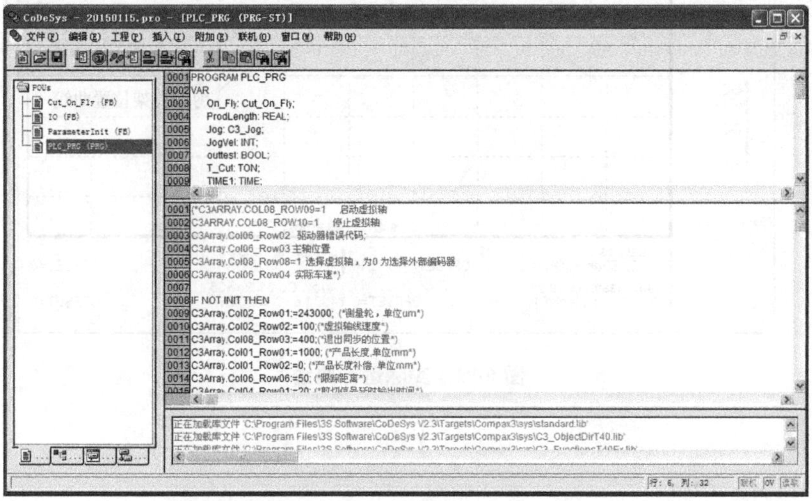

图 6-91　CoDeSys 软件界面

根据软件设定的电子凸轮以及工艺要求编写控制程序，其中最为主要的部分为主轴的配置以及电子凸轮的调用，该部分直接影响剪切刀架能否按照预定轨迹执行剪切动作。其中部分程序如下所示。

```
MConfig(Execute:= MStart,
        Numerator:= REAL_TO_DINT(M_cycle),
        Denominator:= 1,
        Slave:= AXIS_REF_LocalAxis );（*配置主轴*）
SetMaster(Execute:= MStart,
        Value:= Start_Value,
        Slave:= AXIS_REF_LocalAxis );（*选定主轴*）
CTS1(Execute:= START1 OR NewProd,
CamTable:= 1,
Periodic:= TRUE,
MasterAbsolute:= TRUE,
Mastercycle:= M_cycle,
```

```
Slavecycle:= S_cycle,
MasterOffset:= 0,
LastSegment:= TRUE,
Master:= AXIS_REF_LocalCam,
Slave:= AXIS_REF_LocalAxis );(*选择凸轮曲线*)
```

将设计好的软硬件投产使用后，采集得到实际曲线如图 6-92 所示。从结果可知，控制系统可以实现对剪切刀架的有效控制，实现型材的随动剪切。

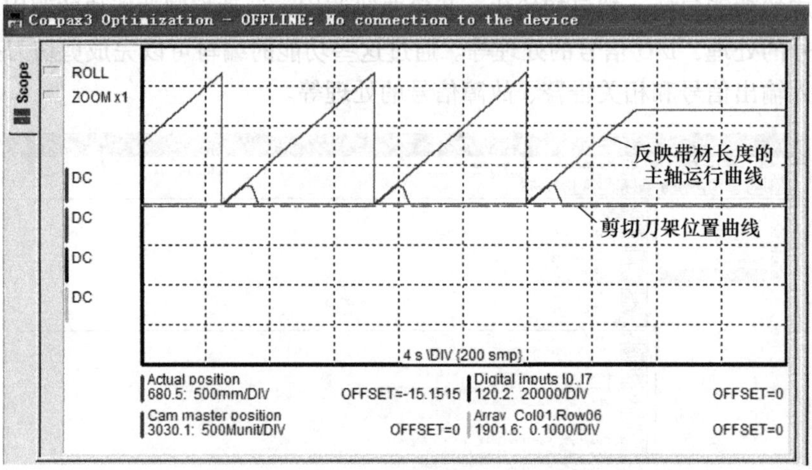

图 6-92 实际运行曲线

习 题

6-1 指出图 6-93 所示的控制气缸往复运动的双手安全操作回路的错误并填写动作顺序表（表 6-15）。

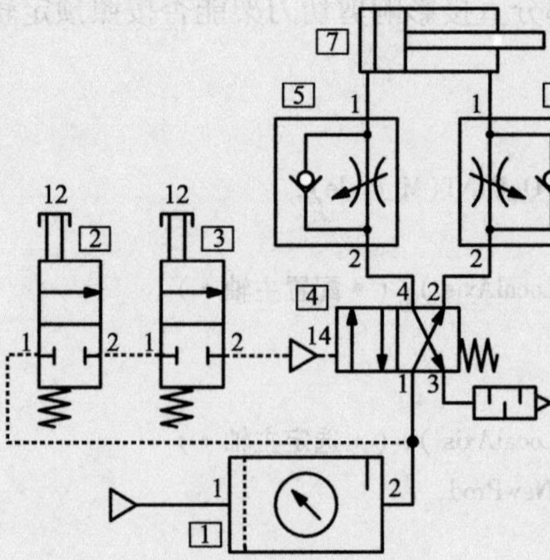

图 6-93 题 6-1 图

表 6-15 图 6-93 的动作顺序表

动作	阀 2	阀 3
缸外伸		
缸回程		

6-2 图 6-94 所示的系统，动作顺序为：差动→外伸→工进→回程，外伸速度小于差动但大于工进。请填写电磁铁动作顺序表（表 6-16）。

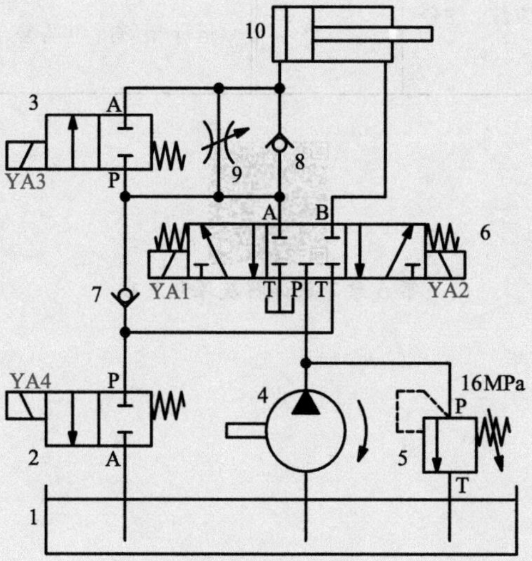

图 6-94 题 6-2 图

表 6-16 图 6-94 的电磁铁动作顺序表

动作	YA1	YA2	YA3	YA4
缸差动				
缸外伸				
缸工进				
缸回程				

6-3 请填写表 6-17 中的各项目的信号类型（DI、DO、AI、AO）。

表 6-17　电气控制系统的输入输出

项　目	信号类型	项　目	信号类型
机械量（力、转矩、位移、角位移、速度、角速度、加速度等）传感器（电压或电流信号） 流体量（压力、流量、液温等）传感器（电压或电流信号）		电磁铁、继电器、接触器（包括拖动泵的电动机、风冷电动机、加热器、油冷机）	
行程开关、接近开关、压力开关、压差开关、液位开关、电接点温度计		比例电磁铁、线性力马达、力矩马达等	
按钮（起动、停止、点动、复位、急停等）、转换开关等		运行指示灯、声告警、光告警等	

第 6 章习题详解及课程思政

附录

与本书内容相关的标准目录

与本书内容相关的标准目录见表 A-1。

表 A-1　与本书内容相关的标准目录

序号	文件编号	文件名称（与国际标准一致性程度的标识）
1	GB/T 17446—2012	流体传动系统及元件　词汇（ISO 5598：2008，IDT）
2	GB/T 786. 1—2021	流体传动系统及元件　图形符号和回路图　第 1 部分：图形符号（ISO 1219-1：2012，IDT）
3	GB/T 786. 2—2018	流体传动系统及元件　图形符号和回路图　第 2 部分：回路图（ISO 1219-2：2012，MOD）
4	GB/T 786. 3—2021	流体传动系统及元件　图形符号和回路图　第 3 部分：回路图中的符号模块和连接符号（ISO 1219-3：2016，IDT）
5	GB/T 30208—2013	航空航天液压、气动系统和组件图形符号（ISO 5859：1991，IDT）
6	GB/T 16900—2008	图形符号表示规则　总则
7	GB/T 20063. 2—2006	简图用图形符号　第 2 部分：符号的一般应用（ISO 14617-2：2002，IDT）
8	GB/T 20063. 8—2006	简图用图形符号　第 8 部分：阀与阻尼器（ISO 14617-8：2002，IDT）
9	GB/T 16901. 1—2008	技术文件用图形符号表示规则　第 1 部分：基本规则（ISO 81714-1：1999，MOD）
10	GB/T 4728. 1—2018	电气简图用图形符号　第 1 部分：一般要求（IEC 60617 database，MOD）
11	GB/T 4728. 2—2018	电气简图用图形符号　第 2 部分：符号要素、限定符号和其他常用符号（IEC 60617 database，IDT）
12	GB/T 4728. 3—2018	电气简图用图形符号　第 3 部分：导体和连接件（IEC 60617 database，IDT）
13	GB/T 4728. 4—2018	电气简图用图形符号　第 4 部分：基本无源元件（IEC 60617 database，IDT）
14	GB/T 4728. 6—2022	电气简图用图形符号　第 6 部分：电能的发生与转换（IEC 60617 database，IDT）
15	GB/T 4728. 7—2022	电气简图用图形符号　第 7 部分：开关、控制和保护器件（IEC 60617 database，IDT）
16	GB/T 14048. 1—2012	低压开关设备和控制设备　第 1 部分：总则（IEC 60947-1：2011，MOD）
17	GB 2900. 18—2008	电工术语　低压电器
18	GB/T 2900. 56—2008	电工术语　控制技术（IEC 60050-351：2006，IDT）
19	GB/T 17212—1998	工业过程测量和控制　术语和定义（IEC 902：1987，IDT）
20	GB/T 6988. 1—2008	电气技术用文件的编制　第 1 部分：规则（IEC 61082-1：2006，IDT）
21	GB/T 4458. 4—2003	机械制图　尺寸注法

（续）

序号	文件编号	文件名称（与国际标准一致性程度的标识）
22	GBT 4457. 5—2013	机械制图　剖面区域的表示法
23	GB/T 14689—2008	技术制图　图纸幅面和格式（ISO 5457：1999，MOD）
24	GB 3100—1993	国际单位制及其应用（ISO 1000：1992，EQV）
25	GB 3101—1993	有关量、单位和符号的一般原则（ISO 31-0：1992，EQV）
26	GB/T 2346—2003	流体传动系统及元件　公称压力系列（ISO 2944：2000，MOD）
27	GB/T 7935—2005	液压元件　通用技术条件
28	GB/T 3766—2015	液压传动　系统及其元件的通用规则和安全要求（ISO 4413：2010，MOD）
29	GB/T 2347—1980	液压泵及马达公称排量系列
30	GB/T 7936—2012	液压泵和马达　空载排量测定方法（ISO 8426：2008，MOD）
31	GB/T 2348—2018	流体传动系统及元件　缸径及活塞杆直径（ISO 3320：2013，MOD）
32	GB/T 17490—1998	液压控制阀　油口、底板、控制装置和电磁铁的标识（ISO 9461：1992，IDT）
33	GB/T 8100. 3—2021	液压阀安装面　第 3 部分：减压阀、顺序阀、卸荷阀、节流阀和单向阀（ISO 5781，2016：MOD）
34	GB/T 2514—2008	液压传动　四油口方向控制阀安装面（ISO 4401：2005，MOD）
35	JB/T 5244—2021	液压阀用电磁铁
36	JB/T 10159—2019	交流本整湿式阀用电磁铁
37	JB/T 10160—2015	直流湿式阀用电磁铁
38	JB/T 10161—2019	直流干式阀用电磁铁
39	JB/T 10162—2019	交流干式阀用电磁铁
40	JB/T 13652—2019	交流湿式阀用电磁铁
41	JB/T 12396—2015	比例阀用电磁铁
42	GB/T 15623. 1—2018	液压传动　电调制液压控制阀　第 1 部分：四通方向流量控制阀试验方法（ISO 10770-1：2009，MOD）
43	GB/T 15623. 2—2017	液压传动 电调制液压控制阀　第 2 部分：三通方向流量控制阀试验方法（ISO 10770-2：2012，MOD）
44	GB/T 15623. 3—2022	液压传动　电调制液压控制阀　第 3 部分：压力控制阀试验方法（ISO 10770-3：2020，MOD）
45	GB/T 23253—2009	液压传动　电控液压泵　性能试验方法（ISO 17559：2003，IDT）
46	GB/T 32216—2015	液压传动　比例/伺服控制液压缸的试验方法
47	GB/T 17487—1998	四油口和五油口液压伺服阀　安装面（ISO 10372：1992，IDT）
48	GB/T 13854—2008	射流管电液伺服阀
49	GB/T 10844—2007	船用电液伺服阀通用技术条件
50	GB/T 10179—2009	液压伺服振动试验设备　特性的描述方法
51	GJB 3370—1998	飞机电液流量伺服阀　通用规范
52	GJB 4069—2000	舰船用电液伺服阀规范
53	CB 1170—1986	船用电液比例控制阀技术条件
54	CB/T 3443—1992	船用电液比例流量方向复合阀

（续）

序号	文件编号	文件名称（与国际标准一致性程度的标识）
55	CB/T 3446—1992	船用比例溢流阀
56	CB/T 3444—1992	船用比例压力先导阀
57	CB/T 3398—2013	船用电液伺服阀放大器
58	QJ 3257—2005	电液流量伺服阀参数系列
59	QJ 2078A—1998	电液伺服阀试验方法
60	QJ 3038—1998	双输入伺服阀通用规范
61	QJ 504A—1996	流量电液伺服阀通用规范
62	QJ 2764A—2011	动压反馈电液伺服阀通用规范
63	QJ 1737—1989	伺服放大器通用技术条件
64	QJ 1361A—2011	液压伺服系统安全、溢流阀通用规范
65	QJ 1499A—2001	伺服系统零、部件制造通用技术要求
66	QC/T 593—2014	汽车液压比例阀性能要求及台架试验方法
67	DB 44/T 1169. 1—2013	伺服液压缸　第 1 部分：技术条件
68	HB 0—83—2005	航空附件产品型号命名
69	GB/T 32215—2015	气动　控制阀和其他元件的气口和控制机构的标识（ISO 11727：1999，IDT）
70	GB/T 7932—2017	气动　对系统及其元件的一般规则和安全要求（ISO 4414：2010，IDT）
71	GB/T 39956. 1—2021	气动　电-气压力控制阀　第 1 部分：商务文件中应包含的主要特性（ISO 10094-1：2010，IDT）
72	GB/T 20081. 1—2021	气动　减压阀和过滤减压阀　第 1 部分：商务文件中应包含的主要特性和产品标识要求（ISO 6953-1：2015，IDT）
73	GB/T 28783—2012	气动　标准参考大气（ISO 8778：2003，IDT）
74	GB/T 13277. 1—2008	压缩空气　第 1 部分：污染物净化等级（ISO 8573-1：2001，MOD）
75	GB/T 777—2008	工业自动化仪表用模拟气动信号（IEC 60382：1991，IDT）
76	GB/T 2351—2021	流体传动系统及元件　硬管外径和软管内径（ISO 4397：2011，IDT）
77	GB/T 3141—1994	工业液体润滑剂　ISO 粘度分类（ISO 3448：1992，EQV）
78	GB/T7631. 2—2003	润滑剂、工业用油和相关产品（L 类）的分类　第 2 部分：H 组（液压系统）（ISO 6743-4：1999，IDT）
79	GB 11118. 1—2011	液压油（L-HL、L-HM、L-HV、L-HS、L-HG）（ISO 11158：1997，NEQ）
80	GB/T 16898—1997	难燃液压液使用导则（ISO 7745：1989，IDT）
81	NB/SH/T 0599—2013	L-HM 液压油换油指标
82	YB/T 4629—2017	冶金设备用液压油换油指南　L-HM 液压油
83	GB 11120—2011	涡轮机油
84	GJB 3238A—2020	炮用液压油规范
85	GB/T 14039—2002	液压传动　油液固体颗粒污染等级代号（ISO 4406：1999，MOD）
86	GJB 420B—2015	航空工作液固体污染度分级
87	GJB 1177A—2013	15 号航空液压油规范

（续）

序号	文件编号	文件名称（与国际标准一致性程度的标识）
88	SH 0358—1995	10 号航空液压油
89	GB/T 20079—2006	液压过滤器技术条件
90	GB 50730—2011	冶金机械液压、润滑和气动设备工程施工规范
91	GB/T 6247.1—2013	凿岩机械与便携式动力工具　术语　第 1 部分：凿岩机械、气动工具和气动机械（ISO 5391：2003，MOD）
92	GB/T 6247.2—2013	凿岩机械与便携式动力工具　术语　第 2 部分：液压工具（ISO 17066：2007，IDT）

参 考 文 献

[1] 全国液压气动标准化技术委员会．流体传动系统及元件图形符号和回路图　第1部分：图形符号：GB/T 786.1—2021 [S]．北京：中国标准出版社，2021.

[2] 蔡伟，赵静一，朱明，等．液压气动图形符号和回路图绘制与识别 [M]．北京：机械工业出版社，2021.

[3] 孔祥东，姚成玉．控制工程基础 [M]．4版．北京：机械工业出版社，2019.

[4] 路甬祥．流体传动与控制技术的历史进展与展望 [J]．机械工程学报，2001，37 (10)：1-9.

[5] 黄一．走马观花看控制发展简史 [J]．系统与控制纵横，2021，8 (1)：19-43.

[6] 高殿荣，张伟．工程流体力学 [M]．北京：化学工业出版社，2013.

[7] 金朝铭．液压流体力学 [M]．北京：国防工业出版社，1994.

[8] 苏尔皇．液压流体力学 [M]．北京：国防工业出版社，1979.

[9] 王洪伟．我所理解的流体力学 [M]．2版．北京：国防工业出版社，2019.

[10] 彭熙伟，郑戍华．流体传动与控制基础 [M]．2版．北京：机械工业出版社，2020.

[11] 高殿荣．液压与气压传动 [M]．北京：机械工业出版社，2013.

[12] 高殿荣．液压与气压传动（附习题详解）[M]．北京：化学工业出版社，2018.

[13] 左健民．液压与气压传动 [M]．5版．北京：机械工业出版社，2016.

[14] 李壮云．液压元件与系统 [M]．3版．北京：机械工业出版社，2011.

[15] 姜继海，张健，张彪．液压传动 [M]．6版．哈尔滨：哈尔滨工业大学出版社，2020.

[16] 张奕．液压与气压传动 [M]．北京：电子工业出版社，2011.

[17] 冯锦春，张明，刘政．液压与气压传动技术 [M]．3版．北京：人民邮电出版社，2021.

[18] 姚成玉，赵静一，杨成刚．液压气动系统疑难故障分析与处理 [M]．北京：化学工业出版社，2010.

[19] 郑洪生．气压传动及控制 [M]．2版．北京：机械工业出版社，1992.

[20] 陈东宁，姚成玉，赵静一，等．液压气动系统可靠性与维修性工程 [M]．北京：化学工业出版社，2014.

[21] 王春行．液压伺服控制系统 [M]．2版．北京：机械工业出版社，1989.

[22] 王春行．液压控制系统 [M]．2版．北京：机械工业出版社，1999.

[23] 曹树平，刘银水，罗小辉．电液控制技术 [M]．2版．武汉：华中科技大学出版社，2014.

[24] 常同立．液压控制系统：上册 [M]．北京：清华大学出版社，2022.

[25] 常同立．液压控制系统：下册 [M]．北京：清华大学出版社，2022.

[26] 田源道．电液伺服阀技术 [M]．北京：航空工业出版社，2008.

[27] 任光融．电液伺服阀制造工艺 [M]．北京：宇航出版社，1988.

[28] 赵静一，姚成玉．液压系统可靠性工程 [M]．北京：机械工业出版社，2011.

[29] 方群，黄增．电液伺服阀的发展历史、研究现状及发展趋势 [J]．机床与液压，2007，35 (11)：162-165.

[30] 张弓，于兰英，吴文海，等．电液比例阀的研究综述及发展趋势 [J]．流体机械，2008，36 (8)：32-37，19.

[31] 万磊．将水液压技术推向更广阔的应用空间——访华中科技大学机械科学与工程学院水液压技术研究团队 [J]．液压气动与密封，2020，40 (7)：98-102.

[32] 张婷婷．极端压力气动控制技术及其发展趋势——据华中科技大学专家李宝仁报告整理 [J]．液压气动与密封，2022，42 (5)：118-122.